Schnell

Verfahrenstechnik zur Sicherung von Baugruben

W0269556

Leitfaden der Bauwirtschaft und des Baubetriebs

Herausgegeben von
Prof. Dipl.-Ing. K. Simons
Technische Universität Braunschweig

Das Bauen hat in den letzten Jahren eine stürmische Entwicklung genommen. Neue Bauverfahren und Bauweisen wurden entwickelt. Gleichzeitig aber stiegen auch die Kosten des Bauens, teils stärker als die anderer Produktionszweige. Es ist daher eine unverzichtbare Forderung, die mit der Bauwirtschaft und dem Baubetrieb zusammenhängenden Fragen stärker in den Vordergrund zu stellen. Der „Leitfaden für Bauwirtschaft und Baubetrieb" will das in Forschung und Lehre breit angelegte Feld, das von der Verfahrenstechnik über die Kalkulation bis zum Vertragswesen reicht, in zusammenhängenden, einheitlich konzipierten Darstellungen erschließen. Die Reihe will alle am Bau Beteiligten – vom Bauleiter, Bauingenieur bis hin zu Studenten des Bauingenieurwesens – ansprechen. Auch der konstruierende Ingenieur, der schon im Entwurf das anzuwendende Bauverfahren und damit die Kosten der Herstellung bestimmt, sollte sich dieser Buchreihe methodisch bedienen.

Verfahrenstechnik zur Sicherung von Baugruben

Von Prof. Dr.-Ing. Wolfgang Schnell

Professor für Grundbau und Bodenmechanik
an der Fachhochschule Hildesheim/Holzminden

Mit 168 Bildern und 60 Tafeln

 B. G. Teubner Stuttgart 1990

CIP-Titelaufnahme der Deutschen Bibliothek

Schnell, Wolfgang:
Verfahrenstechnik zur Sicherung von Baugruben / von
Wolfgang Schnell. – Stuttgart : Teubner, 1990
   (Leitfaden der Bauwirtschaft und des Baubetriebs)

ISBN 978-3-519-05022-3   ISBN 978-3-663-01208-5 (eBook)
DOI 10.1007/978-3-663-01208-5

Das Werk einschließlich aller seiner Teile ist urheberrechtlich geschützt.
Jede Verwertung außerhalb der engen Grenzen des Urheberrechtsgesetzes
ist ohne Zustimmung des Verlages unzulässig und strafbar. Das gilt beson-
ders für Vervielfältigungen, Übersetzungen, Mikroverfilmungen und die
Einspeicherung und Verarbeitung in elektronischen Systemen.
© B. G. Teubner Stuttgart 1990

Umschlaggestaltung: Peter Pfitz, Stuttgart

Vorwort

Die Sicherung von Baugruben ist in den vergangenen Jahren eine
zunehmend komplexere und schwierigere Ingenieuraufgabe geworden,
da Baugruben immer größer, tiefer und oft neben vorhandenen Bauwerken ausgeführt werden mußten. Bei der Planung, Kalkulation und
Erstellung von Baugruben sind nicht nur die technischen und wirtschaftlichen Gegebenheiten der Verfahren zu berücksichtigen, sondern es sind auch die Belange der Arbeitssicherheit und des Umweltschutzes zu beachten, um den für den Einzelfall bestmöglichen
Lösungsvorschlag zu erarbeiten.

Baugruben können heute mit sehr unterschiedlichen Techniken gesichert werden, von denen einige, wie z. B. das Rammen von Spundbohlen, seit über 100 Jahren bekannt und bewährt sind, und andere
erst seit ca. 10 Jahren eingesetzt werden, wie z. B. Hochdruckinjektionen. Die Verfahrensauswahl und Kombination von Techniken
im Einzelfall hängt wesentlich von den örtlichen Gegebenheiten
ab; für eine optimierende Planung und die Beherrschung der Ausführung müssen die technischen, wirtschaftlichen und ökologischen
Eigenschaften der Sicherungsverfahren bekannt sein.

Im vorliegenden Buch sind die entsprechenden Eigenschaften der
heute üblichen Bauverfahren beschrieben. Damit vergleichende Be-
wertungen einfach vorgenommen werden können, werden die Verfahren
entsprechend der folgenden Gliederung dargestellt:

- Technische Grundlagen
- Erforderliche Stoffe und Materialien
- Geräte und Verfahren
- Leistung und Kosten
- Sicherheitstechnik

Die ebenfalls zum Themenkreis Baugrubensicherung gehörende Tech-
nologie der Wasserhaltung wird in diesem Buch nicht behandelt.
Dazu wird in dieser Buchreihe ein gesonderter Band erscheinen.

Die Anregung zum Verfassen dieses Buches gab mir der Herausgeber
der Reihe, Herr Prof. Dipl.-Ing. Klaus Simons, dem ich für die
Unterstützung bei der Realisierung dieses Bandes herzlich danken
möchte.

Mein Dank gilt auch Herrn Dr.-Ing. H. Hirschberger für die kriti-
sche Durchsicht des Manuskripts, Frau Sieglinde Schöttke für die
Schreibarbeiten sowie Frau cand.-ing. M. Clusmann und Herrn
cand.-arch. H. Eschebach für das Anfertigen der Bilder und
Tafeln.

Dem Verlag B.G. Teubner danke ich für die vorzügliche Zusammen-
arbeit bei der Herstellung des Buches,

Holzminden, im Februar 1990   Wolfgang Schnell

Inhalt

1 Grundlagen der Planung und Herstellung von Baugruben — 1

1.1 Allgemeines — 1
1.2 Voruntersuchungen — 4
1.2.1 Erkundung von Boden- und Wasserverhältnissen — 4
1.2.2 Untersuchung benachbarter baulicher Anlagen — 8
1.3 Wahl einer geeigneten Verbauart — 9
1.4 Aushub — 12
1.5 Berücksichtigung des Bauwerks — 20
1.6 Grundlagen der Berechnung — 25
1.6.1 Allgemeines — 25
1.6.2 Lasten — 26
1.6.3 Ansatz des Erddruckes — 27
1.6.4 Erforderliche Nachweise — 32
1.7 Rechtliche Fragen — 33
1.8 Kosten — 37
1.8.1 Allgemeines — 37
1.8.2 Ermittlung der Lohnkosten — 39
1.8.3 Ermittlung der Sonstigen Kosten — 43
1.8.4 Ermittlung der Gerätekosten — 45
1.8.5 Hinweis zu den Beispielen — 47

2 Geböschte Baugruben — 48

2.1 Allgemeines — 48
2.2 Technische Grundlagen — 49
2.3 Sicherung von Böschungen — 53
2.3.1 Sicherung gegen Oberflächenabtrag — 53
2.3.1.1 Technische Grundlagen — 53
2.3.1.2 Stoffe und Materialien — 53
2.3.1.3 Geräte und Verfahren — 54
2.3.1.4 Leistung und Kosten — 56
2.3.1.5 Sicherheitstechnik — 58
2.3.2 Sicherung gegen Böschungsbruch — 59
2.3.2.1 Technische Grundlagen — 59
2.3.2.2 Stoffe und Materialien — 62
2.3.2.3 Geräte und Verfahren — 64
2.3.2.4 Leistung und Kosten — 67
2.3.2.5 Sicherheitstechnik — 69

2.3.3   Sicherung gegen Wasserzutritt   72
2.3.3.1   Technische Grundlagen   72
2.3.3.2   Stoffe und Materialien   75
2.3.3.3   Geräte und Verfahren   76
2.3.3.4   Leistung und Kosten   78
2.3.3.5   Sicherheitstechnik   79

3   Trägerbohlwände   81
3.1   Allgemeines   81
3.2   Technische Grundlagen   81
3.3   Erforderliche Stoffe und Materialien   83
3.4   Geräte und Verfahren   84
3.4.1   Senkrechte Tragglieder   84
3.4.1.1   Einbringen   84
3.4.1.2   Ziehen   88
3.4.2   Ausfachung   89
3.4.2.1   Ausfachung mit Holzbohlen   89
3.4.2.2   Ausfachung mit Kanaldielen   91
3.4.2.3   Ausfachung mit Stahlbetonfertigteilen   93
3.4.2.4   Ausfachung mit Ortbeton   93
3.4.2.5   Ausfachung mit Spritzbeton   94
3.4.2.6   Ausfachung mit vorgehängten Bohlen   95
3.4.3   Besondere Verbauarten   96
3.4.3.1   Berliner Verbau   96
3.4.3.2   Hamburger Verbau   97
3.4.3.3   Münchner Verbau   97
3.4.3.4   Stuttgarter Verbau   98
3.5   Leistung und Kosten   99
3.6   Sicherheitstechnik   103

4   Spundwände   108
4.1   Allgemeines   108
4.2   Technische Grundlagen   110
4.3   Erforderliche Stoffe und Materialien   112
4.4   Geräte und Verfahren   115
4.5   Leistung und Kosten   131
4.6   Sicherheitstechnik   134

5   Bohrpfahlwände   137

5.1   Allgemeines   137
5.2   Technische Grundlagen   138
5.3   Erforderliche Stoffe und Materialien   140
5.3.1   Beton   141
5.3.2   Bewehrung   143
5.4   Geräte und Verfahren   144
5.5   Leistung und Kosten   149
5.6   Sicherheitstechnik   154

6   Schlitzwände   156

6.1   Allgemeines   156
6.2   Technische Grundlagen   157
6.3   Erforderliche Stoffe und Materialien   161
6.3.1   Stützflüssigkeit   161
6.3.2   Beton   168
6.3.3   Bewehrung   169
6.4   Geräte und Verfahren   171
6.4.1   Allgemeines   171
6.4.2   Voraushub und Bau einer Leitwand   172
6.4.3   Aushub   173
6.4.4   Einbau von Fugenkonstruktionen   178
6.4.5   Einbau der Bewehrungskörbe   181
6.4.6   Betonieren   181
6.4.7   Fertigteilbauweise   183
6.4.8   Spundwandbauweise   184
6.5   Leistung und Kosten   185
6.6   Sicherheitstechnik   190

7   Sonderverfahren   193

7.1   Injektionswände   193
7.1.1   Allgemeines   193
7.1.2   Technische Grundlagen   195
7.1.3   Erforderliche Stoffe und Materialien   198
7.1.4   Geräte und Verfahren   206
7.1.5   Leistung und Kosten   215
7.1.6   Sicherheitstechnik   220
7.2   Frostwände   221
7.2.1   Allgemeines   221

7.2.2	Technische Grundlagen	224
7.2.3	Erforderliche Stoffe und Materialien	225
7.2.4	Geräte und Verfahren	227
7.2.5	Leistung und Kosten	231
7.2.6	Sicherheitstechnik	234
7.3	Elementwände	236
7.3.1	Allgemeines	236
7.3.2	Technische Grundlagen	238
7.3.3	Stoffe und Materialien	239
7.3.4	Geräte und Verfahren	239
7.3.5	Leistung und Kosten	242
7.3.6	Sicherheitstechnik	244

8 Abstützung von Baugrubenwänden · 247

8.1	Allgemeines	247
8.2	Aussteifungen	250
8.2.1	Technische Grundlagen	250
8.2.2	Erforderliche Stoffe und Materialien	252
8.2.3	Geräte und Verfahren	254
8.2.4	Leistung und Kosten	256
8.2.5	Sicherheitstechnik	258
8.3	Verankerungen	259
8.3.1	Technische Grundlagen	259
8.3.2	Erforderliche Stoffe und Materialien	263
8.3.3	Geräte und Verfahren	266
8.3.4	Leistung und Kosten	271
8.3.5	Sicherheitstechnik	272

9 Sohlabdichtungen · 276

9.1	Allgemeines	276
9.2	Injektionssohlen	276
9.2.1	Technische Grundlagen	276
9.2.2	Erforderliche Stoffe und Materialien	278
9.2.3	Geräte und Verfahren	281
9.2.4	Leistung und Kosten	287
9.2.5	Sicherheitstechnik	288
9.3	Unterwasserbetonsohlen	290
9.3.1	Technische Grundlagen	290
9.3.2	Erforderliche Stoffe und Materialien	294

9.3.3   Geräte und Verfahren   296

9.3.4   Leistung und Kosten   299

9.3.5   Sicherheitstechnik   300

Literaturverzeichnis   301

Normenverzeichnis   315

Sachverzeichnis   317

1 Grundlagen der Planung und Herstellung von Baugruben

1.1 Allgemeines

Baugruben dienen der Herstellung von Gründungskörpern, Tiefge-
schossen, unterirdischen Verkehrswegen oder von Ver- und Entsorgungsleitungen. Wenn Bauarbeiten unter der Geländeoberfläche ausgeführt werden sollen, ist zunächst eine Grube auszuheben, die ge-
böscht oder mit senkrechten Wänden hergestellt werden kann
(Bild 1.1).

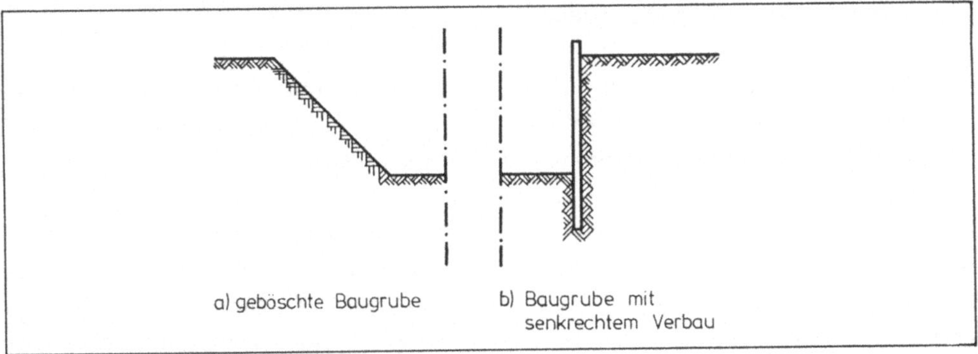

Bild 1.1 Ausbildung von Baugruben

Die Abmessungen und die Ausbildung einer Baugrube werden von dem
geplanten Bauwerk und den örtlichen Gegebenheiten bestimmt, wie
z.B.:

-   Form und Größe des Gebäudegrundrisses
-   erforderlicher Arbeitsraum
-   Tiefenlage der Gründungssohle
-   vorgesehene Gründungsart
-   Nutzung der angrenzenden Flächen
-   bodenmechanische Eigenschaften des anstehenden Baugrundes
-   Tiefenlage und Zusammensetzung des Grundwassers
-   Belastung aus Gebäuden und Verkehr.

Die Abmessungen von Baugruben haben in den letzten Jahren immer
weiter zugenommen, wobei insbesondere die größeren Tiefen eine

Vielzahl von Problemen aufwarfen. Die größeren Tiefen haben verschiedene Ursachen:

- Die knappe Baulandsituation (insbesondere in den Innenstädten) zwingt dazu, Gebäude mit mehreren Kellergeschossen auszuführen

- Neuer Parkraum kann häufig nur noch durch Tiefgaragen unter Straßen, Plätzen oder Gebäuden geschaffen werden

- Die Verkehrsprobleme vieler Städte lassen sich nur durch das Anlegen mehrerer Ebenen (z.B. U-Bahn-Tunnel, S-Bahn-Tunnel oder Straßentunnel) lösen

- Industrielle Anlagen (z.B. kerntechnische Anlagen, Produktionsstätten aber auch Deponien) werden in zunehmendem Maße aus Sicherheitsgründen unterirdisch gebaut.

Die Planung und Herstellung von Baugruben ist eine komplexe Aufgabe, die im organisatorischen und technischen Bereich das enge Zusammenwirken von Fachleuten verschiedenster Fachgebiete erfordert. Da jede Baugrube ihre eigenen Besonderheiten und Probleme hat, läßt sich kein allgemeines Rezept zur Behandlung dieser Aufgaben angeben, aber die wesentlichen Fragestellungen, die praktisch bei jeder Baugrube auftreten, sind im folgenden zusammengestellt:

- **Umleitung des Verkehrs:**
  Insbesondere in den Innenstädten sind Baugruben nicht ohne Beeinträchtigung des ruhenden und des fließenden Verkehrs herzustellen. Bei Linienbaustellen (z.B. beim U-Bahn-Bau) muß die Verkehrsführung oft je nach Arbeitsfortschritt mehrfach geändert werden. Der Bau von Hilfsbrücken und Fahrbahnabdeckungen kann erforderlich werden.

- **Leitungsverlegung:**
  Baugruben liegen häufig in der Trasse von Ver- oder Entsorgungsleitungen. Die Leitungen müssen dann entweder umgelegt oder sicher über die Baugrube geführt werden, was z.B. durch

das Aufhängen an der Aussteifung oder mit speziellen Leitungsbrücken geschehen kann.

- **Baustelleneinrichtungsfläche:**
Im innerstädtischen Bereich ist es meist schwierig, die erforderlichen Flächen für die Baustelleneinrichtung (Lagerplätze, Magazine, Werkstatt, Plätze für Geräte, Bauleitung usw.) zu bekommen, so daß im Regelfall unter sehr beengten Verhältnissen gearbeitet werden muß.

- **Sicherung der Nachbarbebauung und sonstiger baulicher Einrichtungen (z.B. Straßen, Leitungen):**
Die Sicherung benachbarter baulicher Einrichtungen ist eng an die Wahl des Verbaus gekoppelt, häufig müssen aber einzelne Fundamente getrennt unterfangen oder Giebelwände abgestützt werden.

- **Boden- und Wasserverhältnisse:**
Die Baugrundverhältnisse beeinflussen entscheidend die Wahl des Verbaus, bestimmen aber auch den Baufortschritt, die Aushubgeräte, die Abdichtungsmaßnahmen am Bauwerk und die Bemessung eventueller Grundwasserabsenkungsmaßnahmen.

- **Maßnahmen gegen Lärm und Erschütterung:**
Jede Baumaßnahme im Baugrund ruft Lärm hervor. Ziel muß es sein, die Belästigung der Anwohner und Passanten, aber auch der auf der Baustelle Tätigen, so gering wie möglich zu halten und die bestehenden Vorschriften einzuhalten. Einige Bauverfahren (z.B. Einrammen von Spundbohlen oder Trägern) rufen Erschütterungen des Baugrundes hervor, die zu Fundamentbewegungen führen können. Daher ist im Einzelfall zu überprüfen und gegebenenfalls zu überwachen, ob diese Erschütterungen zu Schäden an baulichen Einrichtungen führen können.

1.2   Voruntersuchungen

Die Voruntersuchungen für eine Baugrube bestehen hauptsächlich aus der Erkundung der Boden- und Wasserverhältnisse und der Erfassung benachbarter baulicher Einrichtungen.

1.2.1 Erkundung von Boden- und Wasserverhältnissen

Die wesentlichste Voraussetzung zur Lösung einer Grundbauaufgabe ist eine ausreichende Kenntnis der Baugrundeigenschaften. Um wirtschaftliche und sichere Konstruktionen entwerfen und ausführen zu können, werden allgemeine Mindestanförderungen an die Baugrunderkundung gestellt.

"Möglichst vor dem Aufstellen der Baupläne, jedenfalls aber ehe Gründungstiefe, Gründungsart und Abmessungen der Gründungskörper sowie die Art der aufgehenden Konstruktion endgültig festgelegt werden, muß der Aufbau des Bodens unterhalb der in Aussicht genommenen Gründungssohle ausreichend bekannt sein." (DIN 1054, Pkt. 3.1).

"Art, Beschaffenheit, Ausdehnung, Lagerung und Mächtigkeit der Bodenschichten sind durch Schürfe, Bohrungen und Sondierungen festzustellen, sofern die örtlichen Erfahrungen keinen ausreichenden Aufschluß geben." (DIN 1045, Pkt. 3.2).

Bohrungen können hierbei Aufschluß über den Aufbau des Bodens und die Wasserverhältnisse geben, während man aus Sondierungen (z.B. Ramm- und Drucksondierungen) Informationen über die physikalischen Eigenschaften (z.B. Lagerungsdichte, Konsistenz) erhält. Zusätzlich zu diesen Feldversuchen sind i.a. Laborversuche an Bodenproben zur Bestimmung der Kornverteilung, der Wichte, des Wassergehaltes, der Scherfestigkeit, der Zusammendrückbarkeit und der Durchlässigkeit erforderlich. Wegen der Vorschriften und der anzuwendenden Methoden sei auf die Spezialliteratur ([37], [98], [133]) verwiesen.

Auf einige Besonderheiten bezüglich der Lage der Erkundungsstellen
wird im folgenden hingewiesen. Nach DIN 1054 sind Bohrungen für
einzelne Bauwerke innerhalb und in nächster Umgebung der Grundflä-
che des geplanten Bauwerks niederzubringen. Damit soll der Bodenaufbau unterhalb der Gründungssohle und im Lastausbreitungsbe-
reich erkundet werden (Bild 1.2).

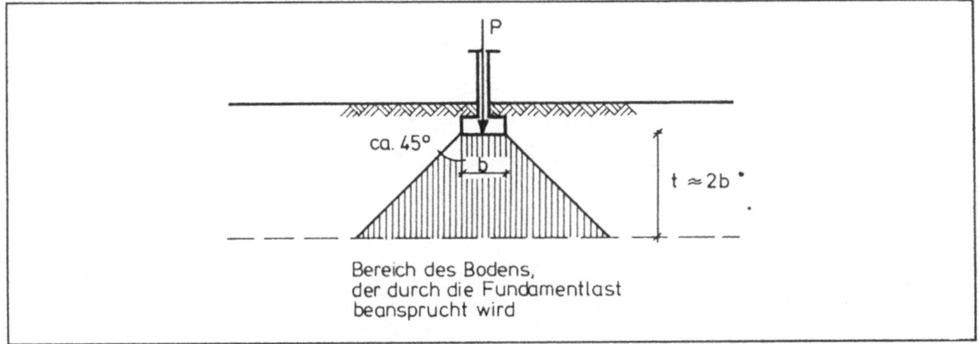

Bild 1.2 Durch eine Fundamentlast beanspruchter Bodenbereich

Für die Bemessung der Baugrubenumschließung muß aber der Baugrund
auch weit außerhalb der Gründungsfläche erkundet werden, was aus
folgenden Beispielen hervorgeht. Für die Größe des Erddruckes auf
eine Baugrubenwand sind im wesentlichen die Bodeneigenschaften des
Bereiches maßgebend, der sich vereinfacht nach Bild 1.3 bestimmen
läßt.

Bei verankerten Baugruben muß der Bodenaufbau im Bereich der Verpreßstrecke bekannt sein, um die aufnehmbaren Ankerkräfte ab-
schätzen zu können.

Um die Geländebruchsicherheit von Baugrubenwänden nachweisen zu
können, müssen die Bodenkennwerte im Bereich möglicher Gleitflä-
chen erkundet werden (Bild 1.4).

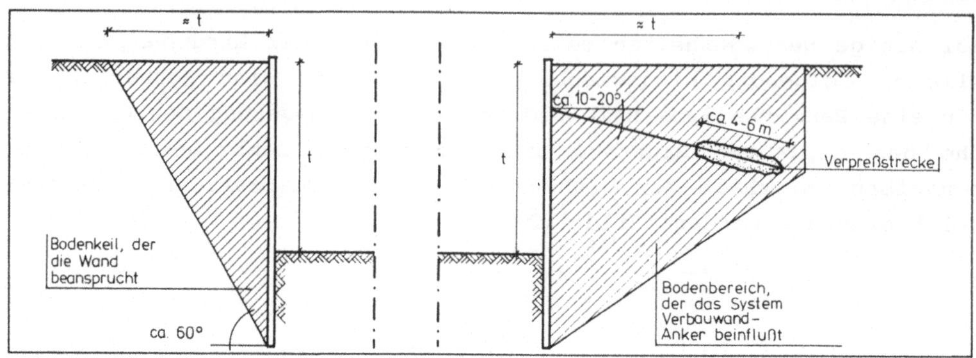

Bild 1.3   Zu erkundende Bodenbereiche bei Baugruben

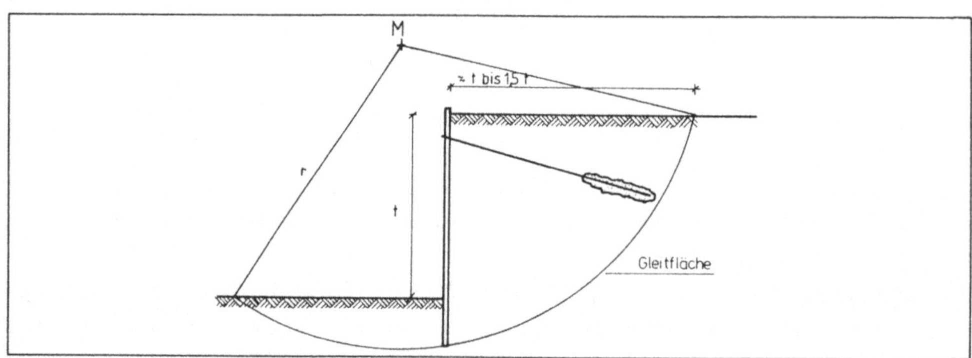

Bild 1.4   Lage einer möglichen Gleitfläche

Während es bei den meisten Gründungsaufgaben ausreicht, neben den
Standardkennwerten der Bodenmechanik (Kornverteilung, Wassergehalt, Konsistenz, Lagerungsdichte) die Scherfestigkeit und die Zusammendrückbarkeit des Baugrundes zu ermitteln, müssen bei Baugruben häufig weitergehende Untersuchungen durchgeführt werden (Tafel
1.1).

Zwei Beispiele seien erläutert: Bei einigen Bauverfahren (z.B.
Spundwand, Trägerbohlwand) spielt die Rammbarkeit des Untergrundes
eine entscheidende Rolle. Die Rammbarkeit kann anhand der Kornverteilung und der Ergebnisse von Ramm- oder Drucksondierungen beur-
teilt werden; endgültige Aussagen über Leistung und Kosten können
häufig aber erst nach einer Proberammung gemacht werden.

Tafel 1.1   Für die Berechnung und Herstellung von Baugrubenumschließungen wichtige Bodeneigenschaften

Verbau	Allgemein zu ermittelnde Bodeneigenschaften
Alle Verbauarten	Kornverteilung Wichte Scherfestigkeit Zusammendrückbarkeit
	Zusätzlich zu ermittelnde Bodeneigenschaften
Trägerbohlwand	Rammbarkeit, Kurzzeitstandfestigkeit (Lagerungsdichte, Konsistenz)
Spundwand	Rammbarkeit
Bohrpfahlwand (suspensions- gestützt)	Durchlässigkeit des Bodens Organische Bestandteile
Schlitzwand	Durchlässigkeit des Bodens Organische Bestandteile
Injektionswand	Durchlässigkeit des Bodens, Chemismus des Grundwassers, Porenanteil
Frostwand	Wassergehalt, Lagerungsdichte, Wärmeleitzahl, Fließgeschwindigkeit des Grundwassers
Elementwand	Kurzzeitstandfestigkeit (Lagerungsdichte, Konsistenz)

Für die Bemessung der Abdichtungen von Gebäuden genügen im allgemeinen Kenntnisse über den Grundwasserstand und den Chemismus (Aggressivität). Um eine Grundwasser-Absenkungsanlage dimensionieren
zu können oder eine Injektionssohle zu bemessen, sind aber auch
Angaben über die Fließrichtung und Fließgeschwindigkeit erforderlich.

Zur Abschätzung der Kosten von Baugrunduntersuchungen dient Tafel
1.2.

Tafel 1.2 Ungefähre Kosten von Feld- und Laborversuchen

Feld- bzw. Laboruntersuchung	ca.-Kosten
Bohrungen - Spülbohrungen - Schneckenbohrungen - Kernbohrungen	50 DM/m 60 DM/m 170 DM/m
Sondierungen - Rammsondierungen - Drucksondierungen	25 DM/m 35 DM/m

Korngrößenverteilung
 - Siebung
   (rollige Böden)
 - Schlämmanalyse
   (bindige Böden)
 - Kombinierte Sieb-
   Schlämmanalyse
 	
Wassergehaltsbestimmung
 	
Dichte bzw. Wichte
 	
Konsistenzgrenzen
 	
Lagerungsdichte
 	
Wasserdurchlässigkeit
 - rollige Böden
 - bindige Böden
 	
Scherfestigkeit
 - rollige Böden
 - bindige Böden
 	
Zusammendrückbarkeit
	50 DM
	
	80 DM
	
	150 DM
	
	20 DM
	
	50 DM
	
	150 DM
	
	120 DM
	
	110 DM
	200 DM
	
	100 DM
	200 DM
	
	400 DM

1.2.2 Untersuchung benachbarter baulicher Anlagen

Im innerstädtischen Bereich hat die Herstellung einer Baugrube oft
Auswirkungen auf benachbarte bauliche Anlagen. Bevor Sicherungsmaßnahmen geplant und durchgeführt werden können, muß der Zustand
der Nachbarbebauung erkundet werden, wobei im wesentlichen folgende Punkte untersucht werden müssen:

- **Gründungstiefe:**
  Bei neueren Gebäuden läßt sich die Gründungstiefe im allgemeinen anhand von Bauplänen feststellen, bei älteren Gebäu-

den sind Begehungen der Kellerräume und gegebenenfalls Schürfgruben an den Außenwänden erforderlich.

- **Art und Zustand der Fundamente:**
  Baupläne enthalten dazu meistens ausreichende Informationen.
  Sind diese nicht oder nicht mehr vorhanden, muß nach Anlegen
  von Schürfgruben versucht werden, die Art der Fundamente (Ein-
  zel-, Streifen- und Plattenfundamente) zu bestimmen, die Art
  der verwendeten Baustoffe (Beton, Stahlbeton, Mauerwerk,
  Bruchsteine) zu erkunden und den Zustand (gerissen, verschoben, verkippt) zu ermitteln.

- **Größe der Belastung:**
  Ist die statische Berechnung des Gebäudes noch vorhanden, so
  lassen sich ausreichende Informationen über die minimale und
  maximale Beanspruchung der Fundamente entnehmen. In allen
  anderen Fällen muß die Belastung abgeschätzt werden, wobei die
  vom Boden aufnehmbaren Bodenpressungen, die Spannrichtungen
  der Decken, die Nutzung der Gebäude, die Zahl der Geschosse,
  die Abmessungen der Wände und Decken usw. zu berücksichtigen
  sind.

Außer diesen für die statische Berechnung der Baugrubenumschließung und konstruktiven Sicherungsmaßnahmen unerläßlichen Er-
kundungen empfiehlt es sich häufig, den Zustand der Nachbarbebauung durch ein Beweissicherungs-Verfahren feststellen zu lassen.

1.3 Wahl einer geeigneten Verbauart

Die Wahl der für das Bauvorhaben geeigneten Verbauart ergibt sich
aus den Randbedingungen

- Bodenverhältnisse
- Grundwasserverhältnisse
- Nachbarbebauung
- Verkehrslasten
- Platzverhältnisse
- Umweltschutz.

Zunächst wird man untersuchen, ob die Baugrubenwände abgeböscht
werden können. Bei flachen Baugruben ist dies die wirtschaftlichste Lösung; mit wachsender Tiefe nehmen die Aushubmassen und
damit die Kosten für Mehraushub und Wiederverfüllung erheblich zu,
so daß es schließlich wirtschaftlicher wird, nur die vorgesehene
Gründungsfläche mit dem erforderlichen Arbeitsraum auszuheben und
senkrechte, gestützte Baugrubenwände vorzusehen.

Im allgemeinen werden geböschte Baugruben nur oberhalb des Grundwasserspiegels angeordnet. Kombinationen von Böschungen und senkrechtem Verbau sind üblich, wobei der geböschte Teil stets oberhalb des Grundwasserspiegels liegt und der Grundwasserbereich
durch einen senkrechten Verbau z.B. eine Spundwand abgestützt wird
(Bild 1.5).

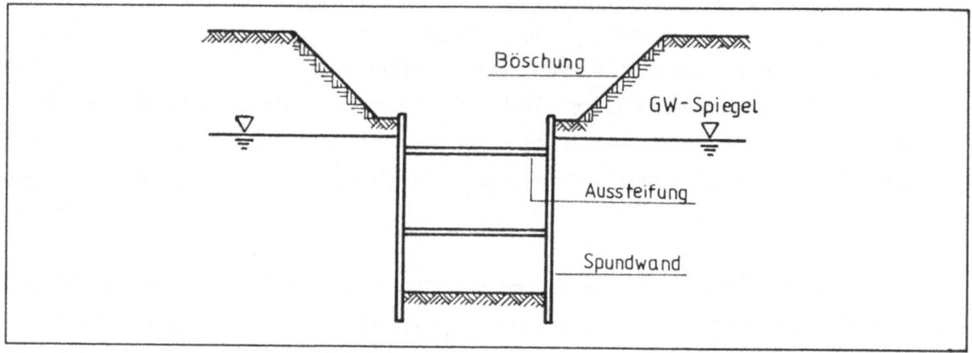

Bild 1.5 Kombination von Böschung und senkrechtem Verbau

Die senkrechten Verbauwände werden nach ihrer Nachgiebigkeit unterschieden. Ein nachgiebiger (biegeweicher) Verbau kann dort angewendet werden, wo unmittelbar neben der Baugrube geringfügig
auftretende Verformungen keine Schäden an benachbarten baulichen
Anlagen hervorrufen können. Zu diesen nachgiebigen Verbauwänden
zählen Trägerbohlwände, Spundwände, Elementwände.

Die Nachgiebigkeit der Wände wird auch durch den Vorspanngrad der
Anker bzw. Steifen bestimmt.

Nach EAB [35] werden Baugrubenwände, deren Auflagerpunkte bei
Lastzunahme stark nachgeben können, z.B. bei stark geneigter Ab-

stützung zur Baugrubensohle und bei nicht vorgespannten Ankern, als weitgehend nachgiebig bezeichnet.

Wenig nachgiebig werden Baugrubenwände genannt, wenn die Steifen zumindest gut verkeilt sind bzw. die Anker auf mindestens 80 % der aufzunehmenden Last vorgespannt werden.

Bei nachgiebigem Verbau ist damit zu rechnen, daß eine waagerechte Bewegung der Baugrubenwand in der Größenordnung von mindestens 1/1000 der Wandhöhe auftritt. Mit dieser Wandbewegung können Setzungen des Bodens verbunden sein, die unmittelbar hinter der Baugrubenwand doppelt so groß sind wie die waagerechten Wandbewegungen und erst in größerer Entfernung von der Baugrubenwand abklingen [35].

Wenn durch diese Setzungen Bauwerke beeinträchtigt werden können, muß ein verformungsarmer Verbau gewählt werden, der aus einer biegesteifen Wand (Bohrpfahlwand, Schlitzwand, Injektionswand, Frostwand) und annähernd unnachgiebigen Abstützungen (auf den Vollaushubzustand vorspannte Steifen oder Anker) besteht.

Um die Wirksamkeit der Sicherung vorhandener Bebauung zu kontrollieren, empfiehlt es sich, Messungen auszuführen, mit denen die Bewegungen der Baugrubenwand und die Setzungen der Geländeoberfläche bzw. der Gebäude ermittelt werden. Sind die Verformungen größer als die erwarteten, muß gegebenenfalls durch konstruktive Maßnahmen (z.B. Setzen zusätzlicher Anker bzw. Steifen, Erhöhung der Vorspannung, Änderung des Aushubablaufes o.ä.) ein weiteres Ansteigen der Verformungen verhindert werden.

Bei der Wahl der Baugrubenumschließung muß insbesondere die Lage des Grundwasserspiegels berücksichtigt werden. Einige Verbauarten (Böschungen, Trägerbohlwände, Elementwände, tangierende Bohrpfahlwände) lassen sich nur oberhalb des Grundwasserspiegels bzw. nach dessen Absenkung anwenden, andere sind für das Abhalten des Grundwassers geeignet (z.B. Spundwände, überschnittene Bohrpfahlwände, Schlitzwände, Injektionswände, Frostwände).

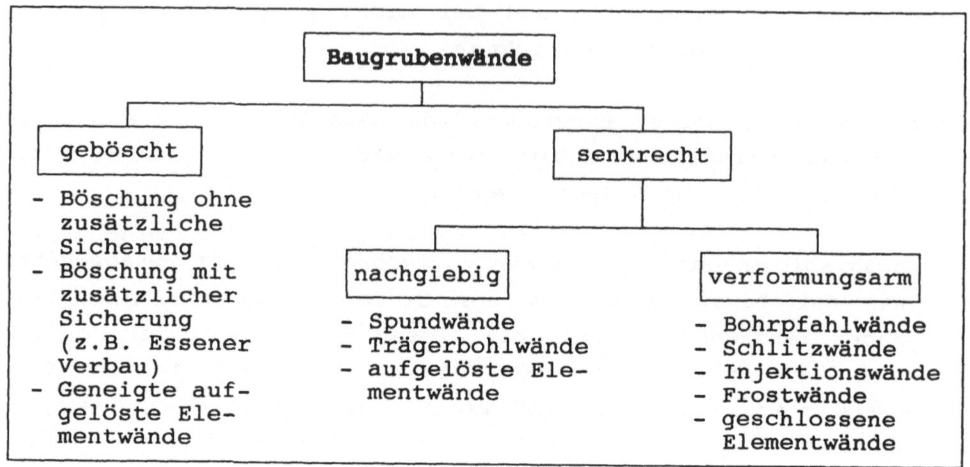

Bild 1.6 Übersicht über die Verbauarten

Im allgemeinen wird aus den Lösungen, die unter Beachtung der Forderungen des Umweltschutzes technisch durchführbar sind, die kostengünstigste ausgewählt (Bild 1.7).

1.4 Aushub

Bei der Planung und Arbeitsvorbereitung von Baugruben muß den Aushubarbeiten besondere Beachtung geschenkt werden. Es wird häufig übersehen, daß die Herstellung einer Baugrube im wesentlichen aus dem Aushub besteht, der allerdings in vielen Fällen erst durch eine Hilfsmaßnahme - den Verbau - möglich ist.

Bei der Planung von Aushubarbeiten sind folgende Punkte zu bedenken:

-     Wahl der Geräte
-     Wahl der Standorte der Geräte
-     Wahl des Arbeitsablaufes
-     Verwendung des Aushubmaterials.

Diese Punkte können allerdings nicht getrennt behandelt werden, da z.B. zwischen dem Standort eines Gerätes (an der Geländeoberfläche oder in der Baugrube) und der Art des erforderlichen Gerätes Ab-

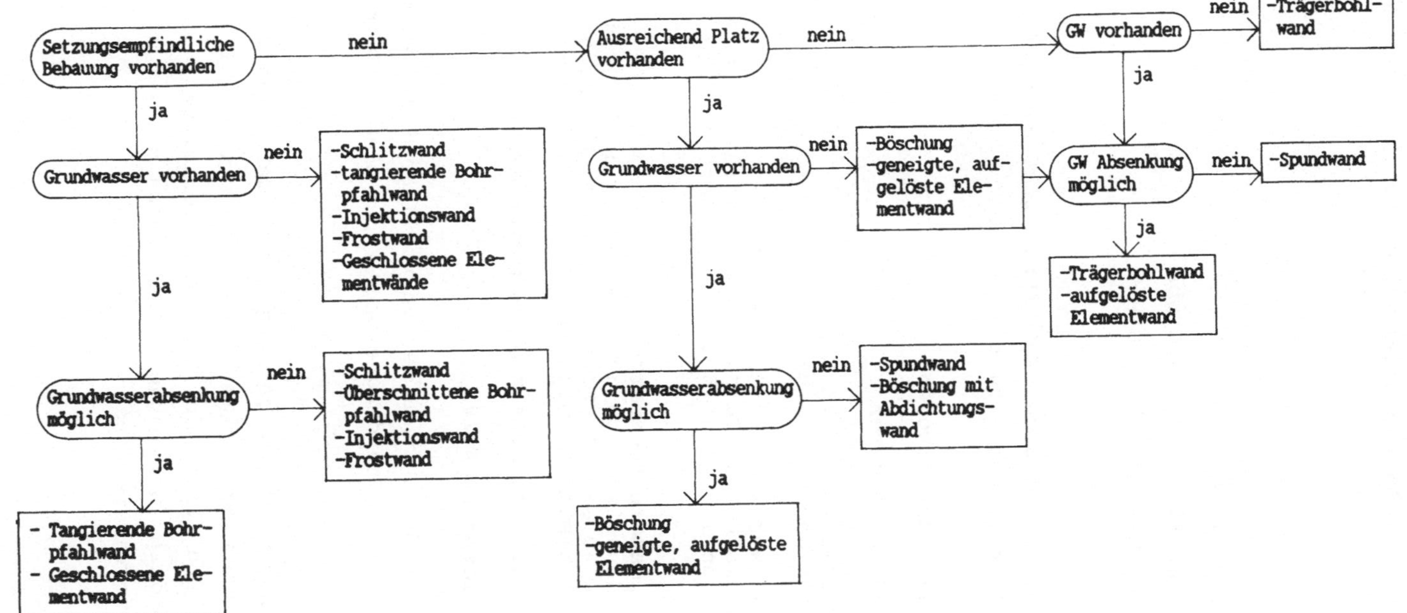

Bild 1.7 Wahl einer geeigneten Verbauart

hängigkeiten bestehen. Auch bestimmt z.B. der Standort des Gerätes
den Arbeitsablauf.

Die Wahl der Geräte wird beeinflußt durch

-     anstehende Bodenarten
-     Größe, Form und Tiefe der Baugrube
-     Verbau und Abstützung der Baugrube
-     Bauzeit.

Die Bodenarten werden entsprechend ihrem Zustand beim Lösen nach
DIN 18 300 in 7 Klassen eingestuft:

Klasse 1: Oberboden (Mutterboden)

Klasse 2: Fließende Bodenarten

Klasse 3: Leicht lösbare Bodenarten,
            z.B. Kies-Sand-Gemische

Klasse 4: Mittelschwer lösbare Bodenarten
            z.B. Gemische von Sand, Kies, Schluff und Ton mit einem
            Anteil von mehr als 15 Gew.-% Korngröße kleiner als 0,06
            mm.

Klasse 5: Schwer lösbare Bodenarten
            z.B. Bodenarten nach den Klassen 3 und 4, jedoch mit
            mehr als 30 Gew.-% Steinen von 63 mm Korngröße bis zu
            0,01 Kubikmeter Rauminhalt.

Klasse 6: Leicht lösbarer Fels und vergleichbare Bodenarten

Klasse 7: Schwer lösbarer Fels.

Zum Lösen und Laden des Bodens werden vorwiegend Bagger verwendet,
wobei zwischen einer "Standbaggerung" und einer "Fahrbaggerung"
unterschieden wird [42].

Bei der sogenannten Standbaggerung löst der Bagger mit Grab-
werkzeugen den Boden oder nimmt mit Ladewerkzeugen bereits gelösten Boden auf und lädt ihn auf Transportmittel, ohne seinen
Standort zu verändern. Der Bagger bewegt sich nur bei einer Veränderung seines Arbeitsbereiches.

Als Standbagger werden vorwiegend Universalbagger mit Hochlöffeln,
Tieflöffeln, Schürfkübel- oder Greifereinrichtung verwendet.

Bei der Fahrbaggerung werden die Fahrbewegungen des Baggers für
den Baggervorgang benutzt, wobei der Boden durch besonders ausgebildete Schürfwerkzeuge gelöst wird.

Während des Fahrens wird der Boden z.B. mit Planiergeräten gelöst,
die ihn mit einem Schild bewegen, oder mit Ladegeräten wie La-
deraupe und Radlader in einer Schaufel gesammelt.

Nach der Stellung des Baggers am Arbeitsort wird zwischen einer
Hochbaggerung und einer Tiefbaggerung unterschieden (Bild 1.8).

Bei der Hochbaggerung arbeitet der Bagger von seinem Standplanum
nach oben, d.h. er befindet sich in der Baugrube auf dem jeweiligen Aushubniveau.

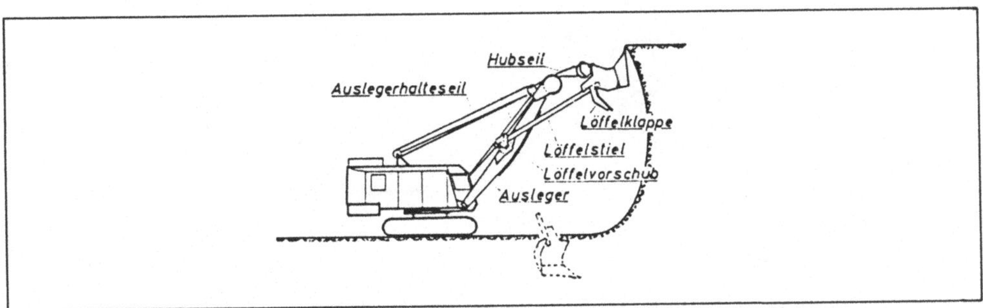

Bild 1.8 Hochbaggerung (aus [42])

Bei einer Tiefbaggerung arbeitet der Bagger von einem Planum in
die Tiefe. Dabei kann er entweder in der Baugrube auf einem höheren als dem jeweiligen Aushubniveau stehen oder an der Geländeoberfläche.

Bei kleineren, nicht zu tief geböschten Baugruben wird i.a. der
Aushub von der Geländeoberfläche mit einem Tieflöffelbagger durchgeführt, der rückwärtsschreitend arbeitet.

Bei größeren und/oder tieferen abgeböschten Baugruben sind u.a.
folgende Verfahren durchführbar:

-       Der Bagger steht außerhalb der Baugrube, das Bodenmaterial
        wird mit Planierraupen, Kettenladern oder Radladern zum Bagger
        transportiert (Bild 1.9).

-       Die jeweilige Baugrubensohle wird mit den Transportfahrzeugen
        (geländegängigen LKW's) befahren, die über eine Rampe in die
        Baugrube gelangen. Beladen werden sie mit Ketten- oder Rad-
        ladern. Die Rampe kann je nach den Platzverhältnissen inner-
        halb oder außerhalb der Baugrube angeordnet sein (Bild 1.10).

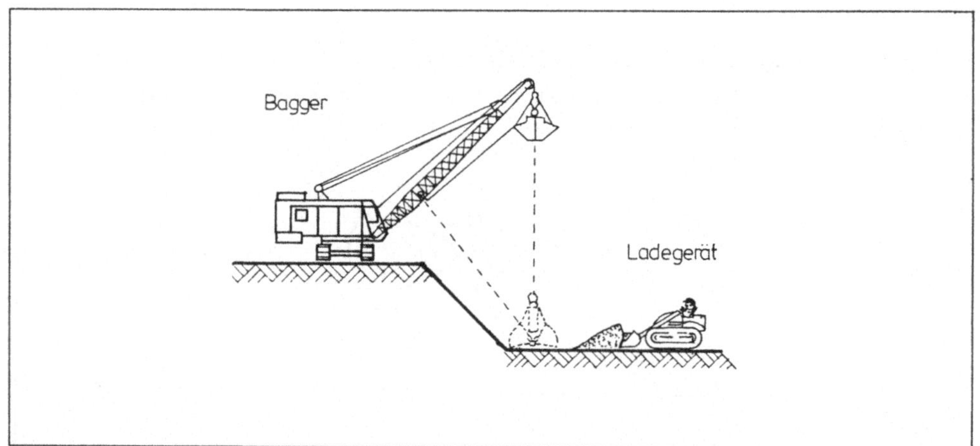

Bild 1.9   Aushub mit Lader und Bagger

Bei innenliegender Rampe muß die Rampe bei Erreichen der Endaus-
hubsohle mit einem Tieflöffel- oder Greifbagger entfernt werden,
bei außenliegender Rampe wird der zu viel ausgehobene Boden wieder
eingefüllt.

Ganz allgemein kann es bei bindigen Böden beim Befahren der Aushubsohle mit Lastkraftwagen zu Schwierigkeiten kommen. Wegen der
starken Veränderlichkeit der Konsistenz mit dem Wassergehalt (z.B.
bei Regen) sind schluffige Böden am problematischsten.

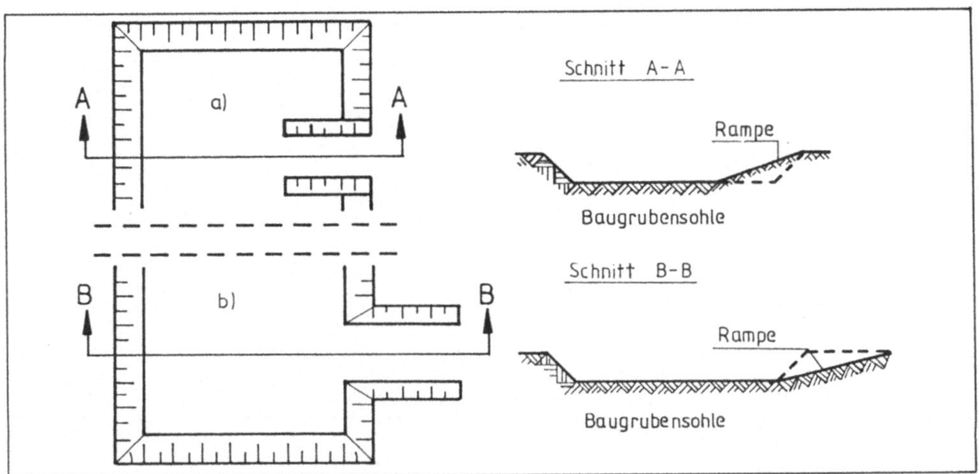

Bild 1.10   Geböschte Baugrube mit Rampe
            a) innerhalb   b) außerhalb

Bei Baugruben mit senkrechtem Verbau gibt es folgende Aushubver-
fahren:

a)   Der Bagger (mit Seilgreifer) steht an der Geländeoberfläche.
     Ihm wird von einem Ladegerät in der Baugrube das Bodenmaterial
     zugebracht.

     Bei beengten Platzverhältnissen kann der Bagger auf einer spe-
     ziellen Plattform stehen (Bild 1.11).

     Ist auch kein ausreichender Platz für die Aufstellung von
     Transportfahrzeugen vorhanden, kann das Beladen auf einer über
     die Baugrube führenden Hilfsbrücke erfolgen (Bild 1.12).

     Schwierigkeiten treten bei ausgesteiften Baugruben auf. Bei
     langen Baugruben müssen dann im Abstand von ca. 25 - 50 m Bag-
     gerlöcher ausgespart werden, in denen die Gurtung entsprechend
     verstärkt werden muß (Bild 1.13).

     Die Aussteifungen behindern aber nicht nur den Vertikaltrans-
     port des Bodens sondern auch den Horizontaltransport, da mit
     Ladegeräten der Boden unter den Steifenlagen gelöst und zum
     Baggerloch gebracht werden muß.

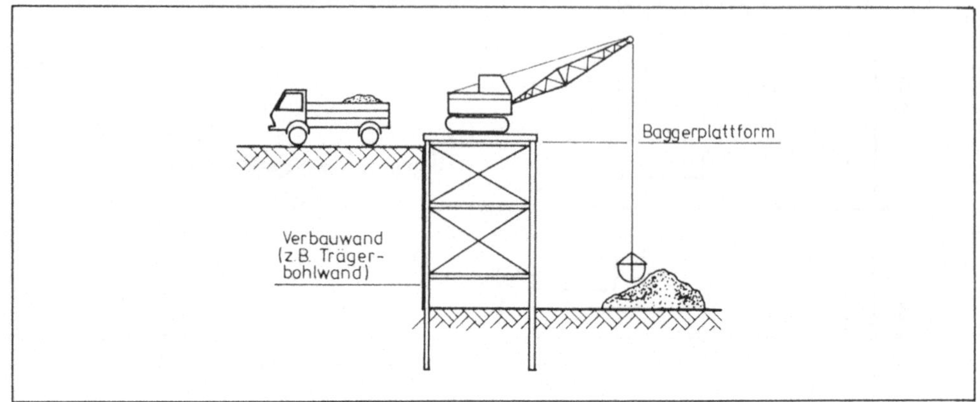

Bild 1.11   Baggerplattform

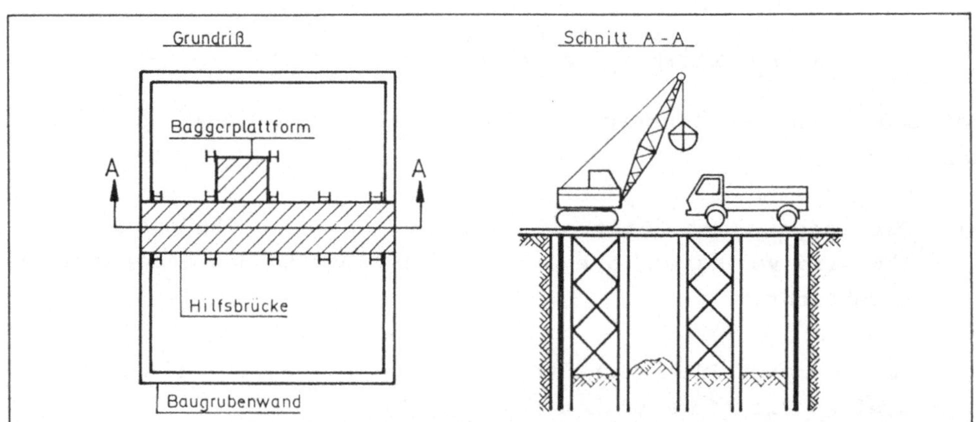

Bild 1.12   Beladen der Transportfahrzeuge auf einer Hilfsbrücke

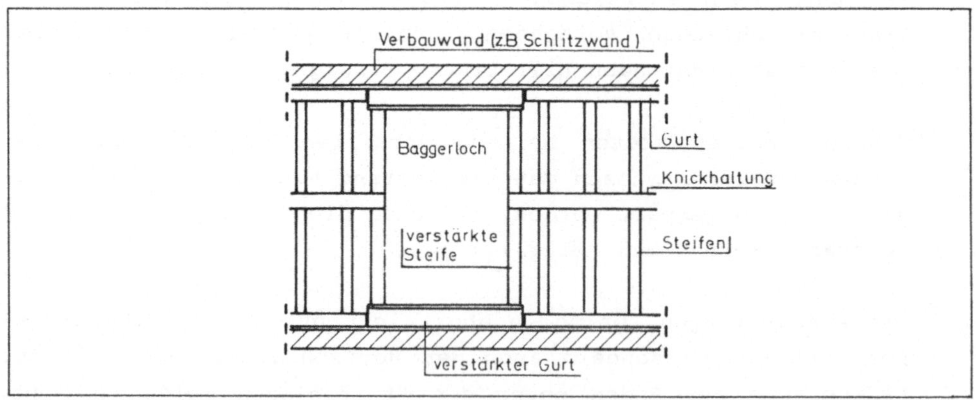

Bild 1.13   Baggerloch

Bei mit Trägerbohlwänden gesicherten engen Baugruben ist es üblich, mit dem Ladegerät zunächst einen Erdschlitz unter den Steifen auszuheben (Bild 1.14), der bis zum nächsten Baggerloch vorgetrieben wird. Der verbleibende Bodenkeil stützt die Baugrubenwand, die nach Wegnahme des Stützkeils abschnittsweise von oben nach unten mit Holz oder Spritzbeton verbaut wird.

b)   Die Baugrubensohle wird über eine Rampe von den Transportfahrzeugen befahren (Bild 1.10). Die Fahrzeuge werden mit Ladegeräten (Kettenlader oder Radlader) beladen. Dieses Verfahren läßt sich nur bei verankerten oder frei auskragenden Verbauwänden anwenden.

Bei verankerten Baugrubenwänden muß der Aushubplan auf die Herstellung der Anker abgestimmt werden, da nach Einbau der Anker nicht sofort weiter ausgehoben werden darf. Es muß zunächst die

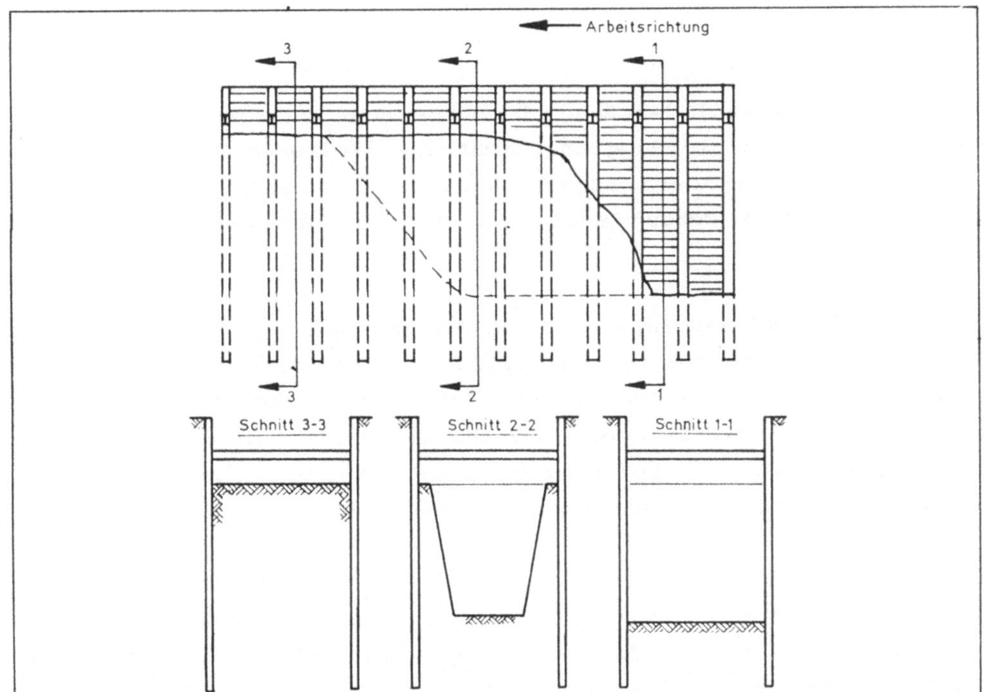

Bild 1.14   Schlitzaushub unter einer Steifenlage

Erhärtungszeit der Verpreßkörper (ca. 3 - 7 Tage) abgewartet werden. Zeigt sich bei der anschließenden Eignungs- bzw. Abnahmeprüfung, daß einzelne Anker infolge von Herstellungsmängeln oder Unregelmäßigkeiten im Baugrund nicht die vorgesehenen Lasten abtragen können, müssen Zusatzanker gesetzt werden, die den Fortgang der Aushubarbeiten um weitere 3 - 7 Tage verzögern. Bei größeren Baugruben empfiehlt es sich daher, den Aushub nicht auf der gesamten Fläche gleichzeitg voranzutreiben, sondern nur bereichsweise tiefer zu gehen.

1.5 Berücksichtigung des Bauwerks

Bei der Planung einer Baugrube sind die folgenden Punkte zu behandeln:

- Baugrubenwände
- Abstützungen
- Wasserhaltung
- Aushub.

Bereits bei der Wahl der Baugrubenwände aber auch bei der Wahl der Abstützungen kann die Baugrube nicht als isolierte Baumaßnahme angesehen werden, sondern es muß auch das Bauwerk, das in dieser Baugrube erstellt werden soll, bei den Überlegungen mit beachtet werden.

Bei der Wahl der Baugrubenwand ist zu bedenken, ob sie später mit in das Bauwerk zum Abtrag von vertikalen und/oder horizontalen Lasten (Erddruck) einbezogen werden kann. Insbesondere im Tunnelbau werden häufig Schlitz- oder Bohrpfahlwände auch im Endzustand zum Abtrag des Erddruckes herangezogen, so daß die Innenwand nur noch für den Wasserdruck bemessen werden muß (Bild 1.15).

Aber selbst wenn die Baugrubenwand nicht Bestandteil des fertigen Bauwerks werden soll, wird sie häufig (z.B. als äußere verlorene Schalung (Bild 1.16) oder als Träger für die Abdichtung (Bild 1.17)) bei der Herstellung mitbenutzt.

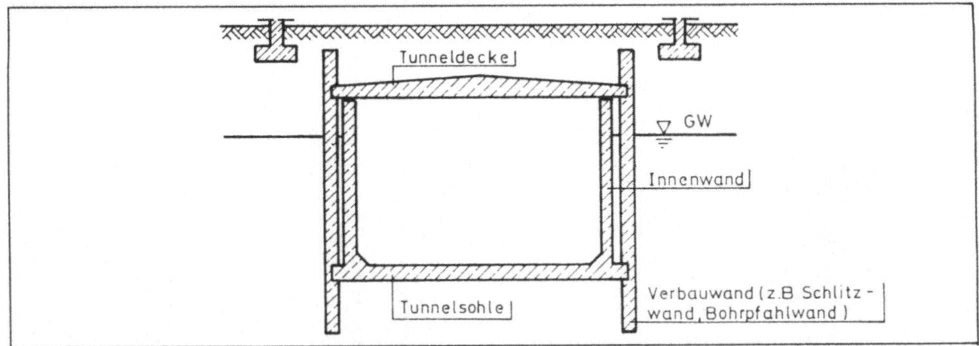

Bild 1.15   Verbau als Bestandteil des späteren Bauwerks

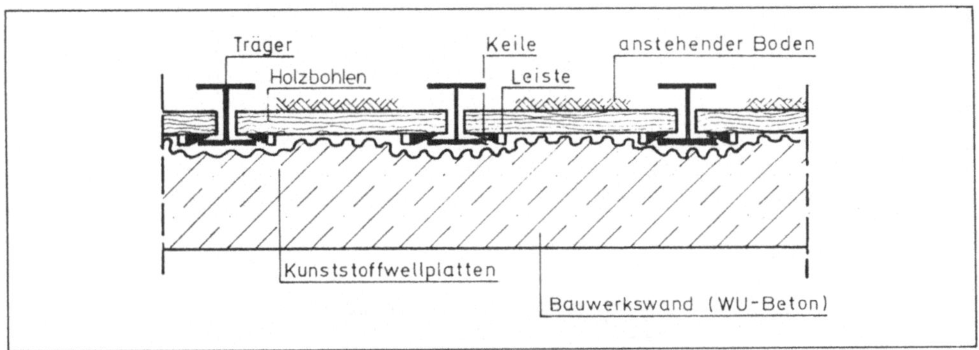

Bild 1.16   Verbau als äußere verlorene Schalung

Besondere Schwierigkeiten treten bei ausgesteiften Baugruben auf, da die Steifenlagen für die Herstellung des Gebäudes sehr hinderlich sind. Sie ermöglichen nicht den Einsatz von Gleit- oder Kletterschalungen, und sie erschweren die Arbeiten mit Großschaltafeln und Schalwagen.

Werden z.B. Gebäude hergestellt, die aus Kernen mit angehängten Skeletten bestehen, wobei die Kerne mit Gleit- oder Kletterschalung hergestellt werden sollen, so empfiehlt es sich, diese Bereiche frei von Steifen zu halten (Bild 1.18).

Sind mehrere Tiefgeschosse vorhanden, so muß die Höhe der Steifenlagen genau auf die Höhe der Decken abgestimmt werden, damit beim Ausbau der Steifen ihre Funktion von den Deckenscheiben übernommen werden kann (Bild 1.19).

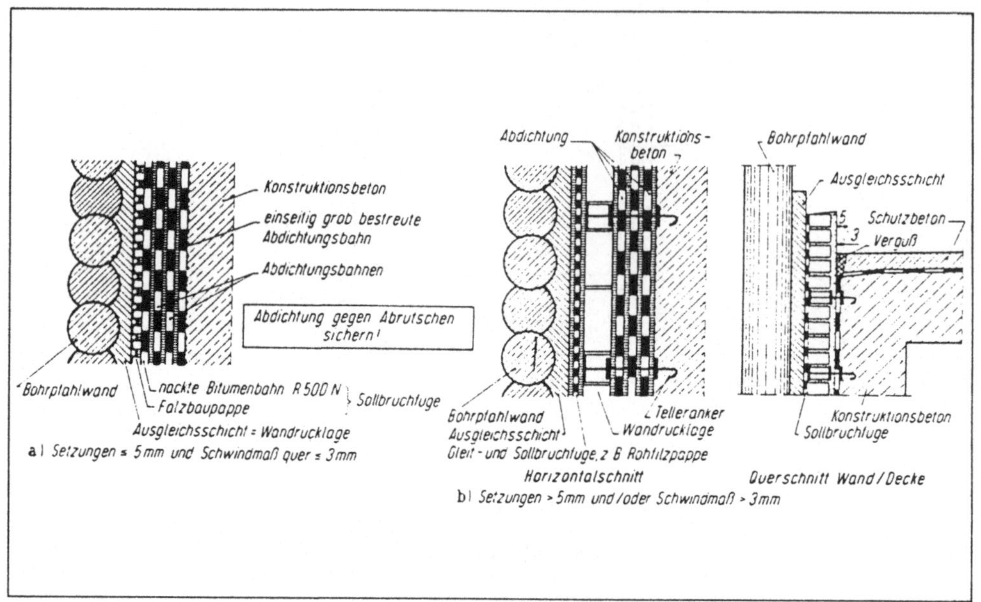

Bild 1.17   Verbau als Träger für die Abdichtung (aus [53])

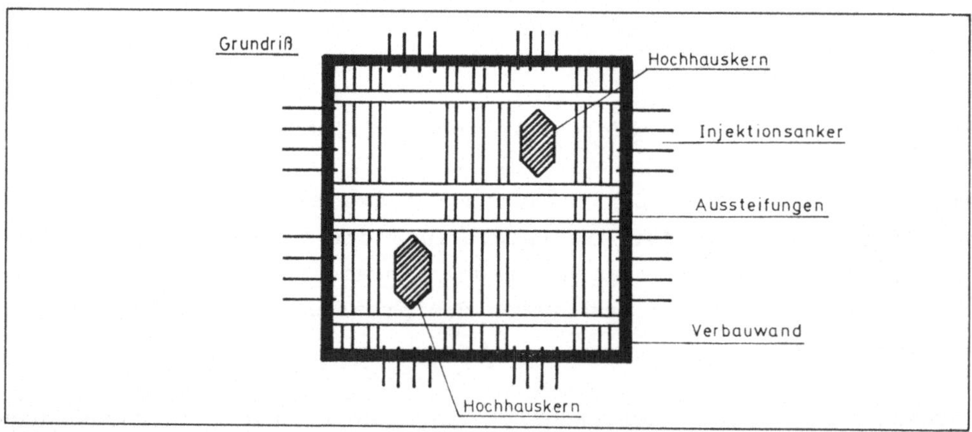

Bild 1.18   Anordnung von Steifen und Ankern bei einem Hochhaus mit
            2 Kernen

Neben dieser Bauweise "von unten nach oben" wurde verschiedentlich
auch schon die Bauweise "von oben nach unten" angewandt [103].
Hierbei wird der Aushub unter den jeweils erstellten Kellerge-
schoßdecken, die als Aussteifung dienen, durchgeführt. Die Decken
werden entweder auf dem jeweiligen Erdplanum betoniert oder in

Schalungen, die an der darüber befindlichen Decke aufgehängt sind.
Es wurden auch schon alle Kellerdecken an der Geländeoberfläche
übereinander betoniert und dann jeweils abgespindelt.

Die Auflagerung der Kellerdecken erfolgt im Bauzustand auf sogenannten "Primärstützen" [103], die die Lasten unterhalb des end-
gültigen Gründungsniveaus in den Baugrund einleiten (Bild 1.20).

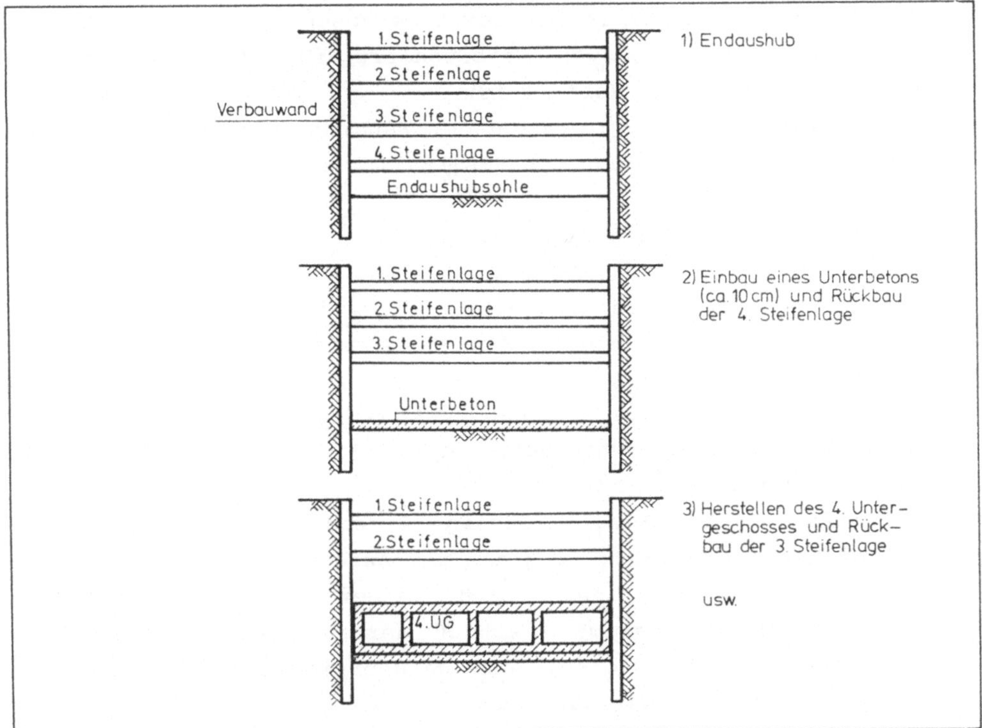

Bild 1.19 Bauablauf bei der Herstellung eines Gebäudes mit 4 Unter-
         geschossen in einer ausgesteiften Baugrube (Bauweise von
         unten nach oben)

Die Vorteile dieser Bauweise sind im wesentlichen:

-    kürzere Rohbauzeit, da nach Fertigstellung der Decke über dem
     1.UG auch mit dem Bau der Obergeschosse begonnen werden kann

- kürzere Zeit für den Ausbau, da die meist ausbauintensiven Geschosse (1. und 2. Untergeschoß sowie Erdgeschoß) sehr früh-
  zeitig für Installationen zur Verfügung stehen
- geringerer Baulärm, da wesentliche Teile der Arbeiten (z.B.
  Bodenabbau) unterirdisch erfolgen
- geringerer Platzbedarf für Baustelleneinrichtung und Baustel-
  lenverkehr, da die Decke über dem 1. UG dafür genutzt werden
  kann
- die Arbeiten für den Rohbau der Untergeschosse sind unabhängig
  von der Witterung, was insbesondere für die Abdichtungsarbeiten ein großer Vorteil ist
- die auftretenden Verformungen der Baugrubenwand sind sehr gering, daher Reduzierung des Risikos für die Nachbarbebauung.

Dem stehen als Nachteile gegenüber:

- der Rohbau wird ingesamt teurer
- es müssen in den Untergeschossen durchgehende Geschoßdecken
  vorgesehen werden
- viele Details müssen in Konstruktion und Durchführung genau
  bedacht und sicher beherrscht werden [103], so daß das Verfahren risikobehaftet ist
- der maßgenaue und kraftschlüssige Einbau der Primärstützen in
  großer Tiefe erfordert Sorgfalt und Aufwand
- die Abdichtung des Bauwerks z.B. im Bereich der Primärstützen
  und der kraftschlüssige Anschluß der Betonkonstruktionen an
  die jeweils vorher erstellten darüberliegenden Stützen bzw.
  Wände erfordern Zusatzaufwand.

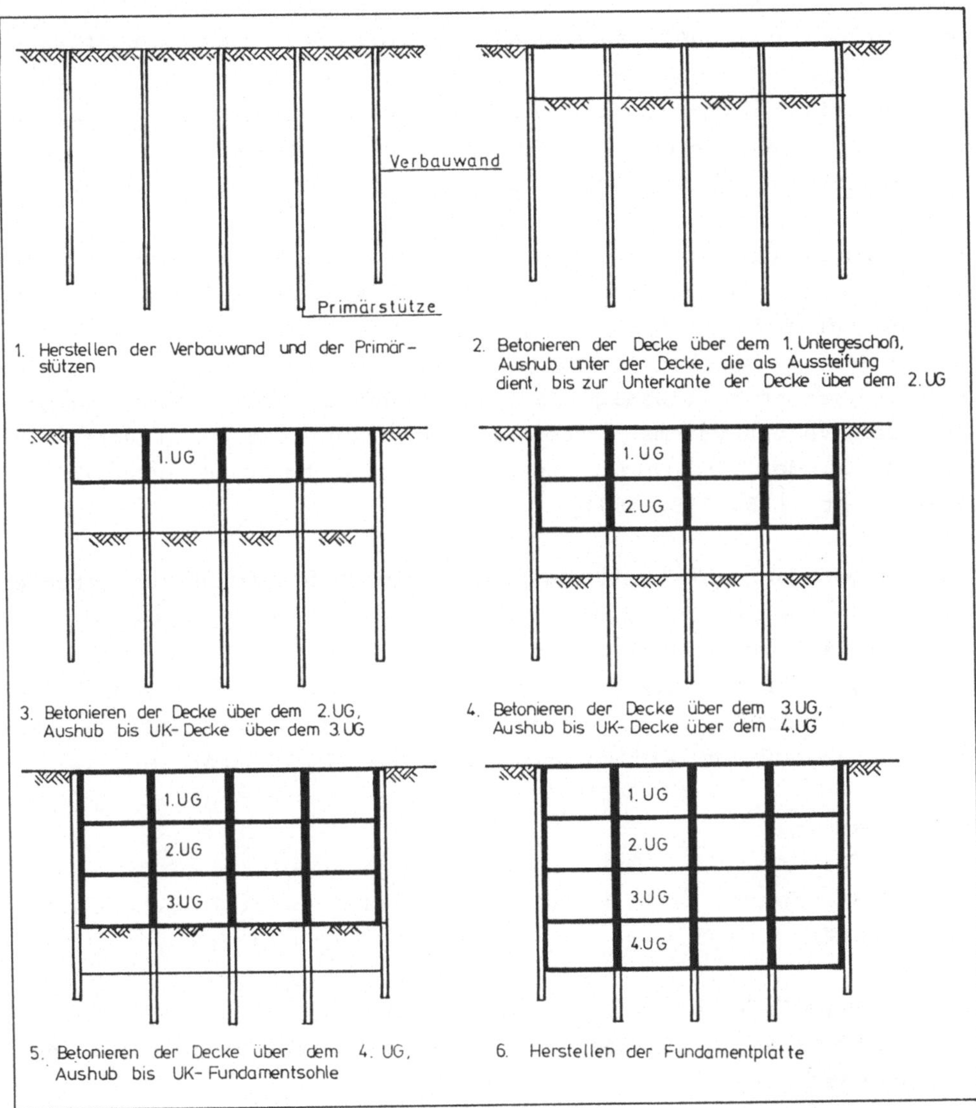

Bild 1.20   Bauablauf bei der Herstellung einess Gebäudes mit 4
Untergeschossen (Bauweise von oben nach unten)

1.6 Grundlagen der Berechnung

1.6.1 Allgemeines

Grundsätzlich muß eine Baugrubensicherung zwei Bedingungen erfüllen. Erstens muß in jedem Bauzustand die Standsicherheit des

Bodenkörpers und damit auch die Standsicherheit der im Einflußbereich liegenden Bauwerke und Verkehrsanlagen gewährleistet sein. Zweitens dürfen beim Einbau und während der Standzeit nur solche Verformungen auftreten, die für die zu sichernden Bauwerke bzw. Verkehrsanlagen unschädlich sind.

Zum Nachweis der Standsicherheit muß vor allem die Größe und die Verteilung des Erddruckes richtig erfaßt werden. Der Erdwiderstand vor dem Wandfuß und die Tragfähigkeit der Abstützung dürfen dabei nur so weit in Ansatz gebracht werden, wie die dabei auftretenden Verformungen noch zulässig sind. Beim Nachweis der Standsicherheit bzw. des Verbausystems werden die Grenzzustände untersucht, für die es in der Erdstatik hinreichend gesicherte Berechnungsverfahren gibt ([35, 168, 169]).

Schwieriger ist die Ermittlung der beim Bodenaushub auftretenden Verformung. Wegen des komplizierten statischen Systems beim Zusammenwirken von Baugrubenwand und Baugrund können alle Berechnungsverfahren die tatsächlichen Gegebenheiten nur näherungsweise erfassen. So können z.B. die Verformungsanteile beim Ein- und Ausbau von Steifen und Ankern nur abgeschätzt werden.

1.6.2 Lasten

Baugrubenwände und ihre Abstützungen werden durch folgende Lasten beansprucht:

-      Eigengewicht der Baugrubenkonstruktion
-      Erddruck aus Bodeneigengewicht, Kohäsion und Nachbarbebauung
-      Wasserdruck
-      Lasten aus Fahrzeugverkehr und Baustellenbetrieb.

In Sonderfällen müssen u.a. noch folgende Lastfälle untersucht werden:

-      Temperatureinwirkungen (z.B. auf Steifen)
-      Überspannen von Ankern und Steifen

- Zusatzlasten durch den Ausfall einzelner Tragglieder (z.B. Steifen und Anker).

Empfehlungen zum Ansatz der Lasten sind in [35] gegeben.

1.6.3 Ansatz des Erddruckes

Während viele Lasten, z.B. Eigengewicht und Wasserdruck, im allgemeinen genau ermittelt werden können, ist es schwierig, die Größe und Verteilung des Erddruckes auf die Baugrubenwand zu berechnen. Dafür gibt es mehrere Gründe:

- die bei der Berechnung des Erddruckes einzusetzenden Parameter wie Wichte, Reibungswinkel, Kohäsion und Wandreibungswinkel sind i.a. aus Bodenproben gewonnen und müssen nicht repräsentativ für eine ganze Bodenschicht sein.

- Die Verteilung des Erddrucks hängt von vielen Einflüssen ab, wie z.B.:
    - Art und Schichtung des anstehenden Bodens
    - Art und Einbringung der Baugrubenwand
    - Anzahl und Anordnung von Steifen und Ankern
    - Tiefe des jeweiligen Aushubabschnittes vor dem Einbau von Steifen und Ankern
    - Vorspannung der Steifen und Anker.

Durch eine bestimmte Anordnung und Vorspannung der Abstützung läßt sich praktisch jede beliebige Erddruckverteilung erreichen. Das hängt damit zusammen, daß Größe und Verteilung des Erddruckes von den Verformungsmöglichkeiten der Wand abhängen. Die klassische Erddrucktheorie von Coulomb (1776) kennt 3 Grenzzustände des Erddruckes (Bild 1.21).

Hinter einer unverschieblichen Wand herrscht der Erdruhedruck E_O. Verschiebt sich die Wand vom Boden weg, so wird dieser Erdruhedruck abgebaut. Schon bei Wandverschiebungen von ca. 1/1000 bis 2/1000 der Wandhöhe (bei 10 m tiefen Baugruben also 1 - 2 cm) wird

der Druck auf den unteren Grenzwert, den aktiven Erddruck E_a, abgebaut.

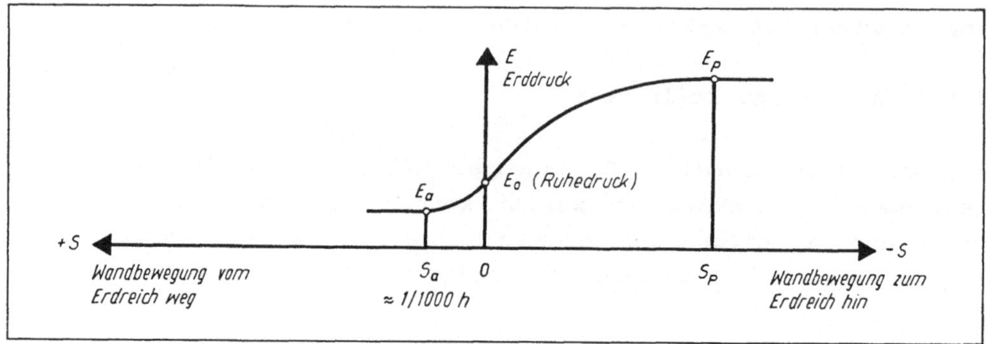

Bild 1.21   Zusammenhang zwischen Wandbewegung und Erddruck
               (aus [62])

Verschiebt sich die Wand zum Boden hin (z.B. im Fußbereich), wird
ein Erdwiderstand E_p (passiver Erddruck) geweckt, der größer ist
als der Erdruhedruck, und der sehr stark von der Größe der Verschiebung abhängt. Die zur Mobilisierung des vollen Erdwiderstandes erforderlichen Wege liegen in der Größenordnung von ca. 5 -
10 % der Einbindetiefe, d.h. bei 3 m Einbindetiefe sind ca. 15 -
30 cm Fußverschiebung nötig. Da dies von der Baugrubenkonstruktion
nicht schadlos mitgemacht werden kann, ist es nach den Empfehlungen des Arbeitskreises Baugrubenumschließungen (EAB) [35] üblich,
nur Bruchteile des maximalen Erdwiderstandes anzusetzen.

Nach der klassischen Erddrucktheorie nehmen aktiver und passiver
Erddruck linear mit der Tiefe zu, der Erddruck kann nach folgenden
Formeln berechnet werden:

<u>Aktiver Erddruck</u>

$$e_{ah} = \gamma \times h \times K_{ah} - 2\,c'\sqrt{K_{ah}} \times \cos\delta_a$$

<u>Passiver Erddruck</u>

$$e_{ph} = \gamma \times h \times K_{ph} + 2\,c'\sqrt{K_{ph}} \times \cos\delta_p$$

mit e_{ah} = horizontaler Erddruck $[kN/m^2]$
     e_{ph} = horizontaler Erdwiderstand $(kN/m^2]$

γ = Wichte des Bodens [kN/m^3)

h = Wandhöhe [m]

c' = Kohäsion des bindigen Bodens [kN/m^2]

K_{ah}, K_{ph} = Erddruckbeiwerte, abhängig vom Reibungswinkel φ' des Bodens, der Geländeneigung ß, der Wandneigung α und dem Wandreibungswinkel δ.

Die Erddruckbeiwerte sind dimensionslos und in der Literatur für alle praktisch vorkommenden Fälle zusammengestellt (z.B. [62, 52])

δ_a, δ_p = Wandreibungswinkel, abhängig von der Rauhigkeit der Wand und dem Reibungswinkel des Bodens (s. DIN 4085).

Die so berechneten Erddrücke gelten, wenn sich die Wand frei um ihren Fußpunkt drehen kann. Das ist nur bei auskragenden, unabgestützten Baugrubenwänden der Fall.

In allen anderen Fällen nimmt der Erddruck nicht linear mit der Tiefe zu, sondern wird von den möglichen Verformungen der Wand bestimmt (Bild 1.22).

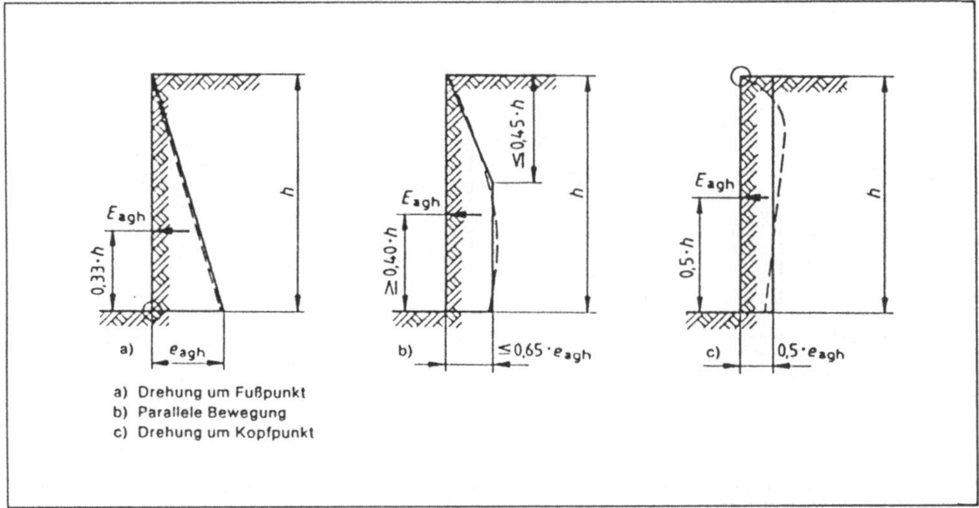

Bild 1.22 Aktive Erddrücke aus Bodeneigengewicht bei verschiedenen positiven Wandbewegungen (aus DIN 4085)

Ganz allgemein gilt, daß sich der Erddruck an den festen Abstützungen konzentriert und dort verringert, wo sich die Wand frei bewegen und damit der Belastung entziehen kann (Bild 1.23).

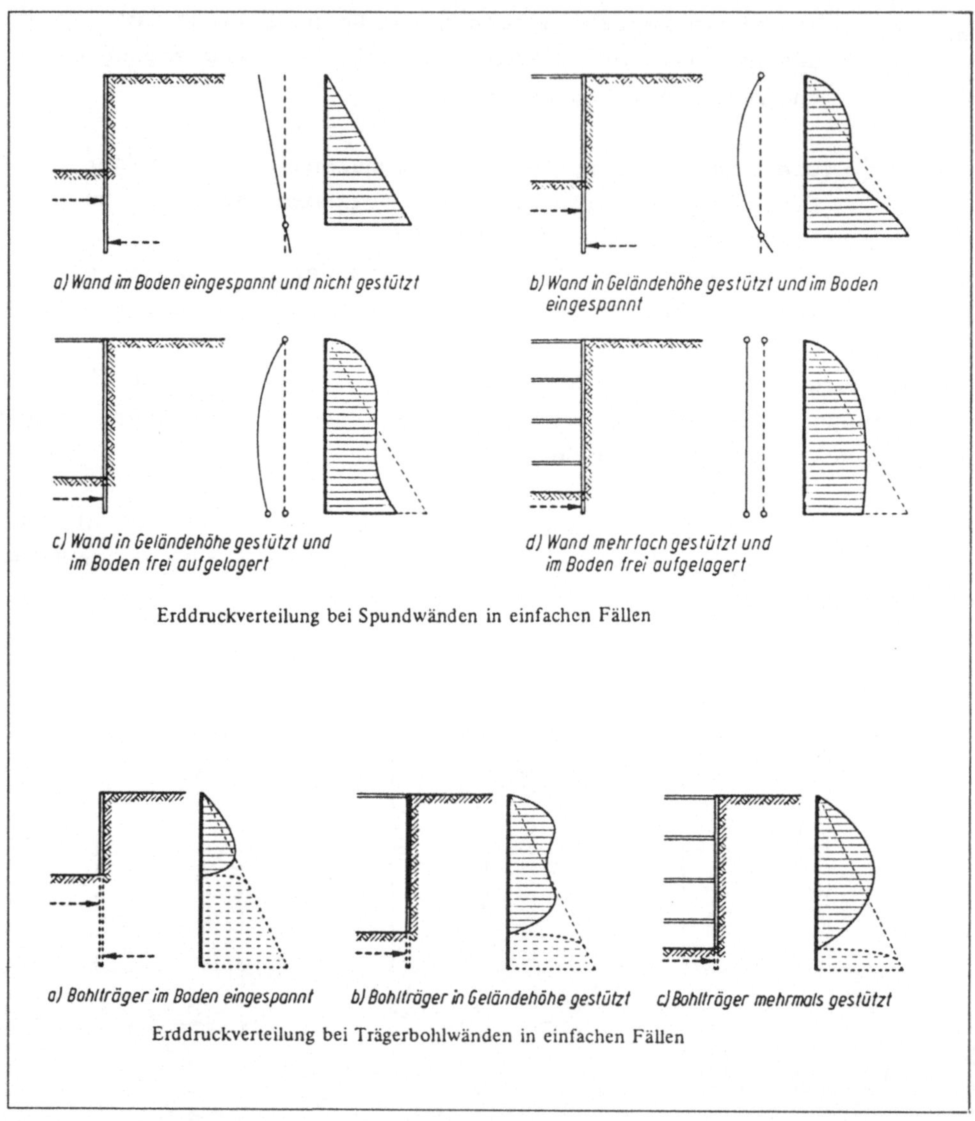

Bild 1.23 Erddruckverteilung bei Spundwänden und Trägerbohlwänden (aus [168])

In den **EAB** [35] wird für viele Fälle vorgeschlagen, bei abgestützten Baugrubenumschließungen eine rechteckförmige Verteilung des Erddruckes anzusetzen. Diese Näherung entspricht bei nicht zu hoch vorgespannten verankerten Baugruben recht gut dem tatsächlichen Erddruckverlauf. Bei ausgesteiften Baugruben führt der Ansatz i.a. zu zu geringen Steifenkräften, so daß hier nach EAB rechnerische Erhöhungen erforderlich sind.

Aktiver Erddruck stellt sich nur ein, wenn die Wand und die Abstützungen sich ausreichend verschieben können. Das ist i.a. bei den nachgiebigen Verbauarten (Spundwände, Trägerbohlwände, aufgelöste Elementwände) der Fall. Bei verformungsarmen Wänden (Bohrpfahlwände, Schlitzwände, Injektionswände, Frostwände, geschlossene Elementwände), deren geringe Verformbarkeit durch die hohe Steifigkeit und mehr noch durch die hohe Vorspannung von Steifen und Ankern erreicht wird, reichen die Verformungen nicht aus, um den Erddruck auf den aktiven Erddruck absinken zu lassen. Der Erddruck liegt dann zwischen dem aktiven Erddruck und dem Erdruhedruck. Für die Berechnung wird ein sogenannter "erhöhter aktiver Erddruck" angesetzt, der in den meisten Fällen als Mittelwert

$$E'_a = \frac{E_a + E_o}{2}$$

mit E'_a = erhöhte aktive Erddruckkraft [kN/m]

    E_a = aktive Erddruckkraft [kN/m]

    E_o = Erdruhedruckkraft [kN/m]

berechnet wird. Auch hierbei tritt eine Umlagerung zu den Abstützungspunkten hin auf. Tafel 1.3 gibt die bei Sand erforderlichen Wandbewegungen in Abhängigkeit von Lagerungsdichte und Bewegungsmöglichkeiten an.

Tafel 1.3 Erforderliche Wandbewegungen (nach [168])

Sand	Wandbewegung			
Lagerungs- dichte	Kopf- verschiebung	Fuß- verschiebung	Verschiebung Wandmitte	Parallel- verschiebung
dicht	1- 2 ‰ H	2- 4 ‰ H	1-2 ‰ H	0,5-1 ‰ H
mitteldicht	2- 4 ‰ H	4- 8 ‰ H	2-4 ‰ H	1 -2 ‰ H
locker	4- 5 ‰ H	8-10 ‰ H	4-5 ‰ H	2 -3 ‰ H

H - freie Wandhöhe

Diese Bewegungen werden bei nachgiebigen Verbauarten (Spundwänden, Trägerbohlwänden, aufgelösten Elementwänden) praktisch immer erreicht.

1.6.4 Erforderliche Nachweise (DIN 4124)

Bei geböschten Baugruben ist die Standsicherheit nach DIN 4084 nachzuweisen (Böschungsbruch mit kreisförmiger Gleitlinie).

Bei senkrechten Baugrubenwänden müssen folgende Nachweise erbracht werden:

-   Bemessung der Verbauelemente (z.B. Stahlträger nach DIN 18 800 und DIN 4114, Holzverbau nach DIN 1052, Bohrpfahlwände nach DIN 4014 und DIN 1045, Schlitzwände nach DIN 4126 und DIN 1045)

-   Nachweis der Einbindetiefe
-   Nachweis des Abtrags der lotrechten Kräfte
-   Geländebruchsicherheit
-   Bemessung der Steifen, Gurte, Verbände, Mittelstützen und anderer Teile des Aussteifungssystems bei ausgesteiften Baugruben
-   Bemessung der Anker und Nachweise der Standsicherheit in der tiefen Gleitfuge [109].

In besonderen Fällen ist zusätzlich nachzuweisen:

-   Sicherheit gegen Aufbruch der Baugrubensohle
-   Sicherheit gegen hydraulischen Grundbruch
-   Verformung verankerter Baugruben (Fangedammodell [99, 24]).

Bei Injektionswänden und Frostwänden, die meistens als Schwergewichtsmauern ausgebildet werden, sind noch nachzuweisen:

-   Gleitsicherheit
-   Kippsicherheit
-   Grundbruchsicherheit.

1.7 Rechtliche Fragen

Die Herstellung von Baugruben ist oft mit Einwirkungen auf die
Nachbargrundstücke verbunden. Die sich daraus ergebenden juristischen und versicherungsrechtlichen Fragen können hier nicht behandelt werden. Dazu sei auf die Spezialliteratur (z.B. [111, 23, 61
und 46] verwiesen. Hier werden nur die technischen Probleme angesprochen, die in der Praxis häufig zu juristischen Auseinanderset-
zungen führen.

Bei vielen Bauverfahren ist die Einwirkung auf die Nachbargrundstücke auch bei Einhaltung aller einschlägigen Vorschriften und
der anerkannten Regeln der Technik unvermeidbar. Das Auftreten von
Schäden kann im Einzelfall nicht ausgeschlossen werden. So können
z.B. Grundwasserabsenkungen und Spundwandrammungen Schäden an
Nachbarbebauungen hervorrufen.

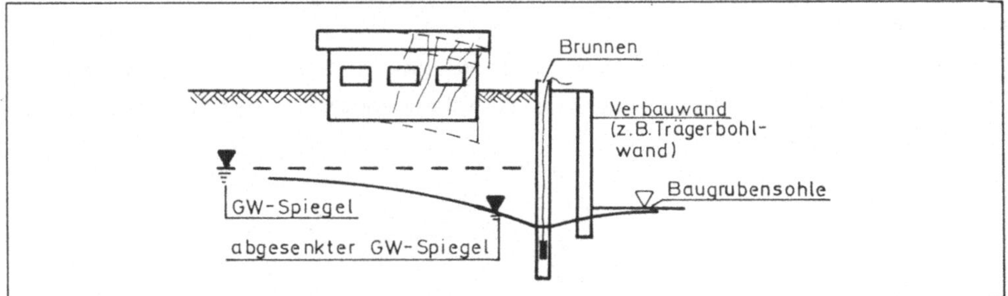

Bild 1.24   Schäden durch Grundwasserabsenkung

Bei der Grundwasserabsenkung (Bild 1.24) wird der Boden durch den
Wegfall des Auftriebs schwerer, die Spannungen im Baugrund werden
größer, der Boden wird zusammengedrückt. Da der Grundwasserspiegel
im Einzugsbereich der Brunnen nicht gleichmäßig sondern in Form
einer Kurve abgesenkt wird, kommt es im allgemeinen an der vorhandenen Bebauung zu Setzungsunterschieden, die je nach Art des
anstehenden Bodens und der Tiefe der Absenkung im Millimeter- oder
Zentimeterbereich liegen.

Bei der Spundwandrammung wird der Boden durch die eingeleitete
Schwingungsenergie umgelagert, wobei es zu einer Verdichtung

kommt, die ebenfalls zu ungleichmäßigen Setzungen führen kann.
Außerdem werden die Erschütterungen durch den Boden auf die Fundamente benachbarter Bauwerke übertragen, so daß das Bauwerk
selbst zusätzlich dynamisch beansprucht wird.

Bei der Wahl eines Baugrubenverbaus neben bestehender Bebauung muß
der § 909 BGB beachtet werden, der als zentrale Vorschrift zur Re-
gelung nachbarschaftlicher Beziehungen bei Eingriffen in den unter
der Erdoberfläche liegenden Bereich gilt [46]:

"Ein Grundstück darf nicht in der Weise vertieft werden, daß der
Boden des Nachbargrundstückes die erforderliche Stütze verliert,
es sei denn, daß für eine genügende anderweitige Befestigung gesorgt ist."(§ 909 BGB)

Je nach gewähltem Bauverfahren (Schlitzwand, Injektionswand o.ä.)
läßt sich der Einfluß auf die Nachbarbebauung gering halten, ganz
auszuschließen ist er nicht. Auch bei verformungsarmen Bauweisen
treten Horizontalverformungen des Verbaues auf, die zu Vertikal-
verschiebungen des dahinter anstehenden Bodenkörpers führen können
(Bild 1.25).

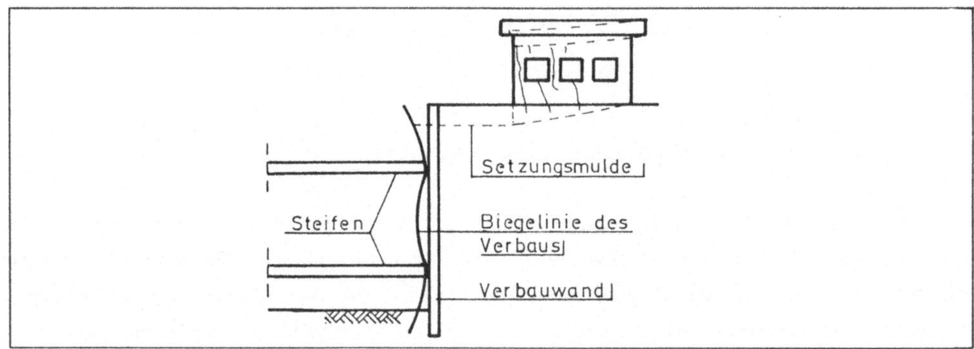

Bild 1.25   Setzung durch Verformung der Baugrubenwand

In den meisten Fällen wird die Sicherung bestehender Bebauung ohne
Inanspruchnahme des Nachbargrundstückes erfolgen (Bild 1.26).

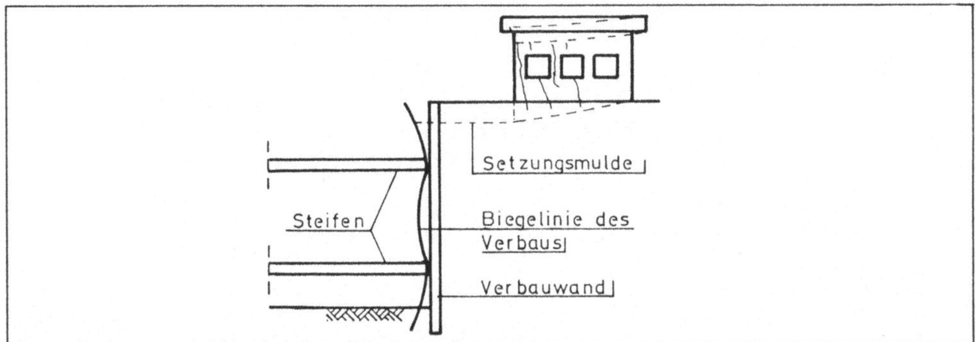

Bild 1.26   Sicherung von Nachbarbebauung ohne Inanspruchnahme des
             Nachbargrundstückes (ausgesteifte Schlitzwand)

Häufig wird aber das Nachbargrundstück zur Sicherung mitbenutzt
(Bild 1.27).

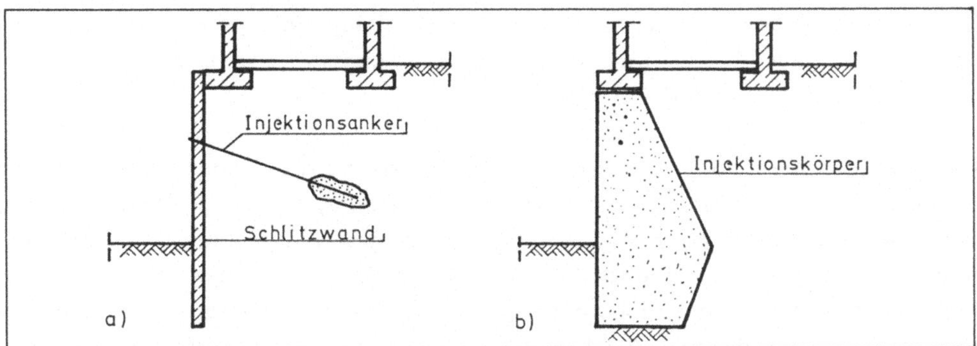

Bild 1.27   Sicherung von Nachbarbebauung mit Inanspruchnahme des
             Nachbargrundstückes
             a) durch Injektionsanker   b) durch Injektionskörper

Für diese Maßnahme ist in jedem Fall die Zustimmung des Nachbarn
erforderlich.

Die Einwirkungen auf Nachbargrundstücke lassen sich unterteilen in
[111]:

-    **Ungewollte Einwirkungen**
     Setzungen aus: Verformung des Baugrubenverbaus
                    Grundwasserabsenkung
                    Beanspruchung durch das neue Bauwerk

                            Erschütterungen durch Rammen und Rütteln
    Immissionen: Lärm
                            Staub
                            Erschütterungen.

–   **Bewußte Einwirkungen**
     Unterfangungen von Bauwerksteilen
     Verankerungen.

Für die Baupraxis empfiehlt es sich, schon vor Beginn der Bauarbeiten die Anlieger rechtzeitig über die Art und den Umfang der
Arbeiten zu informieren, damit sie sich auf die zu erwartenden Beeinträchtigungen einstellen können. Dadurch können viele Klagen
und Beschwerden vermieden werden. Bei rechtzeitiger Information
der Anlieger über den Zweck der Bauarbeiten, Art, Umfang und Dauer
der Beeinträchtigungen und die Regulierung von Schäden wird es
häufig möglich sein, auf berechtigte Wünsche einzugehen und die
Zustimmung zu notwendigen Maßnahmen zu erreichen.

Um die auftretenden Schäden richtig beurteilen und berechtigte
Schadenersatzansprüche befriedigen zu können, ist die Feststellung
des Zustandes der im Einwirkungsbereich der Baugrube stehenden Gebäude vor Beginn der Baumaßnahmen zu empfehlen. Diese Beweissicherung kann unmittelbar im Auftrag des Bauherrn durchgeführt werden,
der damit eine dritte Stelle (z.B. einen vereidigten Sachverstän-
digen) beauftragen sollte und nicht seinen eigenen Architekten, um
die Objektivität des Gutachtens und damit den Beweiswert sicherzustellen. Der Zustand der Gebäude muß hierbei mit allen Bestandtei-
len, Fehlern und Schäden genau aufgenommen und beschrieben werden,
wobei Lichtbilder sehr hilfreich sind. Um die Veränderung von vorhandenen Rissen während der Bauzeit überprüfen zu können, werden
häufig Gipsmarken gesetzt.

Da zur Begutachtung die Gebäude von innen besichtigt werden müssen, ist stets die Zustimmung der Eigentümer erforderlich.

1.8 Kosten

1.8.1 Allgemeines

Die Kosten der in den folgenden Kapiteln beschriebenen Bauverfahren werden in der Baupraxis über eine Kalkulation erfaßt. Da im
ersten Buch des "Leitfadens der Bauwirtschaft und des Baubetriebs"
[130] sehr ausführlich auf das baubetriebliche Rechnungswesen eingegangen wurde, wird die Kalkulation hier nur so weit erläutert,
wie es zum Verständnis der Beispiele erforderlich ist. Als Regelfall im Baubetrieb hat sich die "Kalkulation über die Endsumme
(Angebotssumme)" durchgesetzt. Danach gliedert sich die Kalkulation in folgende Teilschritte (Bild 1.28).

```
          Einzelkosten der Teilleistungen (EKT)
    +     Gemeinkosten der Baustelle
    =     Herstellkosten
    +     Allgemeine Geschäftskosten
    =     Selbstkosten
    +     Wagnis
    +     Gewinn
    =     Angebotssumme ohne Umsatzsteuer
    +     Umsatzsteuer
    =     Angebotssumme mit Umsatzsteuer
```

Bild 1.28   Gliederung der Kalkulation (nach [39])

Im vorliegenden Buch werden im Zusammenhang mit den behandelten
Verfahren unter "Leistung und Kosten" nur die "Einzelkosten der
Teilleistungen" beispielhaft ermittelt.

In der Literatur [39] werden Kostenartengliederungen von 2 - 6 und
mehr Kostenarten vorgenommen. Für die Angebotskalkulation wird jedoch eine Trennung nach 4 Kostenarten als ausreichend angesehen:

-    Lohnkosten
-    Sonstige Kosten
-    Gerätekosten
-    Fremdleistungen.

Für die Berechnung der "Einzelkosten der Teilleistungen" werden
die "Einzelkosten je Mengeneinheit" ermittelt. Dazu werden Auf-

wands- oder Leistungswerte verwendet, die aus Nachkalkulationen
stammen.

$$\text{Aufwandswert} = \frac{\text{Arbeitsstunden}}{\text{Mengeneinheit}}$$

$$\text{Leistungswert} = \frac{\text{Mengeneinheit}}{\text{Arbeitsstunde}}$$

Da die Leistung im Tiefbau entscheidend von den Boden- und Wasserverhältnissen abhängt, lassen sich nur mittlere Aufwands- bzw.-
Leistungswerte angeben, die der Literatur (z.B. [41], [40], [104])
entnommen werden können.

Die für die Beispiele dieses Buches verwendeten Aufwands- und Leistungswerte wurden nicht der Literatur entnommen, sondern bei mehreren Baufirmen bzw. Spezialtiefbauunternehmen erfragt (Stand
1.1.1989). Inwieweit sie Gültigkeit für zu kalkulierende Einzel-
fälle haben, ist jeweils zu prüfen.
Bei der Herstellung von Baugrubenwänden wird als Abrechnungsbasis
im allgemeinen 1 Quadratmeter sichtbare Verbaufläche verwendet
(Bild 1.29).

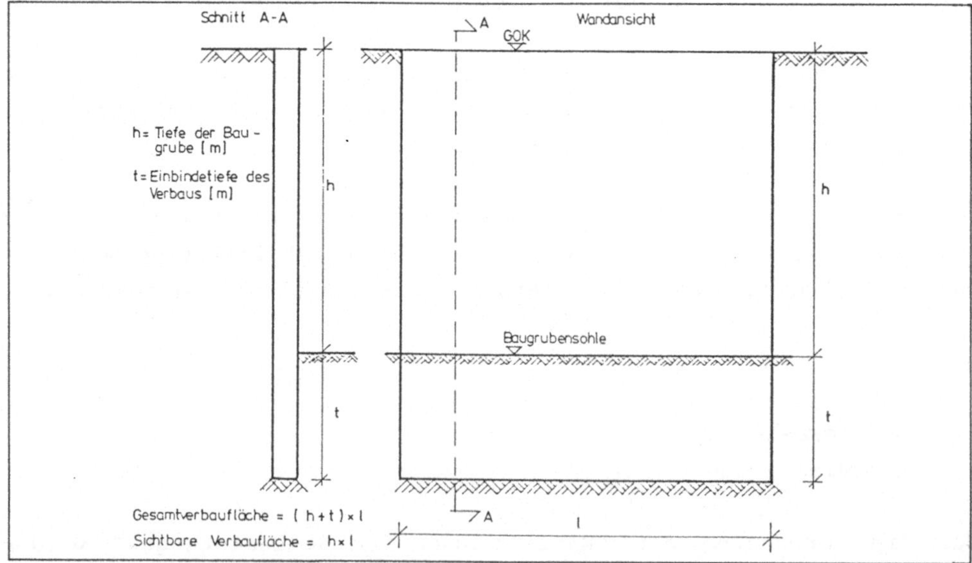

Bild 1.29   Definition der sichtbaren Verbaufläche

Bei den Beispielen, bei denen eine andere Bezugsgröße gewählt wurde, ist dies besonders hervorgehoben.

1.8.2 Ermittlung der Lohnkosten

Die Lohnkosten ergeben sich aus den gesetzlichen und tariflichen Vereinbarungen sowie den besonderen Bedingungen einer jeden Baustelle.

Die Berufsgruppen für die Berufe in der Bauwirtschaft sind für gewerbliche Arbeitnehmer im "Bundesrahmentarifvertrag für das Baugewerbe" (BRTV) [56] zusammengestellt (Tafel 1.4)

Tafel 1.4 Berufsgruppeneinteilung

Gruppe I	Werkpolier
Gruppe II	Bauvorarbeiter
Gruppen III 1 bis III 3	Spezialbaufacharbeiter
Gruppen IV 1 bis IV 4	Gehobener Baufacharbeiter
Gruppen V 1 bis V 2	Baufacharbeiter
Gruppe VI	Baufachwerker
Gruppe VII	Bauwerker
Gruppe VIII	Hilfskräfte
Gruppe M I	Baumaschinenfachmeister
Gruppen M II 1 und M II 2	Baumaschinenvorarbeiter
Gruppen M III 1 bis M III 4	Baumaschinenführer
Gruppen M V 1 bis M V 4	Baumaschinist
Gruppe M VI	Maschinenfachwerker

Die Tariflöhne der einzelnen Berufsgruppen sind mit Stand vom 1.4.1989 in Tafel 1.5 zusammengestellt. Hierbei ist zu beachten, daß zu den Tariflöhnen (TL) ein einheitlicher Bauzuschlag von 5,4 % (BZ) hinzukommt. Dieser Bauzuschlag wird gewährt zum Ausgleich der besonderen Belastungen, denen der Arbeitnehmer insbesondere durch den ständigen Wechsel der Baustelle (2,5 %) und die Abhängigkeit von der Witterung außerhalb der gesetzlichen Schlechtwetterzeit (2,9 %) ausgesetzt ist.

Tafel 1.5 Tariflöhne (Stand 1.4.1989)
         Tarifstundenlohn (TL) + Bauzuschlag (BZ) =
         Gesamttarifstundenlohn (GTL)

	TL DM	BZ DM	GTL DM
Berufsgruppe I	19,58	1,05	20,63
Berufsgruppe II	17,94	0,97	18,91
Berufsgruppe III	17,02	0,92	17,94
Berufsgruppe IV	15,64	0,84	16,48
Berufsgruppe V	15,20	0,82	16,02
Berufsgruppe VI	14,61	0,78	15,39
Berufsgruppe VII	14,09	0,76	14,85
Berufsgruppe VIII	12,69	0,68	13,37
Berufsgruppe M I	19,58	1,05	20,63
Berufsgruppe M II	17,94	0,97	18,91
Berufsgruppe M III	17,34	0,94	18,28
Berufsgruppe M IV 1			
und M IV 3	15,64	0,84	16,48
Berufsgruppe M IV 2	15,97	0,86	16,83
Berufsgruppe M V	15,20	0,82	16,02
Berufsgruppe M VI	14,61	0,78	15,39

Für die Kalkulation ist die Ermittlung eines Kalkulationsmittel-
lohnes erforderlich, der sich als arithmetisches Mittel sämtlicher
auf einer Baustelle voraussichtlich entstehender Lohnkosten je Arbeitsstunde ergibt. Hierbei fallen neben dem Grundlohn lohnbedingte Zuschläge an, wie

- Mehrarbeitszuschläge für Überstunden (25 %), Nachtarbeit
  (20 %) usw.
- Erschwerniszuschläge für Schmutzarbeit (0,5 - 7,55 DM/h), hohe
  Arbeiten (1,2 - 2,9 DM/h), heiße Arbeiten (1,55 - 2,40 DM/h)
- Vermögenswirksame Leistungen für Arbeitnehmer, die 0,03 DM je
  geleisteter Arbeitsstunde aus ihrem Arbeitslohn vermögenswirk-
  sam anlegen. Der Arbeitgeber muß dann 0,25 DM je geleistete
  Arbeitsstunde als "Arbeitgeberzulage" bezahlen.

Werden nur Grundlohn und lohnbedingte Zuschläge berücksichtigt,
bezeichnet man den Kalkulationswert als Mittellohn A (bzw. Mittellohn AP bei Berücksichtigung des Poliergehaltes).

Bei Einrechnung der Lohnzusatzkosten - häufig auch als Sozialko-
sten bezeichnet - ergibt sich der Mittellohn AS (bzw. APS bei Be-

Tafel 1.6   Lohnzusatzkosten (Quelle: Verband der Bauindustrie für Niedersachsen e.V.)

Lohnzusatzkosten in Niedersachsen 1989
Stand: 1. Januar 1989

	Beispiel		
	v.H.-Werte der Lohnkosten		
	auf Basis der Bruttolohnsumme	auf Basis des Grundlohns	
1. **Lohn** (einschließlich Zulagen und Vermögensbildung)			100,00
2. **Soziallöhne**			
2.1 Feiertagsbezahlung (6 Feiertage × 100 : 177 Arbeitstage =)		3,39	
2.2 Ausfalltage nach BRTV, BetrVG, ASiG (8 Ausfalltage × 100 : 177 Arbeitstage =)		4,52	
2.3 Lohnfortzahlung im Krankheitsfall (12 Krankheitstage × 100 : 177 Arbeitstage =)		6,78	
2.4 Teil eines 13. Monatseinkommens (102 Gesamttarifstundenlöhne)		7,20	
2.5 Betriebliche Soziallöhne		1,00	
Soziallöhne (Zwischensumme)		22,89	22,89
Grund- und Soziallöhne			122,89
2.6 Urlaub, zusätzliches Urlaubsgeld und Lohnausgleich		21,19	21,19
Soziallöhne (insgesamt)		44,08	
Zuschlagsbasis			144,08
3. **Tarifliche und gesetzliche Sozialaufwendungen**			122,89
3.1 Sozialkassenbeitrag (einschl. Vorruhestandsregelung)	21,10		
3.2 Winterbauumlage	2,00		
3.3 Krankenversicherung*	6,70		
3.4 Krankenversicherung für SWG-Empfänger*		1,59	
3.5 Rentenversicherung	9,35		
3.6 Rentenversicherung für SWG-Empfänger*		0,53	
3.7 Arbeitslosenversicherung	2,15		
3.8 Unfallversicherung*	6,63		
3.9 Konkursausfallgeld	0,09		
3.10 Rentenlast-Ausgleichsverfahren	0,16		
3.11 Arbeitssicherheitsgesetz, Arbeitsmediz. Dienst*	0,10		
3.12 Sicherheitsfachkräfte, Schutzkleidung und -ausrüstung*		1,49	
3.13 Schwerbehindertenausgleichsabgabe*		0,42	
3.14 Nicht gedeckter Vorruhestandsanteil	0,37		
3.15 Bildungsurlaub	0,25		
3.16 Betriebliche Sozialkosten		1,00	
Umrechnung auf Zuschlagsbasis	48,90	5,03	
$\dfrac{48,90 \times 144,08}{100} = 70,46$		70,46	75,49
abzüglich Lohnbasis			198,38 / 100,00
Zuschlag für lohngebundene Kosten		–	98,38
4. **Lohnabhängige Kosten*** (Freiwillige Sozialaufwendungen, Organisationsbeiträge, Haftpflichtversicherung)	2,10		
Umrechnung auf Zuschlagsbasis			
$\dfrac{2,10 \times 144,08}{100} = 3,03$			3,03
Zuschlag für lohngebundene und lohnabhängige Kosten			101,41
5. **Gemeinkosten**			
5.1 Baustelle*			
5.2 Sonstige + Gewinn*			
Gesamtzuschlag auf den Lohn			

*Diese Kostenbestandteile sind regional bzw. betrieblich unterschiedlich.

rücksichtigung des Poliergehaltes). Die Lohnzusatzkosten bestehen
aus lohngebundenen Kosten (wie z.B. gesetzlicher Aufwand für Ren-
ten-, Arbeitslosen-, Kranken- und Unfallversicherung) und lohnab-
hängigen Kosten (wie z.B. Organisationsbeiträgen und Haftpflicht-
versicherungen). Die Lohnzusatzkosten variieren regional und fir-
menindividuell. In der Kalkulation werden die Lohnzusatzkosten als
Prozentsatz den Grundlöhnen zugeschlagen.
In Tafel 1.6 ist beispielhaft die Ermittlung der Lohnzusatzkosten
für Niedersachsen 1989 dargestellt.

Der Kalkulationsmittellohn ASL (bzw. APSL bei Berücksichtigung des
Poliergehaltes) ergibt sich, wenn noch die Lohnnebenkosten eingerechnet werden, zu denen die Auslösung, Fahrtkostenerstattung usw.
zählen. Die Lohnnebenkosten werden durch die Lage der Baustelle
beeinflußt und variieren daher auch innerhalb einer Bauunternehmung stark.

Für eine fiktive Baustelle wird nun beispielhaft der Kalkulationsmittellohn APSL ermittelt. Bei der Zusammensetzung der Kolonne
werden die besonderen Merkmale des Spezialtiefbaues berücksichtigt. Die Kolonnen sind klein (3 - 5 Mann), und bei den meisten
Arbeiten (z.B. Rammen von Spundwänden, Injektionen, Schlitzwandherstellung) ist ein Baumaschinenführer erforderlich. Wegen der
geringen Kolonnenstärke ist überlicherweise ein Polier für mehrere
Kolonnen (z.B. 2) verantwortlich, er wird daher hier nur mit der
Hälfte seines Gehaltes (Tarifgehalt + Vermögenszulage =
4.167 + 46 = 4.213 DM) angesetzt. Seine Arbeitszeit beträgt 173
Std/Monat.

$$\text{Poliergehalt} \quad 0,5 \; x \; \frac{4213 \; \text{DM}}{173 \; \text{h}} \qquad = \qquad 12,18 \; \text{DM/h}$$

1	Baumaschinenführer	=	18,28 DM/h
1	Spezialfacharbeiter	=	17,94 DM/h
1	Gehobener Baufacharbeiter	=	16,48 DM/h
1	Baufachwerker	=	15,39 DM/h
1	Bauwerker	=	14,85 DM/h

5	Arbeitskräfte	=	95,12 DM/h
	(Poliergehalt ist umgelegt)		

Durchschnittlicher Gesamttarifstundenlohn

$$95{,}12 \text{ DM/h} : 5 \qquad = \qquad 19{,}02 \text{ DM/h}$$

Lohnbedingte Zuschläge
- Stammarbeiterzulage

  (Annahme: für 4 von 5 Arbeitskräften)

$$0{,}20 \text{ DM/h} \times \frac{4}{5} \qquad = \qquad \underline{0{,}16 \text{ DM/h}}$$

$$\text{Summe} = 19{,}18 \text{ DM/h}$$

- Überstundenzuschlag (25 %)

  wöchentliche Arbeitszeit (Annahme)   = 48 h/Woche

  tarifliche Arbeitszeit   = 40 h/Woche

$$\frac{8 \text{ h}}{40 \text{ h}} \times 0{,}25 = 0{,}05$$

$$0{,}05 \times 19{,}18 \text{ DM/h} \qquad = \qquad 0{,}96 \text{ DM/h}$$

- Vermögensbildung

  (Annahme bei 80 % der Belegschaft)

$$0{,}25 \text{ DM/h} \times 0{,}8 \qquad = \qquad \underline{0{,}20 \text{ DM/h}}$$

Mittellohn AP   =   **20,34 DM/h**

Lohnzusatzkosten (s. Tafel 1.6)

$$1{,}0141 \times 20{,}34 \qquad = \qquad 20{,}63 \text{ DM/h}$$

Mittellohn APS   =   **40,97 DM/h**

Lohnnebenkosten

(angenommen 15 % auf Mittellohn AP)

$$0{,}15 \times 20{,}34 \text{ DM/h} \qquad = \qquad \underline{3{,}05 \text{ DM/h}}$$

Kalkulationsmittellohn APSL   =   **44,02 DM/h**

Der Kalkulationsmittellohn APSL mit 44,02 DM/h wird im folgenden
bei der Berechnung der Einzelkosten der Teilleistungen angesetzt.

1.8.3 Ermittlung der Sonstigen Kosten

Zu den Sonstigen Kosten gehören im Rahmen der "Einzelkosten der
Teilleistungen" die Kosten für Baustoffe, Bauhilfsstoffe und -
wenn nicht anders erfaßt - Betriebsstoffe (Bild 1.30).

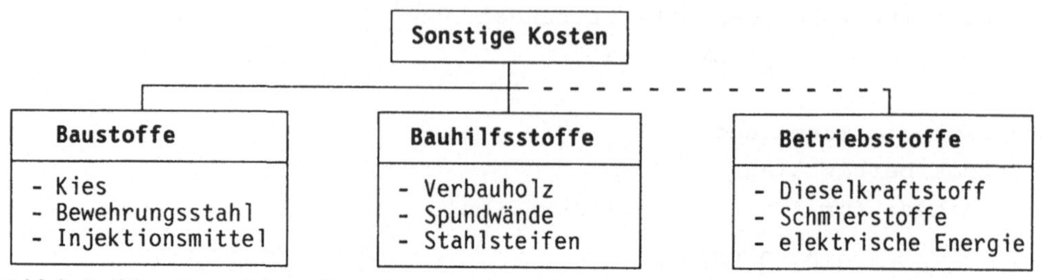

Bild 1.30   Sonstige Kosten

Unter Baustoffen werden alle Materialien verstanden, die Bestand-
teil des Bauwerks werden. Die Kosten setzen sich zusammen aus
-     Einkaufspreisen nach Abzug aller Rabatte
-     Frachtkosten für die Anlieferung zur Baustelle
-     Verlusten bei Transport und Bearbeitung (z.B. Schnittverlus-
      ten).

Die Lohnkosten für das Abladen auf der Baustelle (z.B. von Beweh-
rungsstahl) gehen zu Lasten der Baustelle und müssen deshalb in
die Aufwandswerte der jeweiligen Teilleistungen eingerechnet werden.

In den Beispielen dieses Buches werden folgende Stoffkosten angesetzt:

      Bewehrungsstahl: 1.150,00   DM/t
      Beton (B25)   :   130,00   DM/m^3
      Bentonit   :   380,00   DM/t
      Spritzbeton   :   160,00   DM/m^3 feste Masse

Zu den Bauhilfsstoffen zählen diejenigen Stoffe, die mehrfach eingesetzt werden und dabei eine Wertminderung erfahren. Beim Aushub
von Baugruben zählen dazu z.B. Verbauträger, Verbauholz und Spundbohlen. Die Kosten hierfür werden im allgemeinen aus dem Einkaufs-
preis, der Zahl der möglichen Einsätze und einem eventuellen Wie-
derverkaufswert ermittelt.

Als Betriebsstoffe gelten elektrische Energie, Kraftstoffe, Heiz-
öl, Schmiermittel und Reinigungsmittel. Sie können bei den "Ein-

zelkosten der Teilleistung" nur angesetzt werden, wenn sie diesen eindeutig zuzuordnen sind. Häufig werden Betriebs- und Schmierstoffe den jeweiligen Gerätekosten zugeschlagen.

Bei den Baumaschinen kann nach [55] von einem mittleren Kraftstoffverbrauch von 0,19 l bis 0,24 l Dieselkraftstoff je kWh ausgegangen werden. Es wird bei allen Beispielen ein Kraftstoffverbrauch von 0,2 l/kWh angesetzt, wobei der Dieselkraftstoff 1,00 DM/l kostet (Stand 1.4.89).

Die Schmierstoffe werden zu 20 % der Kraftstoffkosten angenommen.

Die Kosten der elektrischen Energie sind regional unterschiedlich, sie werden hier mit 0,35 DM/kWh eingesetzt

1.8.4 Ermittlung der Gerätekosten

Gerätekosten sind diejenigen Kosten, die sich aus Vorhaltung und Betrieb der Geräte ergeben.

In der Kalkulation werden im allgemeinen nur die Vorhaltekosten der Geräte ermittelt, während die weiteren Kostenarten unter Lohnkosten (Bedienung), Sonstige Kosten (Betriebsstoffe) oder Gemeinkosten erfaßt werden (Bild 1.31).

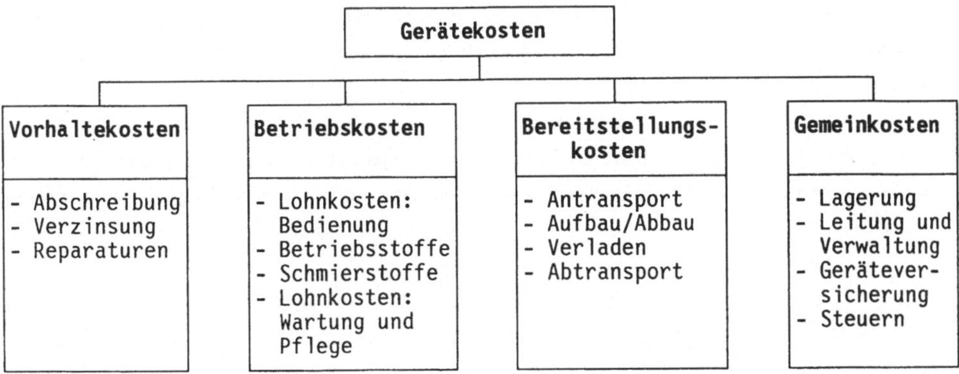

Bild 1.31 Übersicht über die Arten der Gerätekosten (aus [130])

Wie in Kap. 1.8.3 schon erläutert, werden in diesem Buch davon abweichend auch die Betriebs- und Schmierstoffe als Gerätekosten zur
Berechnung der "Einzelkosten der Teilleistungen" ermittelt.

Die Vorhaltekosten werden mit Hilfe der Baugeräteliste (BGL) [55]
ermittelt. Die einzelnen Kostenarten sind:

-     kalkulatorische Abschreibung (abgekürzt A)
-     kalkulatorische Verzinsung (abgekürzt V)
-     Reparaturkosten (abgekürzt R).

Ausgangsbasis für die Berechnung ist der Neupreis der Geräte. Dieser Neupreis ist mit Stand 1979 in der jüngsten Baugeräteliste
(1981) angegeben. Da sich die dort aufgeführten Neuwerte seither
geändert haben, sind sie mit den "Erzeugerpreisindex für Baumaschinen", der vom Statistischen Bundesamt Wiesbaden ermittelt
wird, zu multiplizieren. Dieser Index hat sich seit 1979 wie folgt
entwickelt:

                1979   =   100   %   (Preisbasis BGL 1981)
                1982   =   113,3 %
                1985   =   122,5 %
November 1988   =   131,4 %

Abschreibungs-, Verzinsungs- und Reparatursätze werden als Prozentsatz des Neuwertes angegeben. Wegen Einzelheiten wird auf die
Baugeräteliste (BGL) 1981 [55] oder Spezialliteratur [130], [39]
verwiesen.

Da im Spezialtiefbau häufig Geräte eingesetzt werden, die in der
Baugeräteliste nicht erfaßt sind, wurden die jeweiligen Neupreise
erfragt.

Zu den Reparaturkosten ist noch eine Besonderheit anzumerken. Die
in der BGL 1981 angegebenen Reparaturkostensätze (= 100 %) glie-
dern sich in

-     50 % Lohnkosten (ohne Lohnzusatzkosten, siehe Kap. 1.8.2)

-     50 % Stoffkosten (Ersatzteile und Material).

Zur Ermittlung der vollen Lohnkosten bei den Reparaturen (Rep.-K_L) sind deshalb die aufgrund des Reparaturkostensatzes ermittelten Reparaturkosten (Rep.-K) mit dem Faktor

$$1 + 0,5 \times 1,0141 = 1,507$$

zu multiplizieren

$$\text{Rep.-}K_L = 1,507 \times \text{Rep.-K}$$

Die Bereitstellungskosten der Geräte (An- und Abtransport) sowie Gemeinkosten wie Lagerung, Versicherung usw. werden bei den Beispielen dieses Buches nicht berücksichtigt. Werden angemietete Geräte verwendet, so gelten folgende Ansätze (einschließlich Bedienungsmann)

-     Betonpumpe :   160 DM/h
-     Autokran   :   250 DM/h.

1.8.5 Hinweis zu den Beispielen

In den Abschnitten "Leistung und Kosten" werden nur die Einzelkosten der Teilleistungen (EKT) errechnet. Alle weiteren Zuschläge, wie Gemeinkosten der Baustelle, Allgemeine Geschäftskosten, Wagnis und Gewinn werden nicht berücksichtigt.

2   Geböschte Baugruben

2.1   Allgemeines

Soweit die örtlichen Verhältnisse es zulassen, werden flache Baugruben mit geböschten Wänden hergestellt. Die Größe der Baugrube ergibt sich dann aus Bauwerksgrundriß zuzüglich Arbeitsraum und dem Platzbedarf für die Böschungen, der durch die erforderliche Böschungsneigung bestimmt wird. Daß auch neben dem geplanten Bauwerk ausreichend Platz vorhanden ist, ohne daß Nachbarbebauung, Verkehrswege oder Leitungen gefährdet werden, ist Voraussetzung für den Aushub mit geböschten Wänden.

Die Böschungsneigung richtet sich nach den Baugrund (physikalische Eigenschaften der anstehenden Bodenarten, Wasserverhältnisse), der Nutzung angrenzender Flächen (Verkehrswege, Bebauung), den zu erwartenden Beanspruchungen durch Baugeräte, der Höhe der Böschung und ihrer voraussichtlichen Standzeit.

Die Herstellung geböschter Baugruben ist ohne Zusatzmaßnahmen nur oberhalb des Grundwasserspiegels möglich. Steht Grundwasser an, so muß der Wasserspiegel entweder abgesenkt werden, oder es muß durch zusätzliche Abdichtungsmaßnahmen verhindert werden, daß Wasser aus den Böschungen austreten kann.

Mit zunehmender Tiefe der Baugrube nehmen die Aushubmassen und damit die Kosten für Mehraushub und Wiederverfüllung beträchtlich zu, so daß es ab einer bestimmten Tiefe wirtschaftlicher wird, senkrechte abgestützte Baugrubenwände vorzusehen. Die Vor- und Nachteile geböschter Baugruben sind in Tafel 2.1 zusammengestellt.

Tafel 2.1   Vor- und Nachteile geböschter Baugruben

Vorteile	Nachteile
-Einfachste Herstellung -Kein Einsatz von Spezialge- räten erforderlich -Kein Verbaumaterial er- forderlich -Lärmarme und erschütte- rungsfreie Bauweise -Einsatz von Großgeräten so- wohl beim Aushub als auch beim Herstellen des Bauwerks ungehindert möglich, da kei- ne Aussteifungen vorhanden -Sofortiger Baubeginn mög- lich, da keine vorbereitenden Arbeiten erforderlich	-Großer Platzbedarf -Unter Grundwasser nur mit Zusatzmaßnahmen möglich -Mit größerer Tiefe stark zu- nehmende Aushub- u.Verfüllmassen -Nicht neben vorhandener Bebau- ung ausführbar -Die Materialzufuhr zur Baugrube wird schwieriger -Krane stehen wegen der Böschung weiter vom zu erstellenden Bau- werk entfernt, es müssen entwe- der größere oder mehr Krane eingesetzt werden

2.2   Technische Grundlagen

Die DIN 4124 fordert, daß Baugruben nur bis zu einer Tiefe von
1,25 m ohne zusätzliche Sicherung senkrecht ausgeschachtet werden
dürfen. Baugruben bis zu 1,75 m Tiefe dürfen senkrecht ausgeschachtet werden, wenn entweder der über 1,25 m über der Sohle
liegende Bereich abgeböscht oder abgestützt wird (Bild 2.1).

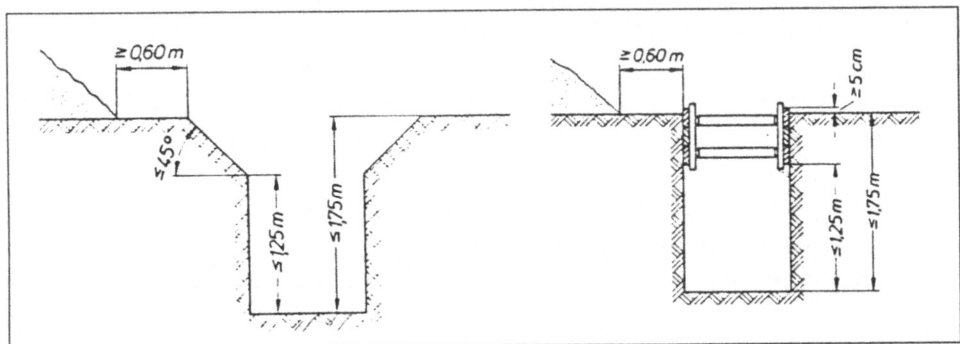

Bild 2.1   Sicherung von Baugruben bis 1,75 m Tiefe (aus DIN 4124)

Baugruben, die tiefer sind als 1,75 m, müssen entweder abgeböscht,
oder, falls sie senkrecht ausgeschachtet werden, verbaut sein.
Ohne rechnerischen Nachweis dürfen folgende Böschungswinkel nicht
überschritten werden (DIN 4124) (Bild 2.2).

Bodenart	Maximaler Böschungs- winkel ß [°]	Definiton des Böschungswinkel ß
nichtbindige und weiche bindige Böden	45°	
steife und halbfeste bindige Böden	60°	
Fels	80°	

Bild 2.2   Ohne rechnerischen Nachweis zulässige Böschungswinkel
            (nach DIN 4124)

Die Böschungen müssen allerdings flacher ausgeführt werden als in
Bild 2.2 angegeben, wenn

- durch Schieferung, Klüftung oder Einfallen der Schichtung
  Gleitflächenrichtungen vorgegeben sind
- der umgebende Boden nur locker oder wenig verdichtet aufge-
  füllt wurde
- die Böschung zusätzlich durch Verkehrslasten oder Bauwerks-
  lasten beansprucht wird
- dynamische Beanspruchungen (z.B. durch Ramm- oder Rüttelarbei-
  ten) zu erwarten sind
- die Dauerstandsicherheit durch den Einfluß der Witterung
  (Regen, Trockenheit, Frost) gefährdet ist.

Die Standsicherheit von Böschungen muß rechnerisch nachgewiesen
werden, wenn

- die in DIN 4124 genannten Böschungswinkel (Bild 2.2) überschritten werden sollen
- vorhandene Gebäude, Leitungen oder Verkehrswege gefährdet werden können
- die Böschung höher als 5 m ist
- besondere Einflüsse (z.B. Grundwasser, Schichteneinfall, Sta-
  pellasten, Baufahrzeuge, dynamische Beanspruchungen) die
  Standsicherheit der Böschung gefährden.

Tafel 2.2 aus [167] gibt Böschungswinkel an, die als Anhalt für
die Größenordnung rechnerisch nachweisbarer Böschungsneigungen
gelten, falls keiner der zuvor genannten Einflüsse vorhanden ist.

Tafel 2.2   Mögliche Böschungsneigungen (aus [167])

Bodenart	Baugrubentiefe	Böschungsneigung	
		max β	max tan β
Reiner, locker gelagerter Sand	1 m	53°	1 : 0,75
	2 m	45°	1 : 1,00
	3 m	41°	1 : 1,15
	4 m	38°	1 : 1,25
	5 m	36°	1 : 1,40
Reiner, mitteldicht gelagerter Sand	1 m	70°	1 : 0,35
	2 m	59°	1 : 0,60
	3 m	53°	1 : 0,75
	4 m	48°	1 : 0,90
	5 m	45°	1 : 1,00
Lehmiger Sand	1 m	79°	1 : 0,20
	2 m	63°	1 : 0,50
	3 m	57°	1 : 0,65
	4 m	53°	1 : 0,75
	5 m	50°	1 : 0,85
Verkitteter Kiessand	1 m	85°	1 : 0,10
	2 m	70°	1 : 0,35
	3 m	63°	1 : 0,50
	4 m	59°	1 : 0,60
	5 m	55°	1 : 0,70
Weicher Lehm	1 m	90°	1 : ∞
	2 m	61°	1 : 0,55
	3 m	45°	1 : 1,00
	4 m	37°	1 : 1,30
	5 m	32°	1 : 1,60
Steifer Lehm	1 m	90°	1 : ∞
	2 m	79°	1 : 0,20
	3 m	63°	1 : 0,50
	4 m	55°	1 : 0,70
	5 m	50°	1 : 0,85
Halbfester Lehm	1 m	90°	1 : ∞
	2 m	90°	1 : ∞
	3 m	82°	1 : 0,15
	4 m	69°	1 : 0,40
	5 m	60°	1 : 0,60

Zum Begehen der Böschungen, zum Betrieb von Wasserhaltungsanlagen
o.ä. sowie zum Auffangen von abrutschenden Böschungsteilen, Steinen o.ä. sollen bei höheren Böschungen Bermen angeordnet werden
(Bild 2.3).

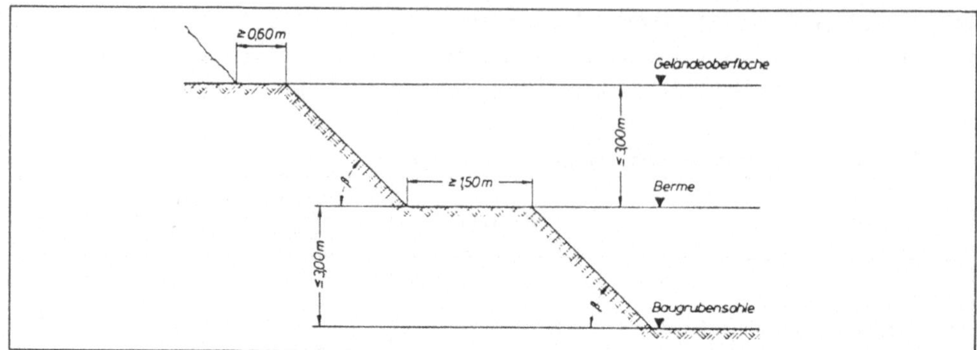

Bild 2.3   Baugrubenböschung mit Berme zum Auffangen abrutschender
           Teile (aus DIN 4124)

Bermen, die zum Auffangen abrutschender Erdbrocken dienen, müssen
mindestens 1,5 m breit und in Stufen von höchstens 3 m Höhe angeordnet sein.

Der Aushub geböschter Baugruben kann von oben ausgeführt werden.
Hierbei muß der Bagger mit einem Tieflöffel ausgerüstet sein. Die
erreichbare Aushubtiefe richtet sich nach der Länge des Bagger-
arms. Die Transportgeräte (LKW) stehen dann ebenfalls an der oberen Böschungskante.

Wenn die Platzverhältnisse es zulassen, wird häufig der Aushub in
der Baugrube selbst vorgenommen. Ladegeräte (Bagger, Raupen, Radlader) stehen auf dem jeweils erreichten Aushubniveau, die LKW's
fahren über Rampen in die Baugrube.

Für die Profilierung der Böschung empfiehlt sich beim Arbeiten von
oben ein Seilbagger mit Schleppschaufel. Wird der Boden unten ab-
transportiert, kann er mit einer Schubraupe von der Böschung abge-
schoben werden.

Bei der Sicherung von Böschungen sind folgende Maßnahmen zu unterscheiden:

-     Sicherung gegen Oberflächenabtrag durch witterungsbedingte
      Einflüsse
-     Sicherung gegen Böschungsbruch
-     Entwässerungsmaßnahmen.

2.3   Sicherung von Böschungen
2.3.1   Sicherung gegen Oberflächenabtrag
2.3.1.1 Technische Grundlagen

Je nach Standzeit sind Baugrubenböschungen mehr oder minder lange Witterungseinflüssen ausgesetzt. Niederschläge spülen Bestandteile der Böschung ab, und es kann zu Erosion und zur Bildung abbrechender Erdschollen kommen.

Böschungen, die bei gewissen Wassergehalten, z.B. durch scheinbare oder echte Kohäsion, standfest sind, verlieren diese Eigenschaft bei längerer Sonnenbestrahlung und der damit verbundenen Austrocknung. Das trockene Material kann vom Wind verweht werden, die Nachbarschaft belästigen und die Arbeiten in der Baugrube erschweren. Eindringender Frost läßt das im Boden vorhandene Wasser gefrieren, beim Auftauen können sich im aufgeweichten Boden Schollen bilden, die abrutschen.

2.3.1.2 Stoffe und Materialien

Zur Sicherung gegen Oberflächenabtrag haben sich folgende Stoffe und Materialien bewährt:

-       Kunststoffolien mit Steinen oder Bohlen beschwert
-       Schilfmatten mit Steinen oder Bohlen beschwert
-       Spritzbetonschalen (bewehrt oder unbewehrt, verankert oder unverankert)
-       Bewuchs (z.B. Lupinen, Gras)
-       Gräben, um Niederschlagswasser von der Böschung fernzuhalten.

Die Sicherung von Baugrubenböschungen mit Bewuchs kommt nur in seltenen Fällen zur Anwendung, da die Standzeit der Böschungen meistens zu gering ist und außerdem häufig der Aushub nicht mit den Zeiten möglicher Aussaaten zusammenfällt.

2.3.1.3 Geräte und Verfahren

Abdecken mit Kunststoffolien und Schilfmatten

Die Abdeckung wird von Hand verlegt und mit fortschreitendem Aushub eingebaut. Auf ausreichende Überlappung und auf einen ebenen Untergrund ist zu achten. Gegen Verwehen sind die Abdeckelemente durch Steine oder Bohlen zu sichern. Die Folien und Matten schützen im wesentlichen gegen Oberflächenerosion durch Niederschlagswasser sowie gegen Austrocknung. Das Eindringen von Frost wird nicht verhindert.

Spritzbetonschalen

Während Kunststoffolien und Schilfmatten zur Sicherung kurzzeitiger Böschungen verwendet werden, schützt man Böschungen mit längeren Standzeiten häufig mit ca. 10 cm starken Spritzbetonschalen, die bewehrt oder unbewehrt, verankert oder unverankert sein können. Wenn die Spritzbetonschale nur zur Oberflächensicherung dient, wird sie gegen Abrutschen durch Rundstahl gesichert (Bild 2.4).

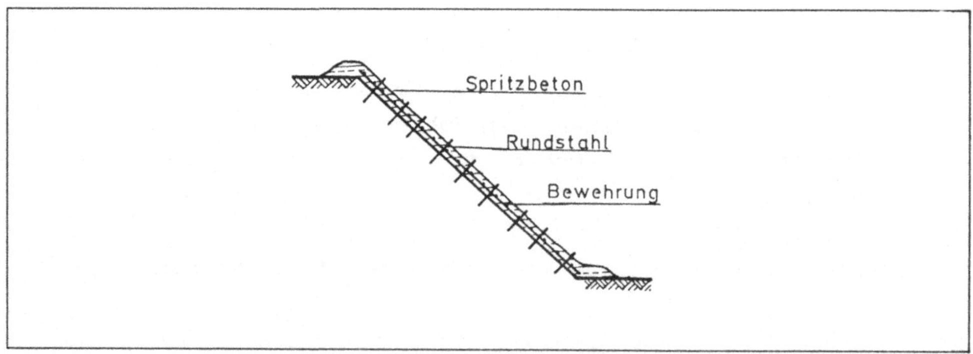

Bild 2.4   Spritzbetonschale als Oberflächensicherung

Besteht die Gefahr, daß sich hinter der Spritzbetonschale aus der Böschung austretendes Wasser staut (z.B. Schichtenwasser), so muß entweder unter der Spritzbetonschale eine Dränageschicht angeordnet werden, in der das Hangwasser gezielt abgeführt wird, oder die Spritzbetonschale muß ausreichend viele Löcher besitzen, durch

die das Wasser austreten kann. In jedem Fall muß verhindert werden, daß durch Wasserdruck die Spritzbetonschale abgehoben, verschoben oder zerstört werden kann.

Bewuchs

Soll ausnahmsweise eine Baugrubenböschung über ein Jahr oder länger hinweg gesichert werden, so kommt Bewuchs in Frage, der vor
allem Ausspülungen durch Niederschlagswasser und Austrocknung verhindert.

Neben dem Setzen von Rasensoden (mindestens 25 x 25 cm, nicht
dicker als 5 cm) [36] kommen Flechtwerke aus Weidenzweigen, die in
Schrägstreifen eingebaut werden oder schnell wachsende Pflanzen
wie Lupinen in Frage, die ohne Mutterbodenschicht auch in Sand-
oder Kiesböden gedeihen.

Ableiten von Oberflächenwasser

Da die meisten Schäden an Böschungen durch Wasser hervorgerufen
werden, muß vor allem dafür gesorgt werden, daß oberhalb anfallen-
des Oberflächenwasser nicht über die Böschung abfließt sondern abgeleitet wird. Dazu empfiehlt sich die Anordnung eines Grabens zum
Abfangen des Wassers. Dieser Graben muß eine undurchlässige Sohle
haben, damit er nicht Ausgangspunkt von Durchfeuchtungen der Böschungen und damit Auslöser von Rutschungen wird (Bild 2.5).

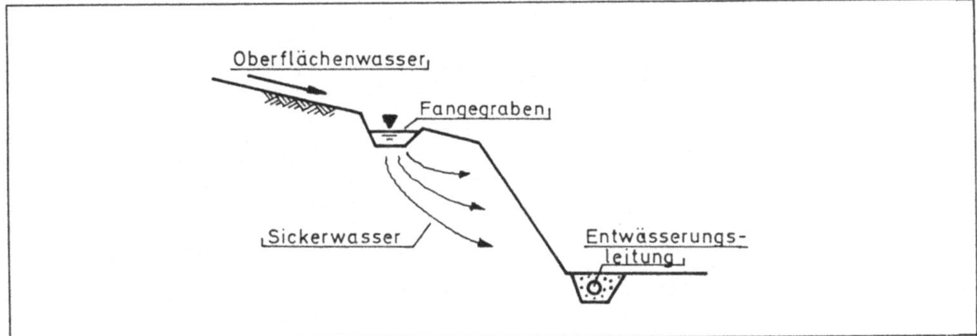

Bild 2.5   Belastung der Böschung durch Sickerwasser bei durch-
            lässiger Sohle des Fangegrabens

Am Böschungsfuß sollte eine Entwässerungsleitung verlegt sein, um auftretendes Hangwasser zu fassen und abzuleiten. Wird das Wasser dort nicht gefaßt, so bilden sich vernäßte Zonen, die wegen ihrer geringeren Scherfestigkeit Ausgangspunkt für Rutschflächen sein können.

2.3.1.4 Leistung und Kosten

Als Beispiel wird die Sicherung der Oberfläche einer 1:1 geneigten Böschung mit einer Spritzbetonschicht von 10 cm Stärke gewählt. Die mit Stahlmatten Q 131 bewehrte Spritzbetonschicht wird gegen Abrutschen mit Stahldübeln (ϕ 18, Länge = 70 cm) gesichert, wobei 1 Dübel pro m^2 angeordnet wird.

Bei der Ermittlung des Bewehrungsanteils ist zu berücksichtigen, daß für Überlappung bei dieser Spritzbetonbauweise ca. 25 % hinzuzurechnen sind.

Bei der Berechnung der Betonmenge wird der Rückprall mit 10 % und der Mehrverbrauch für den Ausgleich von Unebenheiten mit 30 % angenommen.

Als Durchschnittsleistung für das Aufbringen des Spritzbetons einschließlich Bewehren und Setzen der Dübel werden 13 m^2/h angesetzt. Bei einer erforderlichen Mannschaft

  1 Mann am Mischer
  1 Düsenführer
  2 Mann für Bewehrung und Setzen der Dübel
  4 Mann

ergibt sich ein Aufwandswert von 0,3 h/m^2 fertige Wand.

Die Vorhaltekosten der Geräte sind Tafel 2.3 und die Einzelkosten der Bauleistungen Tafel 2.4 zu entnehmen.

Tafel 2.3   Ermittlung der Vorhalte- und Betriebskosten der Geräte
              pro m² Böschung

Bezeichnung	Neuwert	Abschreibung + Verzinsung je Monat		Reparatur je Monat		Reparatur je Monat einschl. Lohnfaktor
	DM	%	DM	%	DM	DM
Betonspritzgerät einschließlich Zubehör (Untergestell, Förderband, Dosiereinrichtung, Düsen (5,5 kW)	70.000,00	2,5	1.750,00	1,4	980,00	1.476,86
Hydraulisches Kippsilo	24.500,00	3,8	931,00	2,6	637,00	959,96
Dieselkompressor (einschl. Schalldämmung) (110 kW)	113.500,00	2,7	3.064,50	1,8	2.043,00	3.078,80
Gerätevorhaltekosten/Monat			**5.745,50**			**5.515,62**

$$\text{Durchschnittsleistung} = \frac{1 \text{ Betriebsstunde}}{13 \text{ m}^2} = 0,077 \, \frac{h}{m^2}$$

175 Betriebsstunden / Monat

Gerätekosten / m²		Betriebsstoffe DM/m²	Vorhaltekosten DM/m²
Geräte $\dfrac{11.261,12 \text{ DM/Monat}}{175 \text{ h/Monat}} \times 0,077 \, \dfrac{h}{m^2}$		-	4,95
Zulage Verschleißteile			2,00
Betriebsstoffe:			
Betonspritzgerät 5,5 kW x 0,35 $\dfrac{DM}{kWh} \times 0,077 \, \dfrac{h}{m^2}$		0,15	
Kompressor 110 kW x 0,2 $\dfrac{l}{kWh} \times 1 \, \dfrac{DM}{l} \times 0,077 \, \dfrac{h}{m^2}$		1,69	
Schmierstoffe 0,2 x (0,15 + 1,69)		0,37	
Summe:	**9,16 DM/m²**	**2,21**	**6,95**

Tafel 2.4 Ermittlung der Einzelkosten der Teilleistungen

Ermittlung der Einzelkosten / m²	Lohnstunden h/m²	Lohn DM/m²	Sonstige Kosten DM/m²	Gerät DM/m²
1. Lohn 44,02 DM/h	0,3	13,21		
2. Material				
Beton $0,1 \dfrac{m^3}{m^2} \times 1,1 \times 1,3 \times 160 \dfrac{DM}{m^3}$			22,88	
Bewehrung Q131 $2,09 \dfrac{kg}{m^2} \times 1,15 \dfrac{DM}{kg} \times 1,25$			3,00	
Dübelstähle ϕ 18mm, l= 0,7m $1 \dfrac{Stab}{m^2} \times 0,7 \dfrac{m}{Stab} \times 2 \dfrac{kg}{m} \times 1 \dfrac{DM}{kg}$			1,40	
3. Geräte				9,16
Summe: 49,65 DM/m²	**0,3**	**13,21**	**27,28**	**9,16**

2.3.1.5 Sicherheitstechnik

Bei der Herstellung geböschter Baugruben sind die UVV "Bauarbeiten" (VGB 37) [143] und die DIN 4124 (Baugruben und Gräben) zu beachten. Danach sind Erd- und Felswände so abzuböschen, daß Beschäftigte nicht durch Abrutschen der Massen gefährdet werden können (§ 28 UVV "Bauarbeiten").

Insbesondere dürfen Erdwände nicht unterhöhlt werden. Überhänge
und bei Aushubarbeiten freigelegte Findlinge, Bauwerksreste und
dergleichen, die abstürzen oder abrutschen können, sind unverzüglich zu beseitigen.

Liegen die Böschungen oberhalb von Arbeitsplätzen oder Verkehrswegen, ist vor Beginn jeder Schicht und nach Bedarf das Vorhanden-
sein loser Steine oder Massen zu überprüfen und zu beräumen.

Diese Beräumung hat nach § 30 UVV "Bauarbeiten" insbesondere nach
starken Regen- oder Schneefällen sowie bei einsetzendem Tauwetter
zu erfolgen.

Werden zur Oberflächenabdeckung Folien oder Schilfmatten angeordnet, ist darauf zu achten, daß die zum Beschweren verwendeten
Steine oder Bohlen nicht abrutschen können.

Neben Baugruben, die betreten werden müssen, sind nach § 31 UVV
"Bauarbeiten" an den Rändern mindestens 0,6 m breite, möglichst
waagerechte Schutzstreifen anzuordnen, die frei von Aushubmaterial, Hindernissen und nicht benötigten Gegenständen bleiben müssen.

Um bei höheren Böschungen abrutschende Steine, Felsbrocken, Findlinge oder Bauwerksreste aufzufangen, sind Bermen von mindestens
1,5 m Breite anzuordnen, deren vertikaler Abstand höchstens 3 m
betragen darf. Boden, der auf diese Bermen abgerutscht ist, ist
unverzüglich zu entfernen.

Wird als Böschungssicherung eine Spritzbetonschicht verwendet, so
sind Maßnahmen gegen das Einatmen von Spritzbetonstaub und Verätzungen durch Spritzbeton zu ergreifen. Das geschieht nach [123]
durch das

-    Tragen von Handschuhen und möglichst geschlossener Kleidung
     (z.B. an den Handgelenken)
-    Tragen von Spritzbeton-Schutzhelmen.

2.3.2   Sicherung gegen Böschungsbruch
2.3.2.1 Technische Grundlagen

Unter einem Böschungbruch versteht man das Abrutschen eines Erdkörpers auf einer Gleitfläche, in der der Scherwiderstand des Bodens überwunden ist.

Bei der Berechnung der Standsicherheit von Böschungen wird nach
DIN 4084 eine kreisförmige Gleitfläche angesetzt und die Sicherheit gegen Böschungsbruch definiert als

$$\eta = \frac{\text{Summe der rückhaltenden Momente}}{\text{Summe der antreibenden Momente}} \ .$$

Bezugspunkt für die Momentenbildung ist der Gleitkreismittelpunkt
(Bild 2.6).

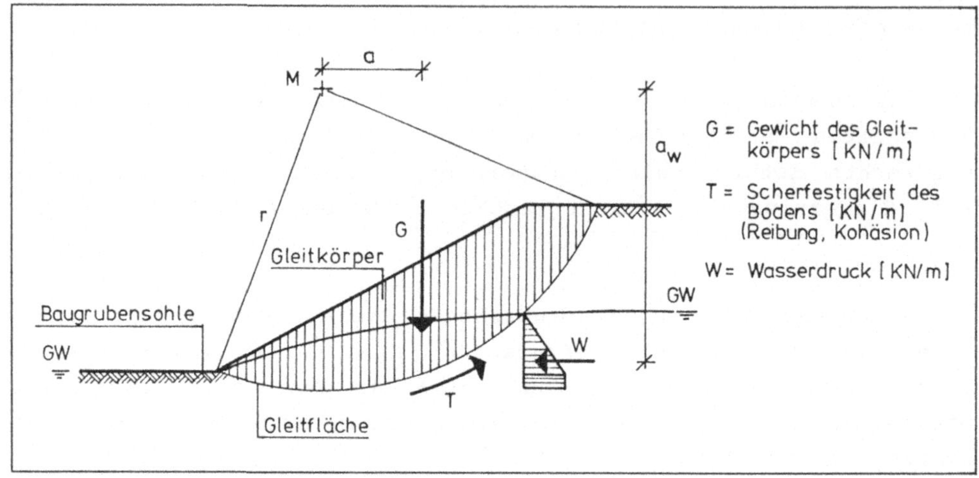

Bild 2.6   Auf eine Böschung einwirkende Kräfte

Mit den Bezeichnungen des Bildes 2.6 ergibt sich die Böschungs-
bruchsicherheit

$$\eta = \frac{T \times r}{G \times a + W \times a_w} \tag{1}$$

Für das Erreichen einer ausreichenden Standsicherheit gibt es nach
Gleichung (1) folgende Möglichkeiten:

a)   Vergrößerung der Scherfestigkeit im Boden (T)

Dazu gehören Verfahren, bei denen z.B. mögliche Gleitfugen durch
Injektionspfähle, Schottersäulen o.ä. verdübelt werden (Bild 2.7).

Bei Baugrubenumschließungen werden diese Verfahren kaum verwendet,
da sie zu teuer sind. Sie werden vorwiegend bei der Sanierung
rutschgefährdeter natürlicher Böschungen und Hänge eingesetzt.

b)   Verminderung der Masse des Rutschkörpers (G)

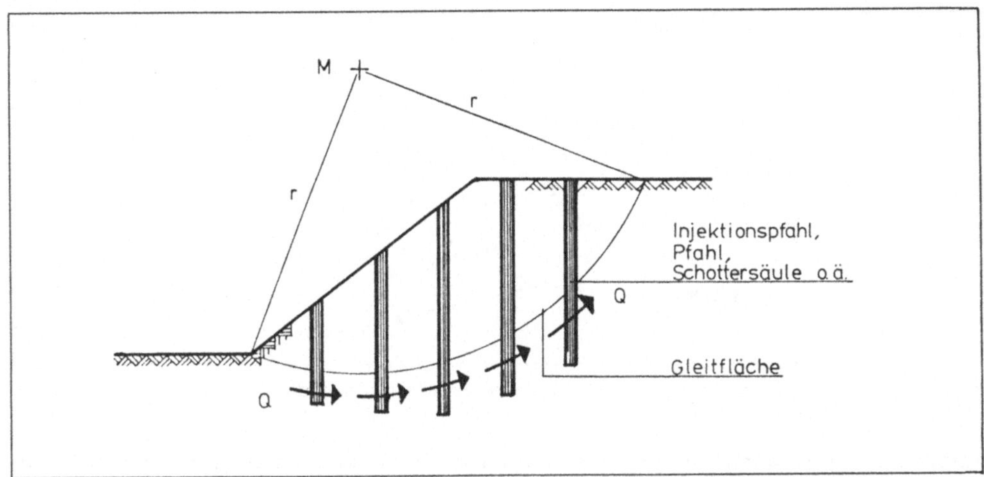

Bild 2.7 Vergrößerung des Scherwiderstandes durch Verdübeln der
          Gleitfläche

Diese Verfahren beruhen darauf, die Böschungsneigung ausreichend
flach zu wählen, bzw. im Falle einer Gefahr die Böschung durch
Massenumlagerung abzuflachen.

Das nachträgliche Abflachen einer Böschung wird i.a. nur dann ausgeführt, wenn sich das Versagen der Böschung z.B. durch Verformungen, Rißbildungen, Lösen größerer Erdschollen u.ä. ankündigt.

c)   Vermindern des Wasserdruckes (W)

Der Wasserdruck, der die Standsicherheit einer Böschung verringert, kann durch Entwässerung der Böschung vermindert werden. Die
Verfahren hierzu sind im Kapitel 2.3.3 geschildert.

d)   Einbau von Konstruktionselementen, die zusätzlich rückhaltende
     Momente erzeugen

Hierzu zählen z.B. Verankerungen mit Zugpfählen oder Injektionsankern (Bild 2.8).

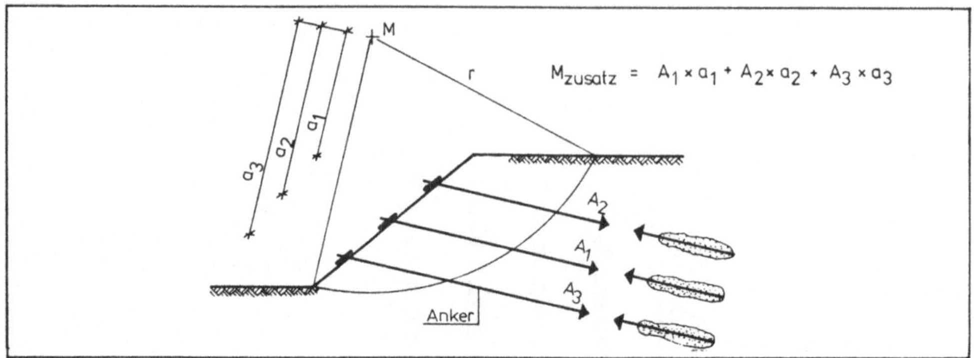

Bild 2.8   Zusätzlich rückhaltende Momente durch Injektionsanker

Verankerungen sind neben der Entwässerung das häufigste Verfahren,
um übersteile Böschungen zu sichern.

2.3.2.2 Stoffe und Materialien

Für die Sicherung von Böschungen, die steiler ausgeführt werden
als es die bodenmechanischen Eigenschaften gestatten, ist eine Sicherung mit bewehrtem Spritzbeton üblich, der entweder verankert
oder vernagelt wird (Bild 2.9).

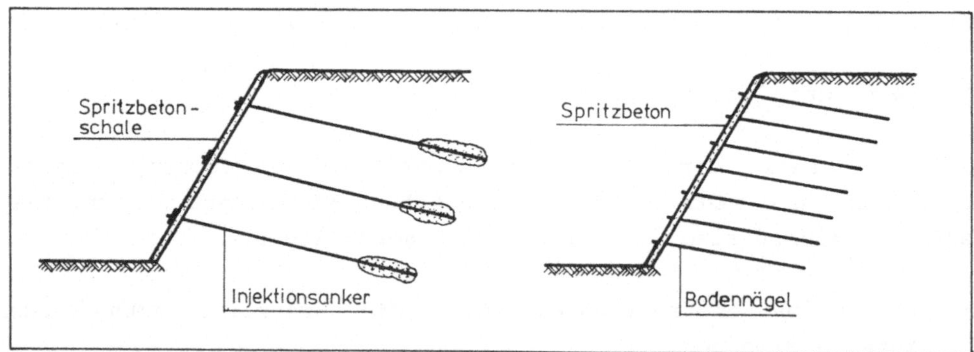

Bild 2.9   Sicherung von Böschungen mit Ankern bzw. Bodennägeln

Die Spritzbetonschicht hat eine Dicke von ca. 5 - 15 cm.

Die rückwärtige Abstützung erfolgt entweder mit Injektionsankern
(Kap. 8.3) oder Bodennägeln. Injektionsanker haben eine Tragfähig-

keit von ca. 300 bis 700 kN und bestehen aus einem Spannglied, einer zementvermörtelten Verpreßstrecke und einer Ankerkopfkonstruktion.

Bei der Bodenvernagelung werden Stahl- oder Kunststoffnägel mit
Durchmessern von 20 - 30 mm verwendet, deren Länge etwa dem 0,5
bis 0,7-fachen der Wandhöhe entspricht [22]. Die Nageldichte liegt
bei ca. 0,5 bis 2 Nägel/m^2 Wandfläche. Die Nägel, die meist aus
GEWI-Stahl mit Durchmessern von 22 bis 28 mm bestehen, werden
kraftschlüssig mit der Spritzbetonschale verbunden. Bei Injektionsankern muß die Vorspannkraft flächig auf die Spritzbetonschale
übertragen werden. Hierzu werden Stahlbetonplatten (Elementwand,
siehe Kap. 7.3) und U-Profile (Essener Verbau) verwendet, oder die
Spritzbetonschale wird im Bereich der Ankerkopfplatte dicker ausgeführt und stärker bewehrt (Bild 2.10).

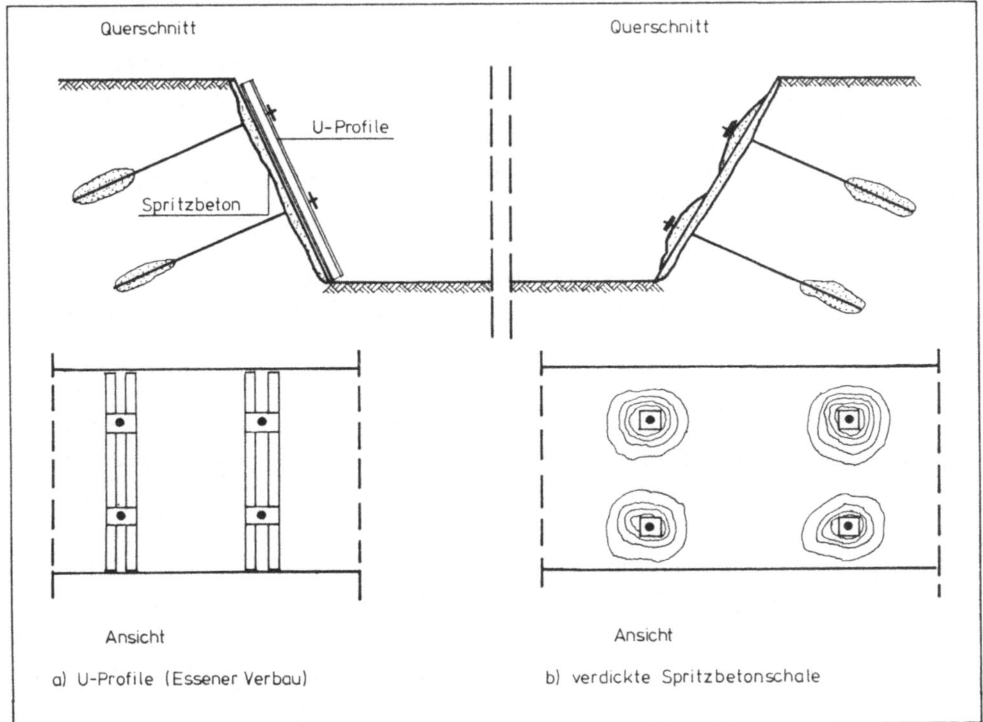

Bild 2.10   Ankerkrafteinleitung

2.3.2.3 Geräte und Verfahren

Herstellung verankerter Spritzbetonschalen

Nach dem Aushub bis zu einer bestimmten Tiefe, die von der Bodenart und der Nutzung der angrenzenden Flächen abhängt, wird Spritzbeton aufgebracht, der i.a. bewehrt ist. Nach dem Abbinden des
Spritzbetons werden die Löcher für die Injektionsanker gebohrt,
die Anker gesetzt, verpreßt und nach dem Erhärten des Verpreßmörtels gegen eine Stahlbetonplatte oder ein Stahlprofil vorgespannt.

Beim Vorspannen gegen Stahlbetonplatten oder Stahlbetonholmen
spricht man i.a. von einer Elementwand (Kap. 7.3).

Die Verankerung gegen U-Profile nennt man "Essener Verbau". Der
Baugrund im Raum Essen, der vorwiegend beim Herstellen großer und
tiefer Baugruben für den U-Bahn-Bau freigelegt wurde, besteht aus
Sandschichten, die von z.T. felsartigem Mergel unterlagert sind.
In diesen Böden können wegen der zumindest kurzfristig vorhandenen
großen Standfestigkeit hohe Wandabschnitte ohne Abstützungen frei-
gelegt werden, so daß die Verankerung über lange geneigte Doppel-
U-Profile erfolgen kann.

Der Essener Verbau entspricht damit in seinem Tragverhalten einer
geneigten Trägerbohlwand (Kap. 3), wobei die Träger allerdings
nicht in den Baugrund einbinden.

Bei felsartigen Böden kann mitunter auf den Spritzbeton verzichtet
werden. Die Oberfläche der Böschung wird dann nur durch
aufgelegten Maschendraht oder Baustahlgewebe gesichert.

Wenn der Boden nicht ausreichend standsicher ist, kann nicht die
gesamte Wandhöhe freigelegt werden, sondern es muß nach Erreichen
einer bestimmten Aushubtiefe eine Verankerung eingebaut werden. In
diesen Fällen wird eine horizontale Gurtung mit Stahlprofilen angeordnet.

Für die Herstellung verankerter Spritzbetonschalen sind eine
Spritzbetonanlage, ein Ankerbohrgerät, eine Injektionseinrichtung,
eine Vorspannpresse und ein Autokran zum Einbau von Bewehrung und
Betonplatten bzw. Gurtung erforderlich.

Herstellung vernagelter Spritzbetonschalen

Im Gegensatz zu Injektionsankern werden Bodennägel nicht vorgespannt. Der Boden wird durch die Nägel selbst zur Sicherung des
Geländesprungs herangezogen. Durch die Vernagelung wird der Boden
bewehrt und damit seine Zug- und Scherfestigkeit erhöht. Der so
entstandene Verbundkörper wirkt wie eine Schwergewichtsmauer (Bild
2.11), die die Kräfte aus Eigengewicht, Erddruck und Auflasten
übernimmt.

Die Bodenvernagelung stellt häufig eine wirtschaftliche Baumethode
dar, da der anstehende Boden mit zum Lastabtrag herangezogen und
selbst Teil der Abstützung wird. Nach [8] hat dieses Verfahren
folgende Vorteile:

-       gegenüber anderen Verbauverfahren werden nur kleine Geräte mit
        geringem Platzbedarf benötigt, daher bei schwierigem Gelände
        und beengten Verhältnissen gut einsetzbar
-       lärmarmes und erschütterungsfreies Verfahren
-       geringe Wandverformungen
-       Böschungsneigung praktisch beliebig.

Das Herstellungsverfahren besteht aus folgenden Einzelschritten
(Bild 2.11):

-       Aushub des Bodens in Lagen von 1,0 bis 1,5 m je nach Kurzzeit-
        standfestigkeit des Bodens und je nach Böschungsneigung
-       Aufbringen einer nur wenige Zentimeter starken, bewehrten
        Spritzbetonhaut (ca. 5 - 15 cm)
-       nach dem Erhärten des Spritzbetons werden die Stahl- oder
        Kunststoffnägel etwa senkrecht zur Wandfläche durch Rammen,
        Bohren, Spülen und Vibrieren in den Boden eingebracht. Um den
        erforderlichen Verbund zwischen Boden und Nagel herzustellen,

wird der Ringraum zwischen Boden und Nagel mit Zementmörtel verpreßt. Nach Erhärten des Zementmörtels wird der Nagelkopf über eine Ankerplatte kraftschlüssig mit der Spritzbetonhaut verbunden.

- Freilegen des nächsten Aushubabschnittes usw.

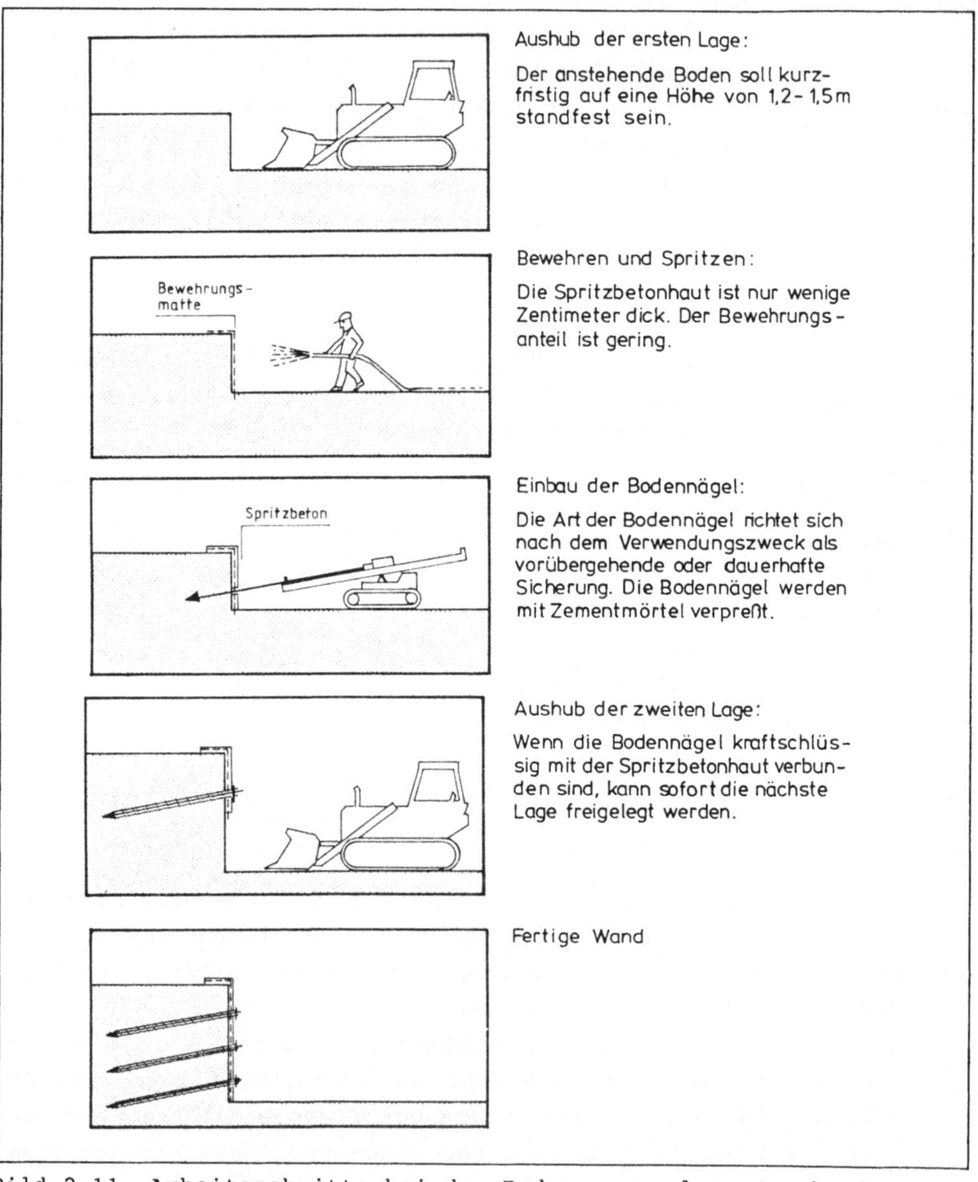

Bild 2.11 Arbeitsschritte bei der Bodenvernagelung (nach [8])

2.3.2.4 Leistung und Kosten

Leistung und Kosten der Böschungssicherung werden durch die anstehenden Bodenarten sowie die gewählte Böschungsneigung wesentlich beeinflußt.

Als Beispiel wird eine 10 m hohe Böschung gewählt. Ohne Böschungssicherung wäre eine Neigung von 45° möglich gewesen. Da nicht ausreichend Platz zur Verfügung steht und der Mehraushub so gering wie möglich gehalten werden soll, wird die Baugrube durch eine vernagelte Spritzbetonwand, die um 10° gegen die Vertikale geneigt ist, gesichert. Die Länge der Nägel (Stahl, Durchmesser 25 mm) beträgt 7 m, die Nageldichte 1 Nagel/m^2. Die Dicke der Spritzbetonschale wird zu 10 cm gewählt, sie ist mit Matten Q 131 bewehrt, wobei bei dieser Bauweise eine Überlappung von ca. 25 % berücksichtigt werden muß. Bei der Berechnung der Betonmenge wird der Rückprall mit 20 % und der Mehrverbrauch für den Ausgleich von Unebenheiten mit 30 % angenommen.

Die Nägel werden in den Boden eingerammt, wobei gleichzeitig mit einer Zement-Suspension (120 DM/m^3) verpreßt wird. Pro m Nagel sind 2 l Suspension erforderlich (Annahme).

Alle Kosten werden pro m^2 Wand angegeben.

Die Leistung einer Kolonne von 4 Mann liegt bei ca. 15 - 25 m^2 fertige Wand/10 h. Mit einem mittleren Wert von 20 m^2 ergibt sich folgender Aufwandswert:

$$\frac{10 \text{ h x } 4}{20 \text{ m}^2} = 2,0 \text{ h/m}^2$$

Tafel 2.5 zeigt die Vorhalte- und Betriebskosten der Geräte, Tafel 2.6 die Einzelkosten der Teilleistungen je m^2 Wand.

Tafel 2.5   Ermittlung der Vorhalte- und Betriebskosten / m^2 Wand

Bezeichnung	Neuwert DM	Abschreibung + Verzinsung je Monat %		Reparatur je Monat %		Reparatur je Monat einschl. Lohnfaktor DM
		%	DM	%	DM	DM
Betonspritzgerät mit Zubehör (Unterge- stell, Förderband, Dosiereinrichtung, Düsen etc.) (5,5 kW)	70.000	2,5	1.750,00	1,4	980,00	1.476,86
Hydraulisches Kipp- silo	24.500	3,8	931,00	2,6	637,00	959,96
Dieselkompressor (einschl. Schalldäm- mung) (110 kW)	113.500	2,7	3.064,50	1,8	2.043,00	3.078,80
Ankerbohrgerät zum Einrammen der Nägel (50 kW)	200.000	2,8	5.600,00	2,1	4.200,00	6.329,40
Schnellmischer (500 1) (10 kW)	10.000	4,3	430,00	3,5	350,00	527,45
Zementschnecke	3.500	2,7	94,50	1,8	63,00	94,94
Zementwaage	7.600	3,0	228,00	1,8	136,80	206,16
Injektionspumpe	15.000	4,0	600,00	2,0	300,00	452,10
Gerätevorhaltekosten / Monat			**12.698,00**			**13.125,67**

Gerätekosten / m^2 Wand	Betriebsstoffe DM/m^2	Vorhaltekosten DM/m^2
$\dfrac{25.823,67 \text{ DM/Mon}}{175 \text{ h/Mon}} \times \dfrac{10 \text{ h}}{20 \text{ m}^2}$		73,78
Betriebsstoffe (Auslastung der Geräte im Mittel 50 %) $(5,5+110+50+10) \text{ kW} \times 0,2 \dfrac{1}{\text{kWh}} \times \dfrac{10h}{20m^2} \times 1 \dfrac{DM}{1} \times 0,5$	8,78	
Schmierstoffe 0,2 x 8,78	1,76	
Summe: 84,32 DM/m^2	**10,54**	**73,78**

Tafel 2.6   Ermittlung der Einzelkosten der Teilleistungen

Ermittlung der Einzelkosten/ m^2 Wand	Lohn-stunden h/m^2	Lohn DM/m^2	Sonstige Kosten DM/m^2	Gerät DM/m^2
1.Lohn 44,02 DM/h	2,0	88,04		
2.Material Spritzbeton				
$0,1 \dfrac{m^3}{m^2} \times 1,3 \times 1,2 \times 160 \dfrac{DM}{m^3}$			24,96	
Bewehrung Q 131 $2,09 \dfrac{kg}{m^2} \times 1,15 \dfrac{DM}{kg} \times 1,25$			3,00	
Nägel $\dfrac{1 \text{ Stück}}{m^2} \times \dfrac{7m}{\text{Stück}} \times 3,85 \dfrac{kg}{m} \times 1,10 \dfrac{DM}{kg}$			29,65	
Ankerkopfkonstruktion $\dfrac{1 \text{ Stück}}{m^2} \times \dfrac{15 \text{ DM}}{\text{Stück}}$			15,00	
Verpreßmittel (Zementsuspension) $0,002 \dfrac{m^3}{m} \times 7 \dfrac{m}{m^2} \times 120 \dfrac{DM}{m^3}$			1,68	
3.Geräte				84,32
Summe: 246,65 DM/m^2	**2,00**	**88,04**	**74,29**	**84,32**

2.3.2.5 Sicherheitstechnik

Die Unfallverhütungsvorschrift (UVV) "Bauarbeiten" verpflichtet
den Unternehmer in § 6 Abs. 3, Wände von Baugruben und Gräben so
abzuböschen, zu verbauen oder anderweitig zu sichern, daß sie während der einzelnen Bauzustände standsicher sind. Diese Forderung
ist erfüllt, wenn die Vorschriften der DIN 4124 "Baugruben und
Gräben" eingehalten wird. Die DIN 4124 gilt als anerkannte
sicherheitstechnische Regel. Von den Forderungen dieser Norm kann
grundsätzlich nur abgewichen werden, wenn gewährleistet ist, daß
durch andere Maßnahmen das Schutzziel ebenso erreicht wird.

Die Norm gibt für einfache Fälle Böschungswinkel an, die nicht überschritten werden dürfen (Bild 2.2). Sind die Verhältnisse komplizierter, muß die Standsicherheit rechnerisch nachgewiesen werden.

Ein solcher Standsicherheitsnachweis muß mindestens folgende Bestandteile haben [106]:

- Beschreibung der zu beurteilenden Bauaufgabe und Angaben über die Lage der Örtlichkeit
- Umfassende Beschreibung des Baugrundes
- Auflistung der maßgebenden Bodenkenngrößen und Angaben darüber, wie diese Größen ermittelt wurden
- Genaue Ermittlung der anstehenden und der zu erwartenden Belastungen
- Bewertung der Einflüsse aus Grundwasser, Oberflächenwasser und Witterung während der Bauzeit
- Angaben über die Gestaltung der Böschungen
- Vergleich der geforderten und der errechneten Sicherheiten
- Beschreibung der erforderlichen Sicherheitsmaßnahmen
- Festlegungen über weitere Beobachtungen während der Bauzeit.

Sind der Nachweis bzw. die vom Unternehmer getroffenen Maßnahmen unzureichend, so muß der Unternehmer mit der Einstellung der Arbeiten in den Gefahrenbereichen rechnen.

Mit Rücksicht auf die Sicherheit der Beschäftigten und auf eine einwandfreie Bauausführung müssen Arbeitsräume, die betreten werden, mindestens 0,5 m breit sein.

Als Breite des Arbeitsraumes gilt der waagerecht gemessene Abstand zwischen dem Böschungsfuß und der Außenseite des Bauwerks (Bild 2.12).

Als Außenseite des Bauwerks gilt hierbei die Außenseite des Baukörpers

-   zuzüglich der zugehörigen Abdichtungs-, Vorsatz- oder Schutz-
    schichten
-   oder zuzüglich der Schalungskonstruktion des Baukörpers, wobei
    die jeweils größere Breite maßgebend ist.

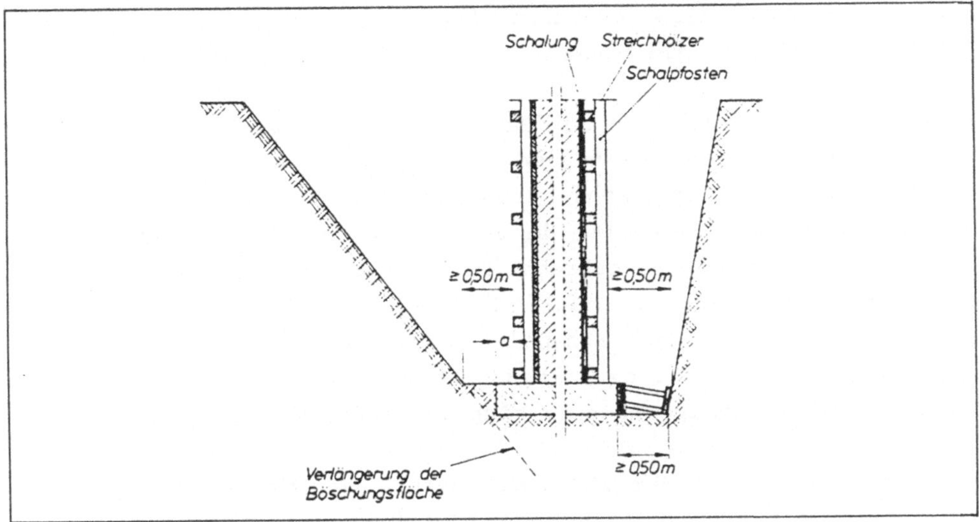

Bild 2.12 Arbeitsraumbreite bei geböschten Baugruben (aus DIN 4124)

Werden Fundamente oder Sohlplatten nicht eingeschalt sondern gegen
den anstehenden Boden betoniert, so richtet sich die Breite des
Arbeitsraumes nach dem aufgehenden Baukörper, falls der Überstand
a kleiner ist als 0,5 m (Bild 2.12). Ist der Überstand a gleich
oder größer als 0,5 m, so richtet sich die Breite des Arbeitsraumes nach der Vorderkante des Fundaments bzw. der Sohl-
platte. Der Gründungskörper darf jedoch keinesfalls in die Verlän-
gerung der Böschungslinie einschneiden.

Die außerdem zu beachtenden Sicherheitsregeln und Unfallverhütungsvorschriften richten sich nach der Art der Böschungssicherung. Ist die Böschung durch eine Spritzbetonschale gesichert, so
sind Maßnahmen gegen die Gefährdung der Gesundheit der Beschäftigten zu treffen (s. Kap. 2.3.1.5).

Werden Injektionsanker oder Bodennägel eingesetzt, so sind die Sicherheitsregeln für Bohrungen (s. Kap. 5.6 und 8.3.5) bzw. für Rammarbeiten (s. Kap. 4.6) zu beachten.

2.3.3   Sicherung gegen Wasserzutritt
2.3.3.1 Technische Grundlagen

Wenn Grundwasser oberhalb der Baugrubensohle ansteht, dann ist bei der Herstellung der Böschungen der Einfluß des Wassers auf die Standsicherheit zu beachten. Grundsätzlich vermindert anstehendes Wasser die Standsicherheit, da zum einen der Wasserdruck ein zusätzliches, den Böschungsbruch förderndes Moment um den Gleitkreismittelpunkt erzeugt (Bild 2.6), zum anderen durch den Auftrieb das Korngerüst des Bodens entlastet wird, wodurch die in einer möglichen Gleitfläche vorhandenen Korn-zu-Korn-Drücke abnehmen und die mobilisierbare Reibung sich vermindert.

Hinzu kommt, daß in der Böschung anstehendes Wasser zu Ausspülungen führen kann, die die Böschung zerstören können.

Bei der Sicherung gegen Wasserzutritt muß daher unterschieden werden, ob durch die Maßnahme nur das Austreten des Wassers in der Böschung verhindert werden soll, oder ob der Strömungsdruck auf die Böschung vermindert werden soll. Prinzipiell kommen folgende Maßnahmen zur Anwendung:

Offene Wasserhaltung (Bild 2.13)

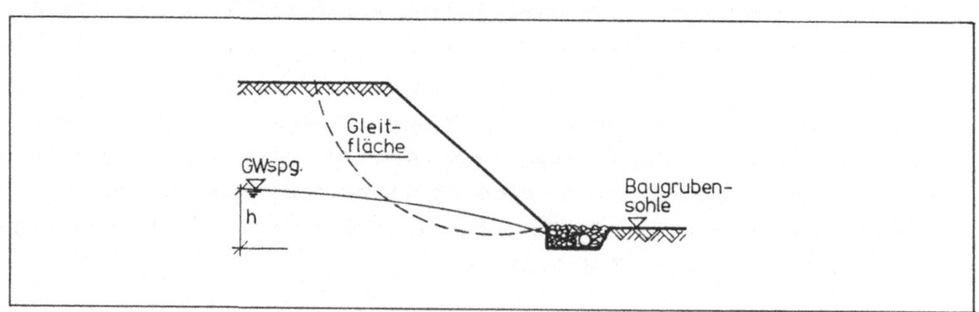

Bild 2.13   Offene Wasserhaltung

Bei diesem Verfahren muß verhindert werden, daß Wasser an der Bö-
schungsoberfläche austritt. Die Böschung wird durch einen Strömungsdruck belastet, der Auftrieb vermindert den Reibungswider-
stand des Bodens.

Dieses Verfahren kann nur angewendet werden, wenn die anfallenden
Wassermengen, die von der Durchlässigkeit des Bodens und der Höhe
des Wasserspiegels über die Baugrubensohle abhängen, gering sind.
Es wird daher vorwiegend bei geringen Spiegeldifferenzen in bindigen Böden eingesetzt. Die Böschungen müssen flacher ausgebildet
werden als wenn kein Grundwasser vorhanden wäre.

Grundwasserabsenkung mit Brunnen (Bild 2.14)

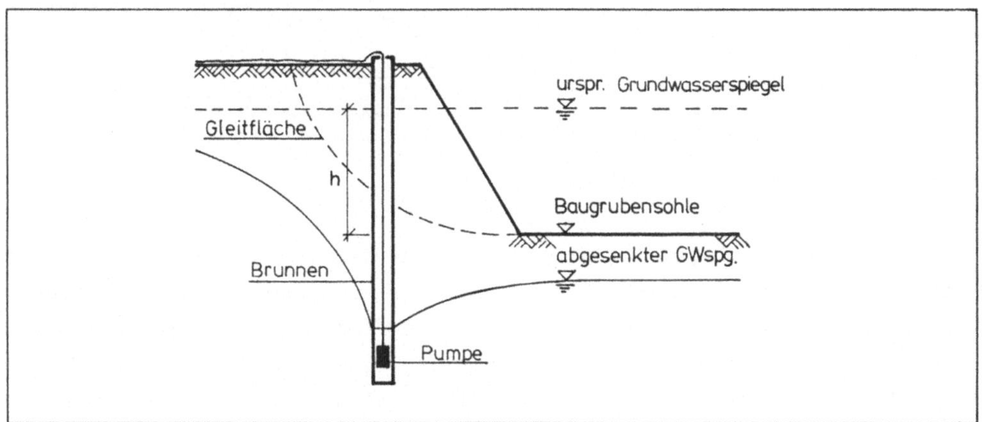

Bild 2.14   Grundwasserabsenkung mit Brunnen

Die Grundwasserabsenkung verhindert eine Beanspruchung der Böschung durch Wasserdruck und vergrößert den Korn-zu-Korn-Druck, so
daß der Widerstand des Bodens gegen Abscheren größer wird. Die Böschung kann dann so steil ausgeführt werden als ob kein Grundwasserspiegel vorhanden wäre. Dieses Verfahren ist in Sanden und
Schluffen anwendbar. In Kiesen sind wegen der hohen Durchlässigkeit die anfallenden Wassermengen meist so groß, daß eine Absenkung nicht mehr wirtschaftlich ausgeführt werden kann.

Die Differenz h zwischen ursprünglichem Grundwasserspiegel und
Baugrubensohle kann hierbei beliebig sein, sie beeinflußt aber die

Zahl, die Tiefe und den Durchmesser der erforderlichen Brunnen und
die abzupumpende Wassermenge.

Durch die Grundwasserabsenkung kann es in der Umgebung der Baugrube zu Setzungen kommen.

Grundwasserabsperrung (Bild 2.15)

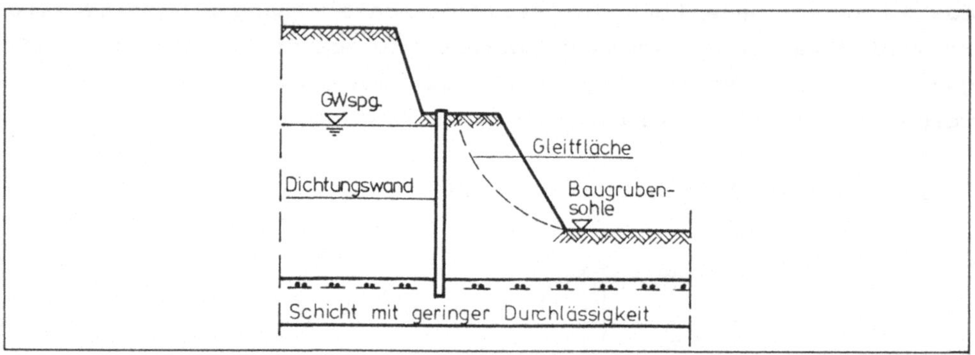

Bild 2.15   Grundwasserabsperrung

Der Grundwasserspiegel wird hierbei nicht abgesenkt, sondern eine
Dichtungswand verhindert den Zutritt des Wassers zur Baugrube.
Voraussetzung ist hierbei, daß das vertikale Dichtungselement in
eine undurchlässige Schicht einbindet, die den Wasserzufluß zur
Baugrube von unten ausschließt. Ist keine natürliche, abdichtende
Schicht vorhanden, kommt eine künstliche Dichtungsohle (Kap. 9) in
Frage.

Die Vorteile dieses Verfahrens liegen darin, daß der Grundwasserspiegel außerhalb der Baugrube nicht beeinträchtigt wird und die
Böschung keinem Strömungsdruck ausgesetzt ist. Als Nachteile müssen die hohen Kosten für die Dichtungswand und der größere Platzbedarf angeführt werden.

2.3.3.2 Stoffe und Materialien

Offene Wasserhaltung

Bei der offenen Wasserhaltung wird das Wasser in horizontalen
Längsgräben, die parallel zur Böschung verlaufen, abgeführt. Dazu
werden Dränrohre, i.a. aus Kunststoff, in einer Filterschicht verlegt. Die Dränrohre müssen entweder als Filterrohre ausgebildet
oder mit einem gegen den anstehenden Boden filterstabilen rolligen
Boden umgeben sein.

Da die Herstellung von zum Teil mehrfach abgestuften Kies- und
Sandfilterschichten teuer ist, werden als Filter zunehmend Geotex-
tilien verwendet (Bild 2.16).

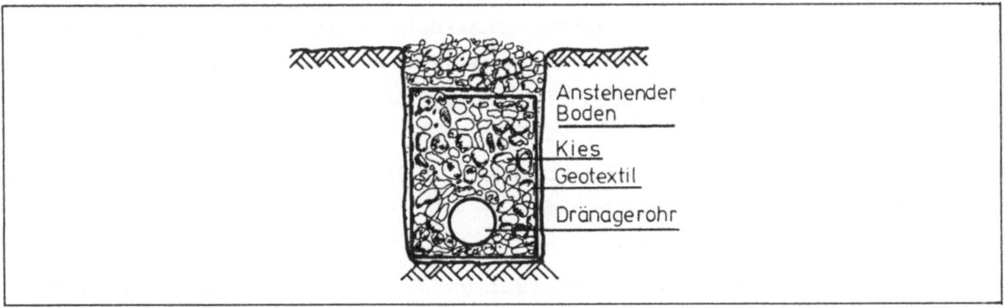

Bild 2.16   Geotextil als Filterschicht

Grundwasserabsenkung mit Brunnen

Für die Grundwasserabsenkung müssen vertikale Brunnen hergestellt
werden, in denen das Wasser abgepumpt wird. Außer Filtermaterial,
das ein Zuschlämmen der Wassereintrittsöffnungen verhindern soll,
sind keine besonderen Stoffe und Materialien erforderlich.

Grundwasserabsperrung

Hierbei sind drei Arten der Herstellung üblich:

-    Es werden Dichtungselemente unter Verdrängung des anstehenden
     Bodens eingebracht.

Ein Beispiel hierfür sind Stahlspundwände (Kap. 4), die wegen ihrer guten Rammeigenschaften in vielen Böden einsetzbar sind und nur geringe Wasserdurchtritte im Schloßbereich ermöglichen.

Als weiteres häufiges Verfahren sind die Schmalwände zu nennen, bei denen eine Bohle eingerüttelt wird, die den anstehenden Boden verdrängt. Der beim Ziehen der Bohle entstehende Hohlraum wird durch Zugabe einer Bentonit-Zement-Suspension ausgefüllt.

-   Der anstehende Boden wird ausgehoben und durch ein abdichtendes Material ersetzt.

    Abdichtende Materialien können hierbei Beton (Schlitzwandbauweise (Kap. 6) oder Bohrpfahlwandbauweise (Kap. 5)) oder erhärtende Bentonit-Zement-Suspensionen sein, denen mitunter Füllstoffe beigeben sind (Dichtwände, Trockenschlitzwände).

-   Der Porenanteil und damit die Durchlässigkeit des anstehenden Bodens wird verringert.

    Hierfür werden im wesentlichen Injektionsmittel wie Zement, Wasserglas und Kunstharze eingesetzt (Kap. 7.1).

2.3.3.3 Geräte und Verfahren

Offene Wasserhaltung

Bei der offenen Wasserhaltung fließt das Wasser infolge seiner Schwerkraft den Entwässerungsgräben zu. Die Entwässerungsgräben müssen ein ausreichendes Längsgefälle zu einem Pumpensumpf haben, von wo das Wasser aus der Baugrube gepumpt werden kann. Als Pumpen kommen Kreiselpumpen oder Tauchpumpen zum Einsatz. Zu beachten ist, daß das Wasser bereits ab dem Erreichen des Grundwasserspiegels gezielt gefaßt und abgeleitet werden muß, d.h. daß eine Entwässerung auch während des Aushubs vorgesehen werden muß.

Grundwasserabsenkung mit Brunnen

Je nach den anstehenden Bodenarten und ihrer Durchlässigkeit fließt das Wasser durch seine Schwerkraft den Brunnen zu (Schwerkraftentwässerung) oder es muß durch einen im Boden aufgebrachten Unterdruck zum Brunnen gesaugt werden (Vakuumverfahren).

In Sanden und Kiesen mit Durchlässigkeitsbeiwerten von $k = 10^{-5}$ m/s bis 10^{-1} m/s werden Schwerkraftentwässerungen durchgeführt, während Feinsande und Schluffe mit k-Werten von 10^{-8} m/s bis 10^{-5} m/s nur mit dem Vakuumverfahren zu entwässern sind.

In beiden Fällen werden entweder Brunnen gebohrt oder (bei nicht zu großen Absenktiefen) Lanzen eingespült, deren Spitzen als Filter ausgebildet sind.

Grundwasserabsperrung

Grundsätzlich kommen hierfür alle Verfahren in Frage, die auch bei der Herstellung senkrechter wasserdichter Verbauwände angewendet werden wie z.B. Spundwandverbau, Schlitzwand- und Bohrpfahlwandbauweise. Haben die Betonwände nur abdichtende Wirkung, so kann die Bewehrung entfallen und die Betongüte herabgesetzt werden. Ein Nachteil der Betonwände gegenüber den Spundwänden ist, daß sie nach Beendigung der Baumaßnahme nicht wieder entfernt werden können. Statt Betonwänden werden wegen ihrer geringeren Wasserdurchlässigkeit und ihrer geringeren Kosten für reine Abdichtungsmaßnahmen bevorzugt Dichtwände und Schmalwände verwendet (Betonschlitzwände ca. 300 - 350 DM/m^2, Bentonit-Zement-Dichtwände ca. 130 - 150 DM/m^2, Schmalwände ca. 60 - 80 DM/m^2).

Ist der Boden injizierbar (Kies und Sand), können vertikale Dichtungsschleier eingesetzt werden. Bei Tonen und Schluffen lassen sich Hochdruckinjektionen ausführen, wobei lamellenartige, sich überlappende Wandelemente entstehen.

2.3.3.4 Leistung und Kosten

Es werden die Kosten für einen Entwässerungsgraben am Fuß einer Böschung ermittelt. Der Graben ist 1 m tief und 0,6 m breit. In dem Graben wird ein Kunststoffrohr (Durchmesser 150 mm) verlegt, das mit Filterkies umhüllt wird.
Für den Aushub ist der Leistungswert des Baggers maßgebend.

Leistungswert   :   17 lfdm/h

Die Kolonne besteht aus 2 Arbeitskräften

 1 Baumaschinenführer
 1 Helfer
 2 Mann

$$\text{Aufwandswert für den Aushub} : \frac{1\ h}{17\ lfdm} \times 2 = 0,12\ \frac{h}{lfdm}$$

Die Aufwandswerte der übrigen Leistungen werden nicht durch den Bagger bestimmt. Sie betragen:

Verfüllen der unteren Graben-
hälfte im Rohrbereich per Hand: 0,24 h/lfdm

Verfüllen und Verdichten der
oberen Grabenhälfte   :   0,12 h/lfdm

Verlegen der Dränleitung   :   0,1 h/lfdm

Die erforderliche Einsatzzeit für den Radlader zum Verfüllen und die Rüttelplatte zum Verdichten berechnet sich aus den Aufwandswerten zu:

$$\frac{\text{Aufwandswert}}{\text{Arbeitskräfte}} = \frac{(0,24 + 0,12)\ h}{2 \qquad lfdm} = 0,18\ h/lfdm$$

Die Vorhalte- und Betriebskosten der Geräte pro lfdm Entwässerungsgraben sind in Tafel 2.7 und die Einzelkosten der Bauleistungen in Tafel 2.8 dargestellt.

Tafel 2.7   Ermittlung der Vorhalte- und Betriebskosten/lfdm Graben

Bezeichnung	Neuwert	Abschreibung + Verzinsung je Monat		Reparatur je Monat		Reparatur je Monat einschl. Lohnfaktor
	DM	%	DM	%	DM	DM
Hydraulikbagger (49 kW) einschließlich Zusatzausrüstung	170.000	2,0	3.400,00	1,6	2.720,00	4.099,04
Radlader (33 kW) Bereifung	61.000 2.600	3,2 4,4	1.952,00 114,40	2,7	1.647,00	2.482,03
Flächenrüttler (4,4 kW)	5.900	3,8	224,20	2,6	153,40	231,17
Gerätevorhaltekosten / Monat			**5.690,60**			**6.812,24**

Gerätekosten je lfdm	Betriebsstoffe DM/lfdm	Vorhaltekosten DM/lfdm
Hydraulikbagger $$\frac{7.499,04 \text{ DM/Mon}}{175 \text{ h/Mon}} \times 0,06 \frac{h}{lfdm}$$		2,57
Betriebsstoffe $$49 \text{ kW} \times 0,2 \frac{l}{kWh} \times 0,06 \frac{h}{lfdm} \times 1 \frac{DM}{l}$$	0,59	
Schmierstoffe 0,2 × 0,59	0,12	
Lader und Rüttelplatte $$\frac{5.003,80 \text{ DM/Mon}}{175 \text{ h/Mon}} \times 0,18 \frac{h}{lfdm}$$		5,15
Betriebsstoffe einschließlich Schmierstoffe	0,05	
Summe: 8,48 DM/lfdm	**0,76**	**7,72**

2.3.3.5 Sicherheitstechnik

Wird das Grundwasser in einer Böschung abgesenkt (offene Wasserhaltung oder Brunnenanlage), so ist stets die Funktionsfähigkeit
der Anlage zu überwachen. Bei größeren Baugruben muß hierfür eine
zentrale Pumpenwache vorhanden sein, die immer besetzt ist, und in
der der Ausfall von Pumpen optisch und/oder akustisch angezeigt
werden muß.

Tafel 2.8   Ermittlung der Einzelkosten der Teilleistungen

Ermittlung der Einzelkosten/	Lohnst. h/lfdm	Lohn DM/lfdm	Sonst.Kosten DM/lfdm	Geräte DM/lfdm
1.Lohn 44,02 DM/h Aushub Verlegen der Dränleitung Verfüllen und Verdichten	0,12 0,10 0,36			
2.Material (Die Kosten für Abfuhr des Bodens werden nicht ermittelt) Dränleitung ϕ 150 mm Filterkies (Es wird ein Verlust von 5 % angesetzt) $0,6 \ \dfrac{m^3}{lfdm} \times 1,05 \times 35 \ \dfrac{DM}{m^3}$			10,00 22,05	
3.Geräte				8,48
Summe: 66,06 DM/lfdm	0,58	25,53	32,05	8,48

Die Funktionsfähigkeit von Dränageleitungen ist in regelmäßigen Abständen zu überprüfen. Durch Verockerung zugesetzte Leitungsstränge sind entweder freizuspülen oder auszutauschen.

Wird das anstehende Grundwasser durch senkrechte Wände von der geböschten Baugrube ferngehalten, so sind die speziellen Sicherheitsregeln der jeweiligen Bauverfahren zu beachten (z.B Spundwände s. Kap. 4.6, Injektionswände s. Kap. 7.1.6).

3 Trägerbohlwände

3.1 Allgemeines

Zur Herstellung von senkrechten Baugrubenumschließungen werden am häufigsten Trägerbohlwände verwendet. Die Vorteile der Trägerbohlwand ergeben sich aus

- der Anpassungsfähigkeit an Hindernisse wie Leitungen, Schächte, alte Fundamente u.ä.
- der Einsetzbarkeit in nahezu allen Bodenarten
- der Wiedergewinnbarkeit der Bauteile
- der Wirtschaftlichkeit.

Trägerbohlwände bilden einen nachgiebigen Verbau, so daß unter Umständen Setzungen an benachbarten Bauwerken oder Verkehrswegen zu erwarten sind; sie sind auch nicht wasserdicht, so daß sie nur oberhalb des gegebenenfalls abgesenkten Grundwasserspiegels eingesetzt werden können.

3.2 Technische Grundlagen

Trägerbohlwände bestehen aus senkrechten Traggliedern (i.a. Stahlträger) und einer Ausfachung aus Holz, Stahl, Stahlbeton oder Spritzbeton (Bild 3.1). Die Stahlträger haben üblicherweise Abstände von ca. 2 bis 3,5 m und sind je nach Tiefenlage der Baugrubensohle 4 bis 18 m lang. In Sonderfällen wurden auch 20 bis 25 m lange Träger eingebracht. Bei größeren Tiefen ergeben sich bei vielen Baugrundverhältnissen Probleme. Lotabweichungen beim Rammen führen zu Schwierigkeiten bei der Ausfachung in den tieferliegenden Bereichen, und die hohen Beanspruchungen aus Erddruck können häufig mit üblichen Profilen nicht mehr aufgenommen werden.

Während die Stahlträger vor Beginn des Aushubs eingebracht werden, wird die Ausfachung mit dem Aushub fortschreitend eingebaut. Mit dem Einbau der Ausfachung ist spätestens zu beginnen, wenn eine Tiefe von 1,25 m erreicht ist. Der Einbau der weiteren Ausfachung darf hinter dem Aushub bei steifen oder halbfesten bindigen Böden höchstens um 1 m, bei vorübergehend standfesten nichtbindigen Böden um 0,50 m zurück sein. Bei wenig standfesten Böden, z.B. bei locker gelagerten gleichkörnigen Sand- und Kiesböden kann es erforderlich sein, die Höhe der Abschachtung auf die Höhe der Einzelteile der Ausfachung (z.B. Bohlenbreite) zu beschränken. Beim Rückbau ist entsprechend zu verfahren.

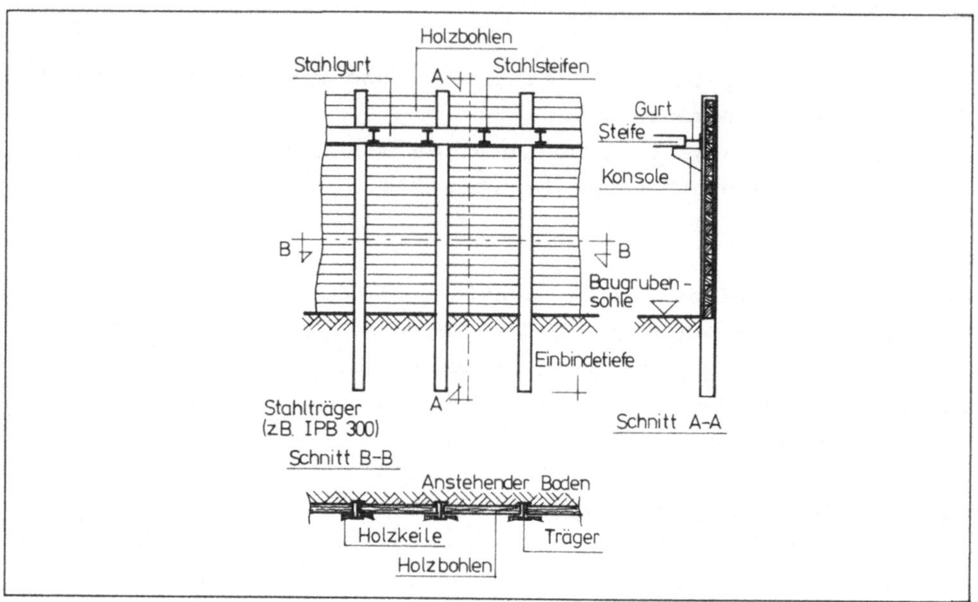

Bild 3.1   Trägerbohlwand

Die Herstellung einer Trägerbohlwand besteht aus folgenden Schritten:

- Einbau der Träger
- Beginn des Aushubs mit Einbau der Ausfachung
- Einbau der Abstützungen (Anker oder Steifen), sobald der Aushub eine Tiefe von ca. 0,5 bis 0,8 m unter der geplanten Abstützung erreicht hat
- Fortsetzung des Aushubs bis zur Baugrubensohle
- Schrittweiser Rückbau der Ausfachung und der Abstützungen während der Herstellung des Bauwerkes und der damit verbundenen Wiederverfüllung der Baugrube
- Ziehen der Träger nach Wiederverfüllung der Baugrube.

3.3 Erforderliche Stoffe und Materialien

Bei den erforderlichen Stoffen und Materialien muß unterschieden werden zwischen den senkrechten Traggliedern und der Ausfachung.

Als Tragglieder werden I-, IPB-, IPBv-,][- oder PSp-Profile verwendet. Die Wahl des Profils hängt vom Einbringverfahren (gerammt oder in vorgebohrte Löcher gestellt), vom Baugrund und von den statischen Erfordernissen ab.

I-Profile wurden beispielsweise in den Anfängen des U-Bahn-Baus in Berlin in den dort vorhandenen Sandböden gerammt [114]. Ist der Boden schwerer zu rammen, z.B. wegen stark wechselnder Schichtenfolgen und steiniger Einschlüsse, so laufen I-Profile wegen des geringen Widerstandsmomentes quer zur Stegachse leicht aus der Richtung. Hier empfiehlt sich der Einsatz von IPB- bzw. IPBv-Profilen. Die Profilgrößen liegen bei üblichen Baugrubentiefen von ca. 8 bis 15 m bei z.B. IPB 300 bis IPB 500, aber es sind auch schon IPB 1000 verwendet worden [16].

Werden die Träger nicht gerammt, sondern in vorgebohrte Löcher gestellt, so kommen auch mit Blechen verbundene][-Profile in Frage (Bild 3.2).

Als Ausfachung kommen i.a. Kanthölzer von 12 bis 16 cm Dicke zur Anwendung [77]. Weitere Möglichkeiten sind Holzbohlen, Rundhölzer, Spritzbeton und Kanaldielen. Die DIN 4124 fordert für Holzausfachung mindestens eine Güteklasse III nach DIN 4074. Holzbohlen müssen mindestens 5 cm stark sein, Rundhölzer mindestens 10 cm.

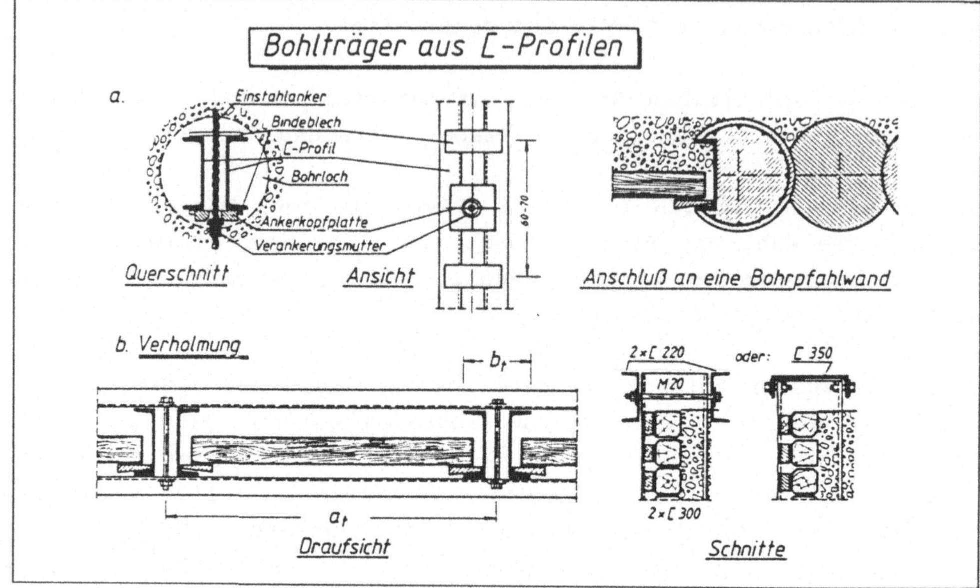

Bild 3.2 Bohlträger aus][-Profilen (aus [114])

3.4   Geräte und Verfahren
3.4.1   Senkrechte Tragglieder
3.4.1.1 Einbringen

Die Stahlträger können eingerammt, eingerüttelt oder in vorgebohrte Löcher gestellt werden. Entscheidend für die Wahl der Ein-
bringart sind der Baugrund, die zulässigen Erschütterungen und die
zulässige Lärmentwicklung.

Da auf die Ramm- und Ziehtechnik im Rahmen des Kapitels "Spundwände" ausführlich eingegangen wird, sollen hier die möglichen
Verfahren nur kurz besprochen werden.

Bei bindigen Böden ist das wirksamste Rammprinzip der Rammschlag
mit möglichst großer kinetischer Energie bei langsamer Schlagfolge
[162]. Hierfür werden Freifallrammen (Kolbenbären, Zylinderbären)
mit Schlagzahlen zwischen 40 und 60 Schlägen/Minute verwendet.
Rammbär und Stahlträger werden an einem Mäkler geführt, der i.a.
an einem Universalbagger montiert ist (Bild 3.3).

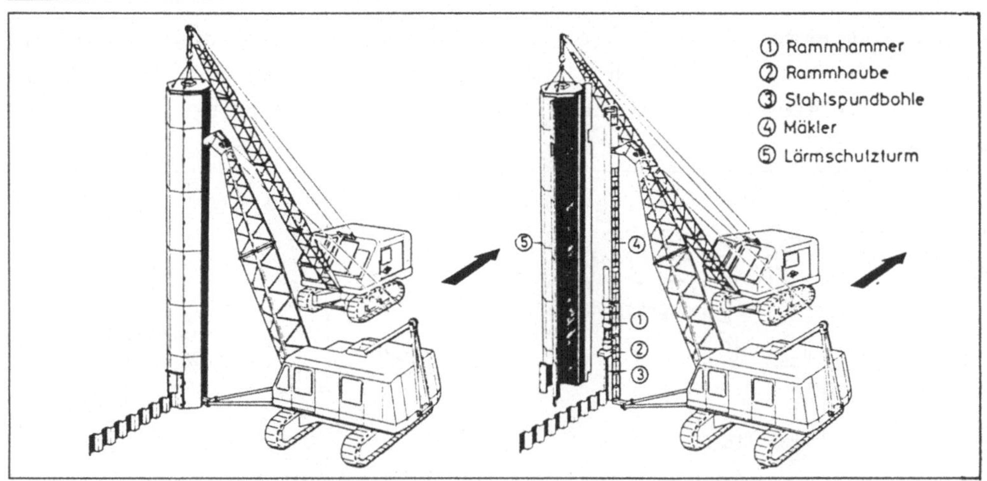

Bild 3.3 Rammeinrichtung mit Schallschutzkamin (aus [21])

Häufig werden bei Rammarbeiten in innerstädtischen Bereichen Lärmschutzmaßnahmen gefordert. Die wirksamste Maßnahme besteht in der
Verwendung eines Schallschutzkamins, der den Mäkler mit Rammgut
und Rammbär umschließt. Der Lärmpegel läßt sich damit um ca. 20 -
30 dB(A) senken.

Der Einsatz eines Schallschutzkamins vermindert die Leistung der
Rammkolonne um ca. 10 % und erfordert ein weiteres Hubgerät (z.B.
Bagger oder Autokran).

Auf weitere Probleme sei noch kurz verwiesen:

-    die beim Rammen entstehende Wärme muß abgeleitet werden
-    die z.B. bei Dieselbären entstehenden Auspuffgase und Ölrück-
     stände dürfen die Auskleidung des Kamins nicht in Brand setzen
-    bei Dieselbären muß eventuell Frischluft in den Kamin zuge-
     führt werden.

Bei grobkörnigen Böden (Sand und Kies) ist das Rammen mit schneller Schlagfolge oder mit Vibration am günstigsten. Die schnelle
Schlagfolge wird durch i.a. druckluftbetriebene Schnellschlagbäre
(ca. 100 bis 300 Schläge/Minute) bzw. Hydraulikbäre (ca. 200 bis
600 Schläge/Minute) erreicht.

Vibrationsrammen leiten über den Rammträger Längsschwingungen in
den Baugrund ein. Das führt zu einer Verringerung des Scherwiderstandes zwischen den Körnern und ermöglicht das Eindringen des
Trägers (Bild 3.4).

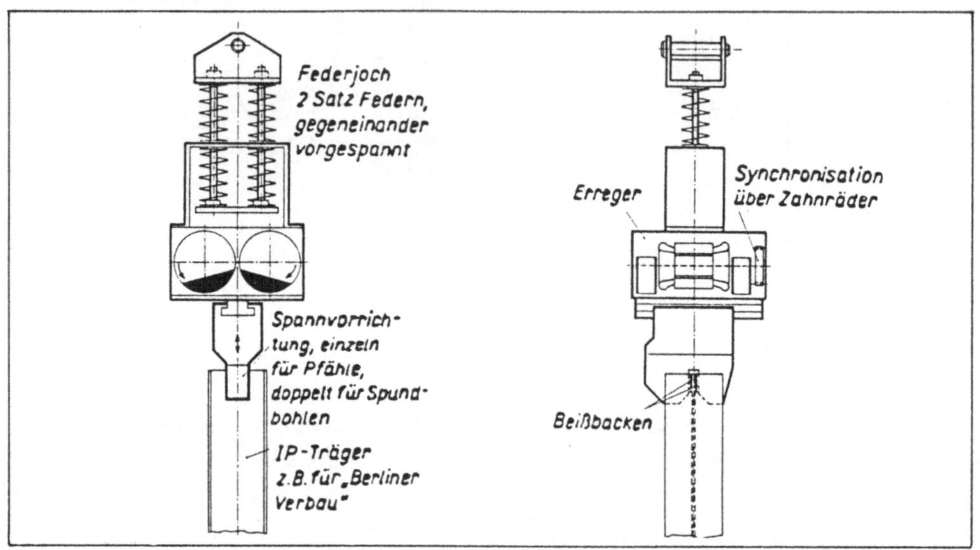

Bild 3.4   Vibrationsbär (aus [42])

Die Drehzahlen der Vibrationsrammen liegen bei ca. 1000 bis 3000
Umdrehungen/Minute. Das Vibrationsverfahren ist nicht geeignet bei
Sand- und Kiesböden in sehr dichter Lagerung sowie bei allen bindigen Böden mit Konsistenzen von $I_C > 0,75$ (steife, halbfeste,
feste Böden).

Das Rammen von Trägern für Bohlwände besitzt neben der Erzeugung
von Lärm und Erschütterungen noch folgende Nachteile [171]:

Die Träger werden häufig beschädigt und sogar verdreht. Eine Abweichung von der Lotrechten läßt sich insbesondere bei Steineinschlüssen oder Festgesteinseinlagerungen oft nicht vermeiden. Das
führt zum einen dazu, daß die Träger nicht wiederverwendet werden
können, zum anderen zur Verringerung oder Vergrößerung der Baugru-
benbreite und zu Problemen bei der Ausfachung.

Häufig werden deshalb die Träger nicht gerammt sondern in vorgebohrte Löcher gestellt.

In zumindest vorübergehend standfesten Böden, wie z.B. halbfestem Ton, können die Löcher z.B. mit einer Bohrschnecke ohne Stützung gebohrt werden.

In nicht standfesten Böden werden die Löcher entweder durch ein Mantelrohr abgestützt, oder beim Aushub wird Bentonitsuspension als Stützflüssigkeit eingefüllt. Der Boden wird dann entweder mit einer Bohrschnecke oder mit einem Greifer gelöst.

Nach Einstellen eines Trägers wird der verbleibende Hohlraum mit Magerbeton, Granulatbeton [43] oder mit durch Zement schwach gebundenen Kies-Sand-Gemischen [77] ausgefüllt. Nicht geeignet sind Materialien, die bei der späteren Herstellung des Verbaus in die Baugrube ausrieseln (z.B. reiner Sand).

Da die Verbauträger aus der Wandreibung zwischen Boden und Verbau, durch Vertikalkomponenten von Ankerkräften und durch evtl. Baugrubenabdeckungen, Hilfsbrücken u.ä. senkrecht belastet werden, muß die Lastabtragung am Trägerfuß sichergestellt werden. Dies kann u.a. dadurch erreicht werden, daß an die Träger Fußplatten angeheftet werden, die beim Ziehen im Boden verbleiben (Bild 3.5).

Die Lastübertragung wird hierbei noch verbessert, wenn die Fußplatten nicht auf die Bohrlochsohle, sondern auf Betonpfropfen gestellt werden.

Die beste Übertragung von Vertikallasten ergibt sich, wenn die Bohrlöcher von Bohrlochsohle bis Baugrubensohle mit Beton verfüllt werden. Der Verbund zwischen Stahlträger und Beton erlaubt dann aber nicht mehr das Ziehen der Träger.

Einen Kompromiß stellt das Verfahren dar, die Stahlträger vor dem Einbau mit einem Bitumenanstrich zu versehen. Dieser Anstrich verringert zwar die Verbundwirkung mit dem Beton und damit die Möglichkeit der Lastabtragung, ermöglicht aber das Ziehen der Träger.

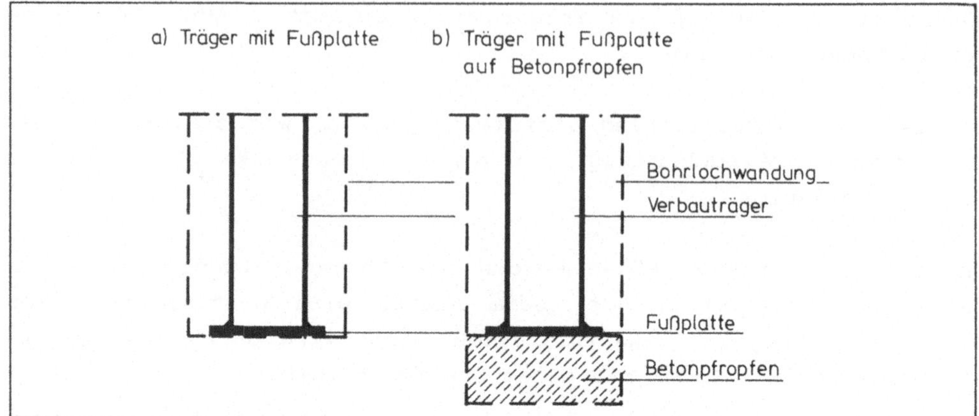

Bild 3.5   Fußausbildung eingestellter Verbauträger

3.4.1.2 Ziehen

Als Ziehgeräte werden Schnellschlaghämmer, hydraulische Bäre und Vibrationsbäre mit nach oben gerichtetem Schlag eingesetzt. Zusätzlich wird eine statische Zugkraft z.B. über Bagger oder Autokran aufgebracht.

Vibrationsbäre führen i.a. bei Ton-, Lehm- und Mergelböden und in nicht zu fest gelagerten sandigen und kiesigen Böden zu guten Erfolgen, weniger geeignet sind sie dagegen in schluffigen Feinsanden [116].

Wird die Holzverbohlung als verlorene Schalung verwendet, gegen die das Bauwerk betoniert wird, so müssen die baugrubenseitigen Flansche der Träger mit einem Schutzblech versehen oder mit Kunststoffwellplatten überzogen werden, damit die Träger wiedergewinnbar sind (Bild 3.6).

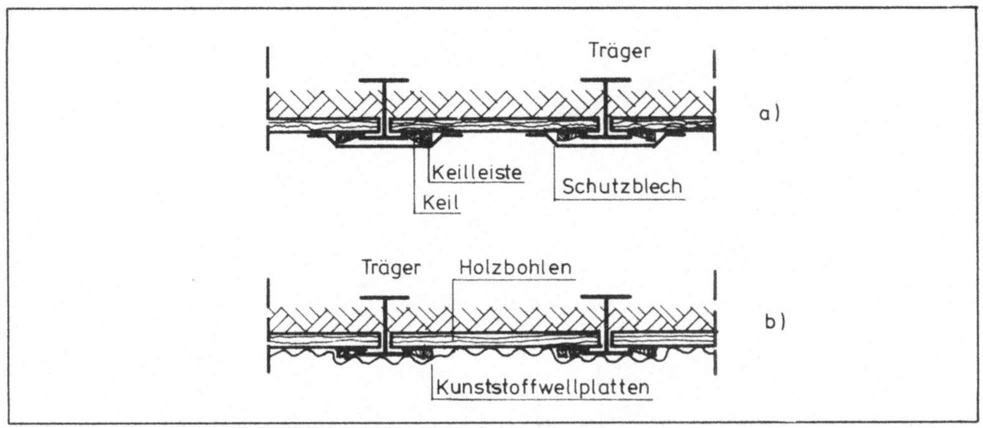

Bild 3.6   Abdeckung der Träger
             a) mit Schutzblechen   b) mit Kunststoffwellplatten

3.4.2   Ausfachung
3.4.2.1 Ausfachung mit Holzbohlen

Die häufigste Art der Ausfachung ist der Holzverbau. Nach Freilegen eines Wandabschnittes (die Höhe richtet sich nach der Standfestigkeit des Bodens, i.a. zwischen 20 cm und 1 m) werden die Bohlen von unten nach oben eingebaut und mit Bodenmaterial hinterfüllt, das z.B. durch Stampfen verdichtet werden soll (Bild 3.7).

Die Bohlen müssen auf mindestens einem Fünftel der Flanschbreite aufliegen.

Die jeweils unterste Bohle eines Wandabschnittes kann mit Holzwolle hinterstopft werden, damit beim Freilegen des nächsten Wandabschnittes der hinterfüllte Boden nicht ausrieselt [77].

Um ein sattes Anliegen des Holzverbaus am Boden zu erreichen, werden zwischen die Trägerflansche und den Holzverbau Hartholzkeile eingetrieben, die gegen Herausfallen durch eine vorgenagelte Leiste gesichert werden. Die Kontrolle, ob die Bohlen satt am Boden anliegen, kann durch Abklopfen der Verbohlung erfolgen; klingt die Verbohlung hohl, so muß sie unter Umständen wieder ausgebaut und erneut hinterfüllt werden.

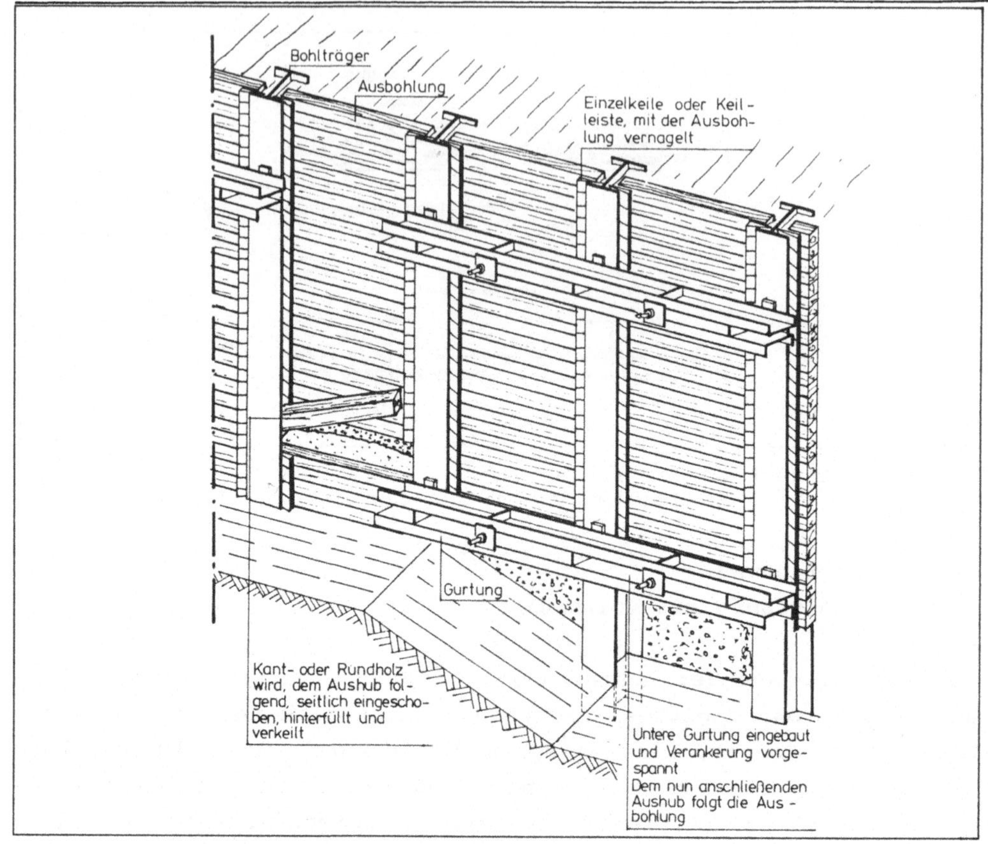

Bild 3.7   Trägerbohlwand (nach [114])

Besondere Sicherungsmaßnahmen für die Ausfachung sind erforderlich, wenn die Stahlträger infolge von Rammschwierigkeiten nach
unten auseinanderlaufen. In diesen Fällen müssen die Bohlen mit
Laschen verbunden und über Knaggen an Gurten aufgehängt werden.

Der Rückbau des Holzverbaus beginnt mit dem Lösen der Keilleiste
und der Keile. Anschließend werden die Verbauhölzer wiedergewonnen, wobei die jeweils freigelegten Wandabschnitte nicht größer
sein dürfen als beim Aushub. Bei rolligen Böden (Sand, Kies, Kies-
Sand-Gemische) lassen sich trotz sorgfältiger Arbeitsweise eine
Bodenentlastung und ein gewisser Bodenentzug hinter der Wand -
besonders beim Rückbau - nicht vermeiden. Um die Setzungsgefahr

für benachbarte Bauwerke oder Verkehrswege zu vermindern, kann der anstehende Boden vor Einbau der Bohlen durch Injektionen verfestigt werden [16] (Bild 3.8). In den Boden werden dann vor Beginn des Aushubs von der Geländeoberfläche aus mit Hilfe von Lanzen geeignete Injektionsmittel verpreßt. Einzelheiten hierzu siehe Kapitel 7.1. Aufgabe dieser Injektionen ist nicht, dem Boden eine hohe Druckfestigkeit zu geben, sondern ihn nur standfest zu machen.

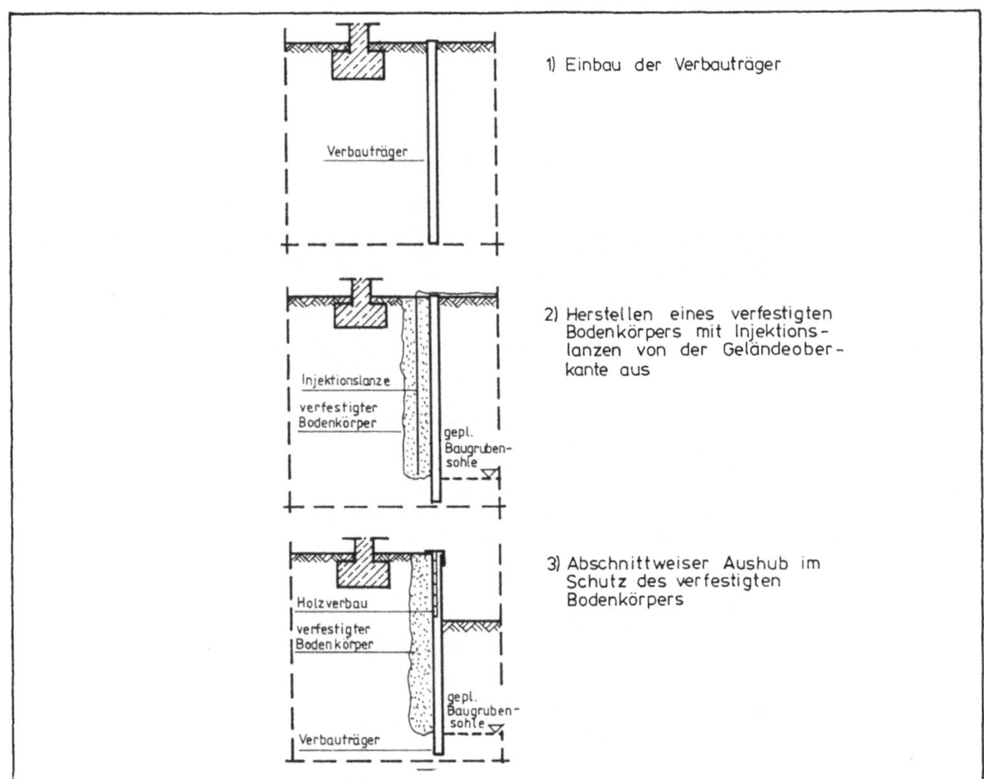

Bild 3.8   Bohlträgerverbau mit Injektion

3.4.2.2 Ausfachung mit Kanaldielen

Ist der Boden auch kurzzeitig nicht standfest, empfiehlt sich der Einbau von Kanaldielen vor Beginn des Aushubs. Die Kanaldielen werden senkrecht mit Schnellschlaghämmern eingerammt. Sie können entweder hinter oder zwischen den Trägern angeordnet werden (Bild

3.9). In jedem Fall ist eine Gurtung durch Stahlprofile oder Kanthölzer erforderlich.

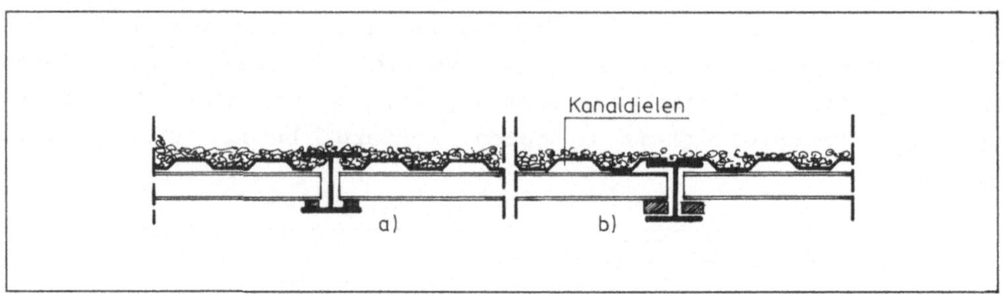

Bild 3.9   Anordnung der Kanaldielen
             a) zwischen den Trägern   b) hinter den Trägern

Da der Boden nicht freigelegt wird, kann er sich nicht auflockern, was die Setzungsgefahr benachbarter Bauwerke verringert. Die Handarbeit beim Abschachten und Freilegen des Bodens, wie sie beim Holzverbau erforderlich ist, entfällt. Hauptanwendungsgebiete sind Böden, die zum Fließen oder Ausrieseln neigen [167] (Bild 3.10).

Bei tieferen Baugruben kann es erforderlich sein, die Kanaldielen mehrfach zu staffeln. Hierbei ist es zweckmäßig, die erste Staffel hinter den Trägern und die zweite zwischen den Trägern anzuordnen.

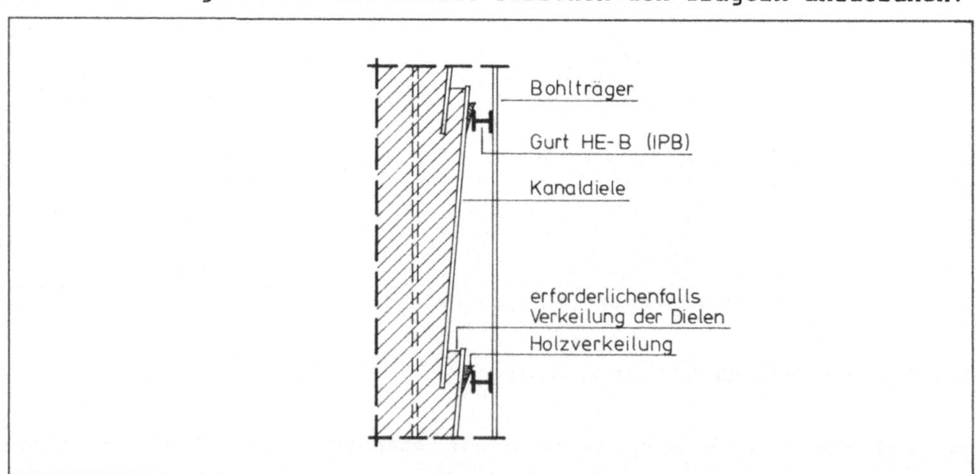

Bild 3.10   Wandausfachung mit Stahl-Kanaldielen zwischen Stahlträgern (aus [17])

3.4.2.3 Ausfachung mit Stahlbetonfertigteilen

Selten angewendet wird die Ausfachung mit vorgefertigten Stahlbetonplatten oder -balken. Grund dafür ist das hohe Gewicht der Fertigteile, die nicht mehr von Hand versetzt werden können. Ihr Vorteil liegt gegenüber einer Ortbetonausfachung darin, daß sie
schneller eingebaut werden können und sofort belastbar sind.
Außerdem können die Fertigteile u.U. wiedergewonnen werden (Bild
3.11).

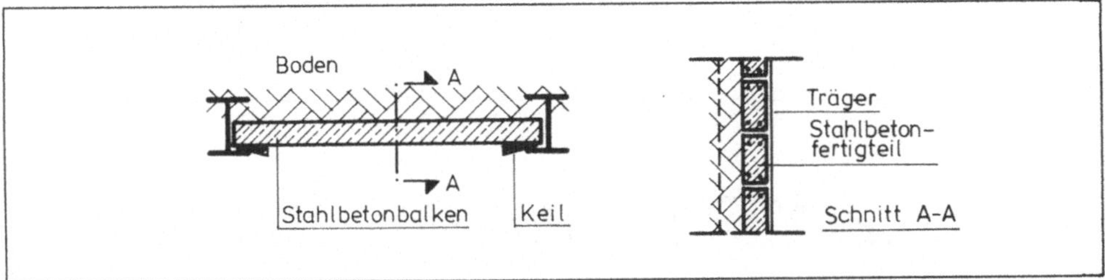

Bild 3.11   Ausfachung mit Stahlbetonfertigteilen

3.4.2.4 Ausfachung mit Ortbeton

Bei standfesten Böden kann statt der Holzverbohlung ein Verbau aus
Ortbeton hergestellt werden. Die Vorteile liegen im hohlraumfreien
Anliegen des Verbaus am freigelegten Boden und der geringen Durch-
biegung. Daher wird dieses Verfahren häufig dann angewendet, wenn
Setzungsgefahr für die Nachbarbebauung besteht. Die Ortbetonaus-
fachung ist i.a. ca. 15 cm stark, kann aber zwischen 10 cm und 40
cm liegen [17]. Sie wird zumindest zur Baugrubenseite bewehrt
(Bild 3.12).

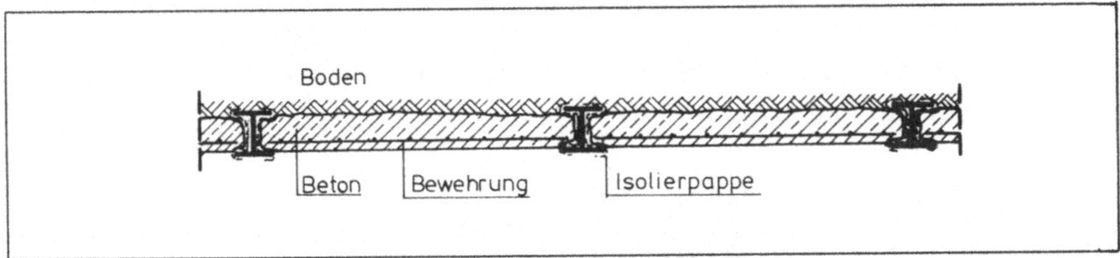

Bild 3.12   Trägerbohlwand mit Ortbetonausfachung

Um die Träger später ziehen zu können, muß zwischen Trägern und
Ortbeton eine Trennschicht (z.B. aus Pappe) angeordnet sein.

Die Betonage erfolgt feldweise, wobei die Schalung meist an den
Stahlträgern befestigt wird.

3.4.2.5 Ausfachung mit Spritzbeton

Bei der Herstellung der Ausfachung mit Spritzbeton soll der anstehende Boden mit einer gekrümmten Lehre abgeschabt werden. (Bild
3.13).

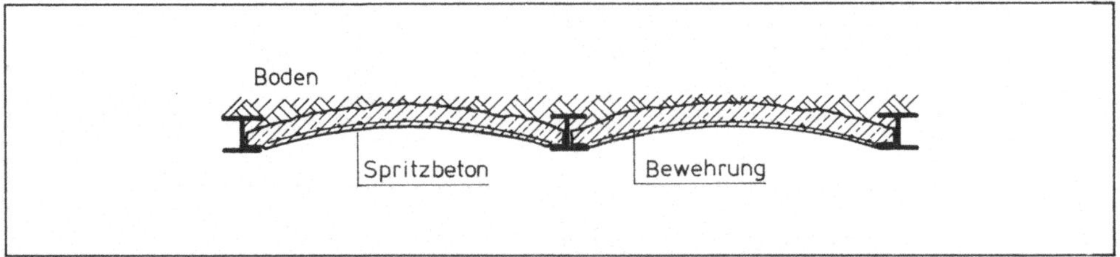

Bild 3.13   Spritzbetonausfachung mit Bewehrung

Der Spritzbeton wird in Lagen von 5 - 8 cm Stärke auf die freigelegte Wandfläche gespritzt. Üblicherweise werden die gekrümmten
Spritzbetonschalen mit Baustahlgewebe bewehrt, das mit einer oder
mehreren Spritzbetonlagen abgedeckt wird [77].

Spritzbetonschalen haben den Vorteil, daß sie hohlraumfrei an der
freigelegten Erdwand anliegen, wodurch die Setzungsgefahr gemin-
dert wird. Die Krümmung unterstützt das Ausbilden eines waagerechten Traggewölbes im Boden. Wirtschaftlich ist dieses Verfahren allerdings nur bei kurzen Trägerabständen (ca. 2,5 - 3,5 m) [77].

Der Spritzbeton wird entweder im Trockenspritzverfahren oder im
Naßspritzverfahren aufgebracht.

Beim Trockenspritzverfahren besteht die Ausgangsmischung aus Zement, Zuschlag und evtl. Betonzusätzen [130]. Das Wasser wird erst
an der Spritzdüse zugegeben.

Beim **Naßspritzverfahren** wird das im Betonmischer hergestellte Gemisch aus Zement, Zuschlag und Wasser mit einer Betonpumpe zur Spritzdüse gefördert und dort mit Hilfe von Druckluft verspritzt [130, 108].

Der Spritzbeton wird von der Spritzdüse bei beiden Verfahren mit hoher Geschwindigkeit gegen die Auftragsfläche geschleudert. Ein Teil der Spritzmasse fällt als Rückprall wieder von der freigelegten Bodenfläche ab. Der Rückprall beträgt beim Trockenspritzverfahren ca. 25 % und hängt von dem Boden und der manuellen Fertigkeit des Düsenführers ab. Um den Rückprall möglichst gering zu halten, muß der Düsenführer die Spritzdüse rechtwinklig zur Auftragsfläche im Abstand von ca. 1 m in kreisförmigen Bewegungen führen [130].

3.4.2.6 Ausfachung mit vorgehängten Bohlen

Die Holzbohlen werden bei diesem Verfahren vor die Rammträger gehängt und mit diesen durch Stahlklammern o.ä. Klemmkonstruktionen verbunden. Der Vorteil dieses Verfahrens besteht darin, daß die Bohlen nicht auf den jeweiligen Trägerabstand zurechtgeschnitten werden müssen sondern in ganzer Länge erhalten bleiben (Bild 3.14).

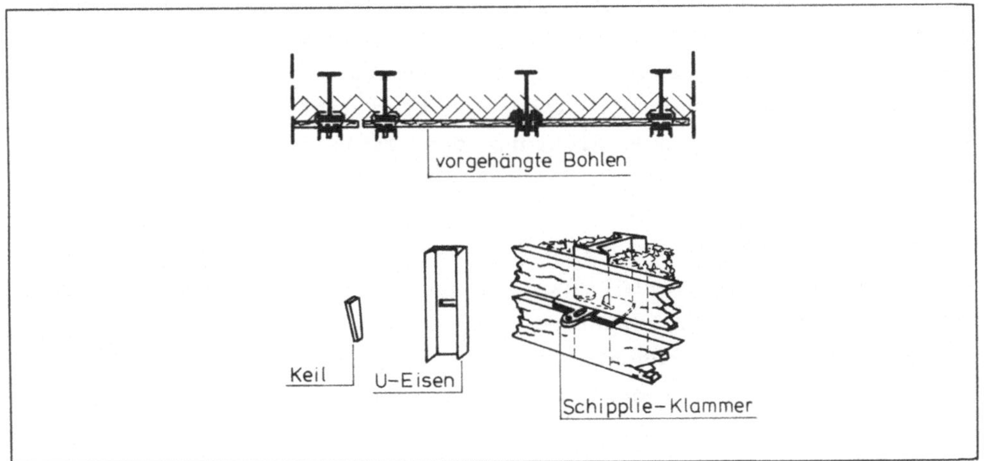

Bild 3.14   Ausfachung mit vorgehängten Bohlen (nach [167])

Der Nachteil des Verfahrens ist, daß die Bohlen nicht ausreichend gegen das Erdreich gedrückt werden, so daß überall dort, wo Setzungen hinter dem Verbau die Nachbarbebauung, Verkehrswege oder Rohrleitungen gefährden, dieses Verfahren nicht angewendet werden darf. Als weiterer Nachteil ist noch zu erwähnen, daß zwischen den Holzbohlen horizontale Schlitze entstehen, die der Dicke der jeweiligen Klemmkonstruktion entsprechen. Fließfähige bzw. zum Ausrieseln neigende Böden dürfen daher mit diesem Verfahren nicht abgestützt werden. Deswegen wird dieses Verfahren nur selten angewendet.

3.4.3   Besondere Verbauarten

In großem Umfang werden und wurden Trägerbohlwände im innerstädtischen U- und S-Bahn-Bau eingesetzt. Je nach den Baugrundverhältnissen und sonstigen Randbedingungen werden in den deutschen Städten spezielle Verbauarten verwendet, die im folgenden kurz beschrieben werden sollen.

3.4.3.1 Berliner Verbau

Die Berliner Bauweise wurde Anfang des Jahrhunderts beim Berliner U-Bahn-Bau entwickelt. Die dort anstehenden leicht rammbaren Böden (Sand und Kies) erlauben es, die Stahlträger in ihrer Sollage einzubringen. Da der Baugrund auch gut zu entwässern ist, eignet sich die Baugrubenwand ausgezeichnet als äußere verlorene Schalung für eine ca. 10 cm dicke seitliche Schutzschicht, die als Unterlage für die bituminöse Außendichtung des Tunnelbauwerks dient (Bild 3.15).

Das Bauwerk wird direkt gegen die Isolierung betoniert. Die Rammträger werden nach Verfüllung der Baugrube wieder gezogen, dabei verhindert ein Blech zwischen Rammträger und Ausgleichsschicht, daß die Isolierung beschädigt wird. Die Holzverbohlung zwischen Tunnelsohle und Tunneldecke verbleibt im Boden.

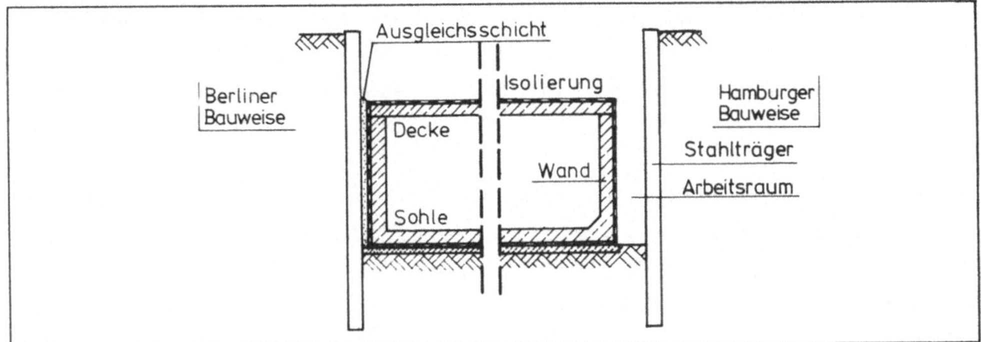

Bild 3.15   Berliner und Hamburger Bauweise

3.4.3.2 Hamburger Verbau

Wegen der stark wechselnden Bodenarten in Hamburg (Sand und Kies mit Tonen und Mergeln) ist eine Grundwasserabsenkung nicht so erfolgreich wie in Berlin [77]. Die Baugrubenwand ist nicht immer so trocken,daß sie als Unterlage für die Abdichtung dienen kann. Hinzu kommt, daß die Träger wegen des wechselnden Bodenaufbaus und wegen Steineinschlüssen oft aus der Richtung laufen, und somit keine ebene Baugrubenwand entsteht. Daher wird ein ca. 1 m breiter Arbeitsraum vorgesehen, so daß das Bauwerk nachträglich von außen isoliert werden kann (Bild 3.15).

Die Verbauträger und Bohlen können wiedergewonnen werden. Für den späteren Rückbau von Trägern, Vergurtung und Ausfachung und zum Verfüllen und Verdichten wird ein Arbeitsraum von mindestens 110 cm zwischen der Vorderkante der Träger und der Erdseite des Bauwerks empfohlen [6].

3.4.3.3 Münchener Verbau

Wegen der im Münchener Raum anstehenden quartären Kiese mit sehr gut abgestuftem Kornaufbau sowie der praktisch nicht verdichtungsfähigen tertiären Sande und Mergel ist ein maßgerechtes Einrammen von Trägern praktisch nicht möglich [159, 60]. Die Verbauträger werden daher in vorgebohrte Löcher gestellt.

Um die Einspannwirkung zu erhöhen, werden die Träger von der Bohrlochsohle aus noch ein Stück in den Boden eingerammt oder die
Bohrlöcher werden unterhalb der Baugrubensohle mit Magerbeton verfüllt [60].

In jüngerer Zeit wurden in München die Verbauträger nach umfang-
reichen Vorversuchen z.T. eingerüttelt. Hierbei ist es erforderlich, während des Rüttelns Wasser unter einem Druck von 20 bis 50
bar über zwei bzw. drei Spüllanzen am Fuß des jeweiligen Verbau-
trägers auszupressen. Das Wasser löst die Bodenfeinteile aus ihrem
dichten Verband und spült sie nach oben, wo sie sich in den durch-
lässigeren und aufnahmefähigen Bodenschichten absetzen. Danach ist
ein weiteres Eindringen des Trägers möglich. Die Spüllanzen bestehen aus Stahlrohren (Durchmesser 20 mm) und werden vor dem Rütteln an die Spundbohlen bzw. Verbauträger angeschweißt. Nach Beendigung des Rüttelvorganges verbleiben sie mit den Trägern verbunden im Boden und müssen bei einem erneuten Einsatz der Träger entfernt und durch neue ersetzt werden.

Bewährt haben sich für die Münchner Baugrundverhältnisse nur solche Rüttler, die stufenlos einen Frequenzbereich von 35 - 50 Hz
durchfahren und Rüttelkräfte von über 500 kN erzeugen können
[159].

3.4.3.4 Stuttgarter Verbau

Beim Stuttgarter Verbau wird der Boden zwischen den Rammträgern
durch eine bewehrte Ortbetonausfachung von ca. 15 cm Dicke abgestützt (Bild 3.16).

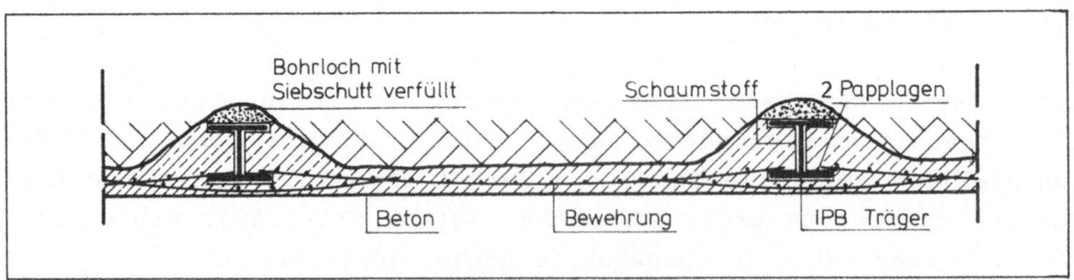

Bild 3.16   Stuttgarter Verbau (nach [16])

Wenn bei der Herstellung der Ortbetonschale eine Trennlage (z.B. Isolierpappe o.ä.) zwischen Ortbetonschale und Stahlträger angeordnet wird, lassen sich die Verbauträger wiedergewinnen.

3.5   Leistung und Kosten

Als Beispiel wird eine 10 m tiefe Baugrube gewählt, die mit einer Trägerbohlwand, bestehend aus gerammten Stahlträgern IPB 400 im Abstand von 2,5 m und einem Verbau aus Kanthölzern d = 14 cm gesichert ist. Die Träger binden 3 m unter die Baugrubensohle ein, so daß sich eine Gesamtlänge von 13 m ergibt.

Alle Kosten werden auf den m^2 sichtbare Verbaufläche bezogen.

Von folgenden Werten wird ausgegangen:

Zeit für das Rammen bzw. Ziehen der Träger: je $0,7 \ \dfrac{h}{\text{Träger}}$

Die Ramm-Mannschaft besteht aus 3 Arbeitskräften. Die anteilige Verbaufläche je Träger beträgt $2,5 \times 10 = 25 \ m^2$.

Aufwandswert für das Rammen: $0,7 \ \dfrac{h}{\text{Träger}} \times 3 \times \dfrac{1 \ \text{Träger}}{25 \ m^2} = 0,09 \ \dfrac{h}{m^2}$

Aufwandswert für den Einbau der Verbohlung: $1,4 \ h/m^2$
Aufwandswert für den Ausbau der Verbohlung: $0,8 \ h/m^2$

Die Ziehmannschaft besteht ebenfalls aus 3 Arbeitskräften.

Aufwandswert für das Ziehen: $0,09 \ h/m^2$

Für die Ermittlung der Materialkosten werden folgende Annahmen getroffen:

Die Stahlträger werden zu 950 DM/t eingekauft und können insgesamt dreimal eingesetzt werden. Sie liegen auf dem Bauhof, müssen aufgeladen und zur Baustelle transportiert werden. Nach dem Ziehen

Tafel 3.1   Ermittlung der Vorhalte- und Betriebskosten / Monat

Bezeichnung	Neuwert DM	Abschreibung + Verzinsung je Monat		Reparatur je Monat		Reparatur je Monat einschl. Lohnfaktor DM
		%	DM	%	DM	
Rammeinheit: Bagger (111 kW) mit 15m Ausleger und Zubehör	524.000	2,0	10.480,00	1,6	8.384,00	12.634,69
Hydraulik-Mäkler 22m hoch einschl. Zubehör	144.000	2,9	4.176,00	2,1	3.024,00	4.557,17
Dieselbär	111.900	2,9	3.245,10	2,9	3.245,10	4.890,37
Gerätevorhaltekosten / Monat			**17.901,10**			**22.082,23**
Zieheinheit: Bagger (111 kW) mit Zubehör	524.000	2,0	10.480,00	1,6	8.384,00	12.634,69
Vibrationsbär (80kW) mit Hydraulik-Aggregat	177.000	3,2	5.664,00	2,6	4.602,00	6.935,21
Gerätevorhaltekosten / Monat			**16.144,00**			**19.569,90**

werden sie zum Bauhof zurücktransportiert. Es fallen daher folgende zusätzliche Kosten an:

Transport :   35 DM/t   (zweimal)

Verladen :   0,8 h/t (viermal)

Reinigen :   0,1 h/m und 1 DM/m Material

Für Hauben, Haubenfutter etc. wird ein Anteil von 1 DM/m eingesetzt.

Die Gerätevorhalte- und Betriebskosten sind in Tafel 3.1 und Tafel 3.2 dargestellt. Die Einzelkosten der Bauleistungen pro m^2 sichtbare Verbaufläche sind Tafel 3.3 zu entnehmen.

Für das Herablassen und Herausheben des Verbauholzes ist kein spezielles Hubgerät angegeben. Ein solches Hubgerät befindet sich im allgemeinen auf der Baustelle und wird nur zu einem geringen Bruchteil seiner Einsatzzeit benötigt.

Der Zeitbedarf der Geräte/m^2 sichtbare Verbaufläche ermittelt sich zu:

Rammen: $\quad 0{,}7 \; \dfrac{h}{Träger} \times \dfrac{1 \; Träger}{25 \; m^2} = \; 0{,}028 \; \dfrac{h}{m^2}$

Ziehen: $\quad 0{,}7 \; \dfrac{h}{Träger} \times \dfrac{1 \; Träger}{25 \; m^2} = \; 0{,}028 \; \dfrac{h}{m^2}$

Tafel 3.2   Ermittlung der Vorhalte- und Betriebskosten/m^2 sichtbare Verbaufläche

Gerätekosten/m² sichtbare Verbaufläche	Betriebsstoffe DM/m²	Vorhaltekosten DM/m²
Rammeinheit $\dfrac{39.983{,}33 \; DM/Mon}{175 \; h/Mon} \times 0{,}028 \; h/m^2$		6,39
Betriebsstoffe Bagger $111 \; kW \times 0{,}2 \; \dfrac{1}{kWh} \times 1 \; \dfrac{DM}{1} \times 0{,}028 \; \dfrac{h}{m^2}$	0,62	
Dieselbär (Einsatzzeit 80%) $8 \; \dfrac{1}{h} \times 1 \; \dfrac{DM}{1} \times 0{,}028 \; \dfrac{h}{m^2} \times 0{,}8$	0,18	
Schmierstoffe $0{,}2 \times (0{,}62 + 0{,}18)$	0,16	
Zieheinheit $\dfrac{35.713{,}90 \; DM/Mon}{175 \; h/Mon} \times 0{,}028 \; \dfrac{h}{m^2}$		5,71
Betriebsstoffe Bagger $111 \; kW \times 0{,}2 \; \dfrac{1}{kWh} \times 1 \; \dfrac{DM}{1} \times 0{,}028 \; \dfrac{h}{m^2}$	0,62	
Vibrationsbär $80 \; kW \times 0{,}2 \; \dfrac{1}{kWh} \times 1 \; \dfrac{DM}{1} \times 0{,}028 \; \dfrac{h}{m^2}$	0,45	
Schmierstoffe $0{,}2 \times (0{,}62 + 0{,}45)$	0,21	
Summe: 14,34 DM/m^2	2,24	12,10

Tafel 3.3   Ermittlung der Einzelkosten der Teilleistungen

Ermittlung der Einzelkosten/ m² sichtbare Verbaufläche	Lohn-stunden h/m²	Lohn DM/m²	Sonstige Kosten DM/m²	Gerät DM/m²
1.Lohn 44,02 DM/h				
Rammen der Träger	0,09			
Einbau der Verbohlung	1,40			
Ausbau der Verbohlung	0,80			
Ziehen der Träger	0,09			
Verladen der Stahlträger				
$4 \times 0,8 \; \frac{h}{t} \times 0,155 \; \frac{t}{m} \times \frac{13m}{25m^2}$	0,26			
Reinigung der Stahlträger				
$0,1 \; \frac{h}{m} \times \frac{13m}{25m^2}$	0,05			
Verladen des Verbauholzes				
$4 \times 1 \; \frac{h}{m^3} \times 0,14 \; \frac{m^3}{m^2}$	0,56			
2.Material				
Stahlträger IPB 400 g = 0,155 t/m				
$0,155 \; \frac{t}{m} \times \frac{13m}{25m^2} \times 950 \; \frac{DM}{t} \times \frac{1}{3}$			25,52	
Reinigung $\frac{13m}{25m^2} \times 1 \; \frac{DM}{m}$			0,52	
Transport $0,155 \; \frac{t}{m} \times \frac{13m}{25m^2} \times 35 \; \frac{DM}{t} \times 2$			5,64	
Verbauholz $0,14 \; \frac{m^3}{m^2} \times 250 \; \frac{DM}{m^3} \times \frac{1}{4}$			8,75	
Transport $0,14 \; \frac{m^3}{m^2} \times 2 \times 35 \; \frac{DM}{m^3}$			9,80	
Keile, Bretter und Leisten Anteilige Kosten für Hauben, Hauben-futter u.s.w.			3,50	
$1 \; \frac{DM}{m} \times \frac{13m}{25m^2}$			0,52	
3.Geräte				14,34
Summe: 211,66 DM/m²	**3,25**	**143,07**	**54,25**	**14,34**

3.6   Sicherheitstechnik

Die Herstellung einer Trägerbohlwand besteht aus den Einzelschritten

- Einbringen der Verbauträger
- Aushub mit gleichzeitigem Einbringen der Ausfachung
- Abstützung durch Steifen oder Anker
- Rückbau (Ziehen der Träger, Ausbau der Ausfachung und Abstützungen).

In jedem dieser Bauzustände sind besondere Sicherheitsregeln und Unfallverhütungsvorschriften zu beachten.

Vor Beginn von Bohr-, Ramm- und Aushubarbeiten ist nach § 16 der UVV "Bauarbeiten" [143] durch den Unternehmer zu ermitteln, ob im vorgesehenen Arbeitsbereich Anlagen vorhanden sind, durch die Personen gefährdet werden können. Sind solche Anlagen vorhanden, so sind im Benehmen mit dem Eigentümer oder Betreiber der Anlage die erforderlichen Sicherheitsmaßnahmen festzulegen und durchzuführen. Bei unvermutetem Antreffen oder Beschädigen von Erdleitungen oder ihrer Schutzabdeckungen hat der Maschinenführer die Arbeiten sofort zu unterbrechen und den Aufsichtsführenden zu verständigen (§ 38 der UVV "Erdbaumaschinen" [144]).

Die unterlassene Erkundigung nach der Lage von Versorgungsleitungen kann als Verstoß gegen die anerkannten Regeln der Baukunst angesehen werden und zur Bestrafung führen [163].

Rechtzeitig vor Baubeginn muß sich daher der Unternehmer oder sein Beauftragter (z.B. Bauleiter, Bauführer, Polier) Auskünfte über die Lage eventuell vorhandener Versorgungsleitungen im Bereich seiner Baustelle verschaffen. Die Besitzer oder Betreiber solcher Leitungen müssen ihrer Auskunftspflicht nachkommen und Bestandspläne zur Verfügung stellen bzw. vor Ort Angaben machen. Die Zahl der Leitungsnetze ist groß, die wesentlichen sind im folgenden zusammengestellt [163]:

Fernmeldeleitungen	– Deutsche Bundespost (bundesweit)
Stromleitungen (Nieder- u. Hochspannung)	– Elektrizitätswerke, regional oder überregional
Gasleitungen	– regional oder überregionale Gasversorgungsunternehmen
Wasserleitungen	– Wasserwerke (meist regional)
Abwasserleitungen	– meist kommunale Behörden
Melde- u. Steuerleitungen	– Verkehrsbetriebe, Feuerwehr, Gemeinden, Militär
Erdölfernleitungen	– Energiekonzerne, Raffinerien
Fernwärmeleitungen	– Kraftwerke, Energieversorger
Produktleitungen (für Öl, Gas, Benzin, Chemikalien)	– privatwirtschaftliche Unternehmen

Da insbesondere im Bereich größerer Städte die Leitungsdichte sehr
hoch ist, sind Tiefbauarbeiten mit größter Sorgfalt vorzubereiten
und auszuführen. Da der Verlauf von Leitungen häufig nicht exakt
beschrieben ist, muß vor dem Einbringen von Verbauträgern eine
Vorschachtung von Hand vorgenommen werden.

Um den Aufwand für solche Sondierschlitze gering zu halten, können
zum Orten von Kabeln und metallischen Rohrleitungen auch
elektronische Suchgeräte verwendet werden, die einfach in der
Handhabung sind und eine akustische und/oder optische Anzeige
haben.

Beim Einbringen der Verbauträger sind entweder die Vorschriften
für Rammarbeiten (s. Kap. 4.6) oder Bohrarbeiten (s. Kap. 5.6) zu
beachten.

Die Ausfachung muß fortschreitend mit dem Aushub eingebracht werden. Nach DIN 4124 ist mit dem Einziehen der Ausfachung spätestens
dann zu beginnen, wenn eine Tiefe von 1,25 m erreicht ist. Der
Einbau der weiteren Ausfachung darf hinter dem Aushub bei steifen
oder halbfesten bindigen Böden höchstens um 1 m, bei vorübergehend
standfesten nichtbindigen Böden höchstens um 0,5 m zurück sein.

Werden Kanthölzer eingebaut, die auf der Baustelle den Trägerabständen angepaßt werden müssen, ist die Unfallverhütungsvorschrift

"Maschinen und Anlagen zur Be- und Verarbeitung von Holz und ähn-
lichen Werkstoffen" (VBG 7j) [151] zu beachten, in der in § 47 und
§ 48 die Anforderungen an Bau und Betrieb von Baustellenkreis-
sägemaschinen zusammengestellt sind.

Besteht die Ausfachung aus Spritzbeton, gelten im wesentlichen
folgende Vorschriften:

-    UVV "Allgemeine Vorschriften" [142]
-    UVV "Bauarbeiten" [143]
-    UVV "Staub" [145].

Die Gefährdung der Beschäftigten besteht im wesentlichen aus

-    der Verätzungsgefahr durch Erstarrungsbeschleuniger
-    der Verletzungsgefahr durch Rückprall
-    der hohen Staubbelastung.

Die Bauarbeiter können sich bei Kontakt mit den stark basischen
Erstarrungsbeschleunigern (BE-Mittel) durch Verätzungen verletzen.
Solche Verätzungen können nur verhindert werden, wenn die Haut und
die Schleimhäute vor einem Kontakt mit dem BE-Mittel geschützt
werden. Solche Schutzmaßnahmen sind [123]:

-    Tragen von Handschuhen und geschlossener Kleidung
-    Sorgsames Umgehen beim Umfüllen der BE-Mittel (nicht hinein-
     greifen, nicht ausschütten)
-    Reduzieren der BE-Mittelzugabe durch den Einsatz geeigneter
     Dosiergeräte
-    Tragen von Spritzbeton-Schutzhelmen.

Bei Düsenführern sind Gesichts- und Augenverletzungen durch
Spritzbetonrückprall festgestellt worden. Maßnahmen zur Verringerung dieser Unfälle sind [123]:

-    Möglichst keine Verwendung scharfkantiger gebrochener Zu-
     schläge
-    Einsatz geeigneter Betonzusatzmittel zur Rückprallminderung

- Wahl eines möglichst geringen Förderdrucks an der Spritzbeton-
  Maschine (geringe Aufprallenergie)
- Spritzen mit richtigem Düsenabstand (ca. 1,5 m) und Auftrags-
  winkel (Winkel Düsenachse zu Auftragsfläche ca. 90°)
- Tragen eines Spritzbetonhelms mit Visier, mindestens aber ei-
  ner geeigneten Schutzbrille.

Um eine hohe Staubbelastung zu vermindern, sind Maßnahmen im Bereich der Spritzmaschine und der Spritzdüse erforderlich. Einzelheiten hierzu sind [123] zu entnehmen.

Die beim Ein- und Ausbau von Steifen und Ankern auftretenden ar-
beitssicherheitstechnischen Probleme sind in Kap. 8.2.5 und 8.3.5
dargestellt.

Für den Rückbau des Verbaus gilt insbesondere der § 33 (2) der UVV
"Bauarbeiten": "Der Verbau darf nur zurückgebaut werden, soweit er
durch Verfüllen entbehrlich geworden ist. Er ist beim Verfüllen an
Ort und Stelle zu belassen, wenn er nicht gefahrlos entfernt werden kann".

Baugruben von mehr als 1,25 m Tiefe dürfen nur über geeignete Leitern, Treppen, Trittstufen oder Steigeisengänge betreten werden.
Leitern und Tritte müssen der UVV "Leitern und Tritte" [150] entsprechen. Besonders muß darauf geachtet werden, daß Anlegeleitern
mindestens 1 m über die Austrittsstelle herausragen, um einen be-
quemen und sicheren Ausstieg zu gewährleisten.

Um bei Gefahren einen raschen Ausstieg aus der Baugrube zu ermöglichen, sind mindestens zwei Fluchtwege (nach oben oder zur Seite)
freizuhalten. Ausstiege sollten in einem Abstand von maximal 50 m
vorhanden sind.

Bei senkrechtem Verbau gelten folgende Festlegungen über die erforderlichen Arbeitsraumbreiten:

Arbeitsräume, die betreten werden, müssen mindestens 0,5 m breit
sein. Als Breite des Arbeitsraumes gilt der lichte Abstand zwi-

schen der Luftseite der Verkleidung und der Außenseite des Bauwerks (Bild 3.17).

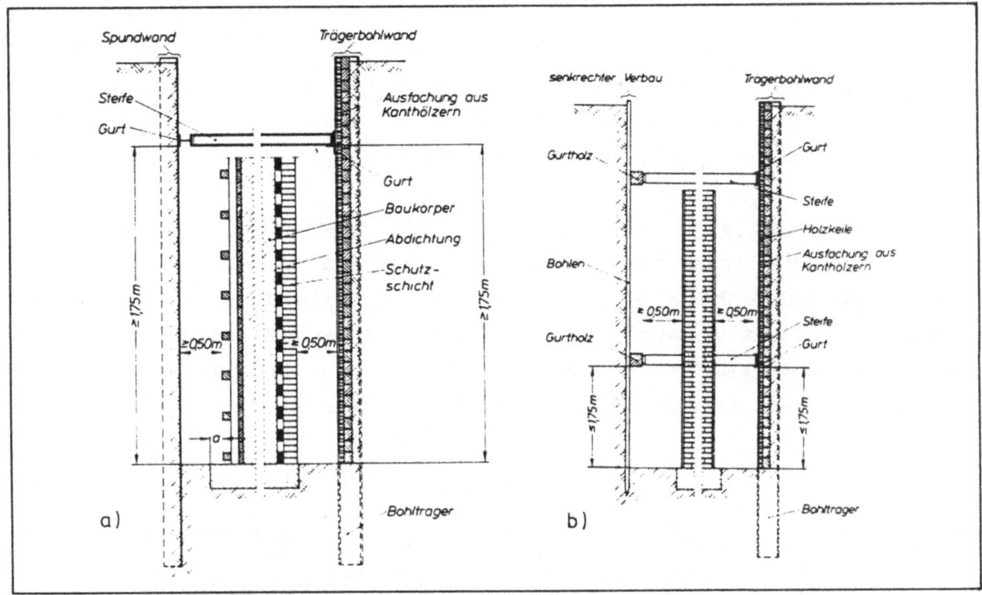

Bild 3.17   Arbeitsraumbreite bei verbauten Baugruben
             a) ohne Behinderungen durch Gurte und Steifen,
             b) mit Behinderung durch Gurte und Steifen
             (aus DIN 4124)

Als Außenseite des Bauwerks gilt die Außenseite des Baukörpers

-    zuzüglich der zugehörigen Abdichtungs-, Vorsatz- oder Schutz-
     schichten
-    oder zuzüglich der Schalungskonstruktion des Baukörpers, wobei
     die jeweils größere Breite maßgebend ist.

Falls waagerechte Gurtungen im Bereich des Bauwerks oder der Schalungskonstruktion weniger als 1,75 m über der Baugrubensohle bzw.
beim Rückbau über der jeweiligen Verfüllungsoberfläche liegen,
wird die Arbeitsraumbreite bis zur Vorderkante der Gurtung gemessen (Bild 3.17).
Bei rückverankerten Baugrubenwänden wird der lichte Abstand vom
freien Ende des Stahlzuggliedes bzw. von der Abdeckhaube gemessen,
wenn der waagerechte Achsabstand der Anker kleiner als 1,5 m ist.

4 Spundwände

4.1 Allgemeines

Spundwände verwendet man als Baugrubenverbau seit ca. 100 Jahren. Während anfangs Holzbohlen gerammt wurden, um Geländesprünge auch bei anstehendem Grundwasser zu sichern, werden heute ausschließlich Stahlprofile für diese Aufgabe eingesetzt.

Holzbohlen sind ab einer gewissen Tiefe der Baugrube nicht mehr einsetzbar, da ihre statischen und rammtechnischen Eigenschaften wesentlich schlechter sind als die der Stahlspundwandprofile. Zunächst hatte man versucht, tiefe Baugruben mit Elementen aus Wellblech und Gußeisen zu umschließen [62]. Dann wurden Versuche mit handelsüblichen Walzprofilen ausgeführt (Bild 4.1).

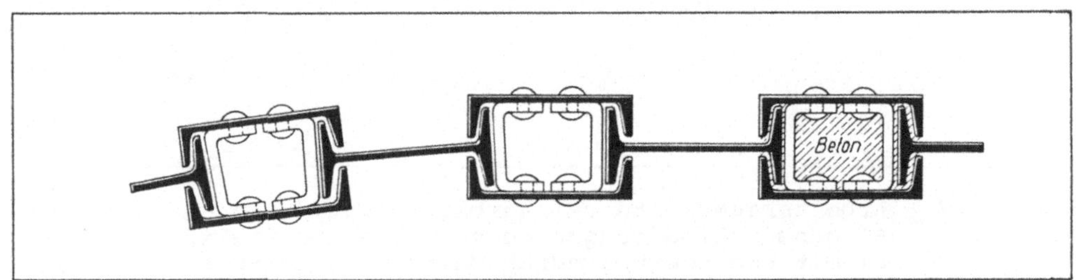

Bild 4.1   Spundwand aus Walzprofilen (aus [62])

Der Bremer Staatsbaumeister Larssen erfand 1902 ein U-förmiges Walzprofil, das über kleine Z-förmige angenietete Profile mit der Nachbarbohle schloßartig verbunden wurde (Bild 4.2).

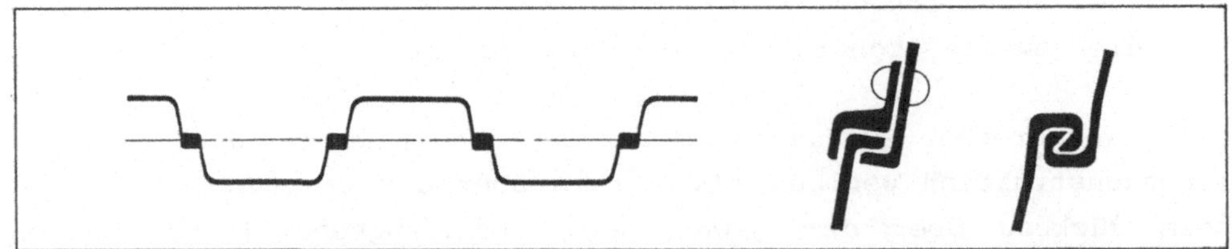

Bild 4.2   Stahlspundwand aus U-Bohlen, System Larssen, angenietetes Schloß (1902), angewalztes Schloß (1914) (aus [62])

Im Jahre 1912 wurde von Oberbaurat Lamp eine Wellenspundwand aus Z-Profilen entwickelt, wobei die Herstellung des verwendeten

Klauen- und Rundzapfenverschlusses Probleme bereitete. Die Wei-
terentwicklung der Z-Bohlen führte 1926 zu dem HOESCH- Profil mit
Labyrinthschloß (Bild 4.3).

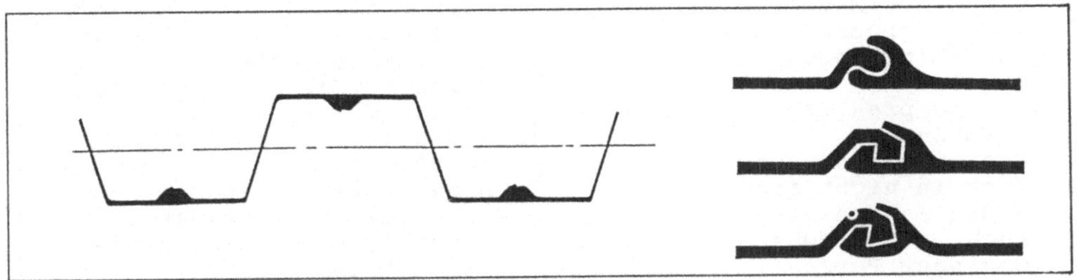

Bild 4.3 Stahlspundwand aus Z-Bohlen, System Lamp (1912), ver-
          besserte Lampwand (System HOESCH, 1926) (aus [62])

Während in der Anfangszeit der Stahlprofile die Breite je Bohle
aus walztechnischen Gründen auf 40 bis 42,5 cm begrenzt war, sind
die Profile heute auf 50 bis 52,5 cm verbreitert worden, wobei
auch die Schlösser wesentlich verbessert wurden.

Spundbohlen sind das klassische Wandelement des Wasserbaues, da
sie als weitgehend wasserdicht anzusehen sind. Ihr Einsatz als
Baugrubenverbau bietet sich daher überall dort an, wo im Grundwasser oder im offenen Wasser trockene Baugruben hergestellt werden
müssen, oder wo Bodenschichten anstehen, die den Bau einer Trägerbohlwand nicht zulassen, da sie auch kurzzeitig nicht ausreichend
standfest sind (z.B. Fließsandschichten, breiige bis weiche bindige Böden).

Die Spundwand ist als weiche Verbauart anzusehen und kann daher
nicht unmittelbar neben bestehender Bebauung eingesetzt werden.
Die Vor- und Nachteile von Spundwänden als Baugrubenverbau sind in
Tafel 4.1 zusammengestellt.

Tafel 4.1   Vor- und Nachteile von Spundwänden

Vorteile	Nachteile
-Schneller Baufortschritt -Aushub großräumig sofort nach Einbringen den Bohlen möglich -Einbau praktisch witterungs- unabhängig -Bauteile wiedergewinnbar -Auch in nicht standfesten Böden anwendbar -Auch im Grundwasser anwendbar -Geringer Personalaufwand -Gut überschaubarer Geräte- einsatz -Da beim Einbringen der Boh- len der Boden verdrängt wird, entstehen große Mantel- reibungen, daher Übertragung von Vertikalkräften möglich	-Beim Einbringen der Bohlen sind Lärm und Erschütterun- gen unvermeidbar -Weicher Verbau, Setzungsge- fahr für Bebauung -Wegen beschränkter Trans- portlängen nicht für belie- bige Tiefen anwendbar -Hohe Investitionskosten -Einsatzgrenze durch Ramm- barkeit des Bodens -Wenig flexibel (z.B. bei Leitungskreuzungen) -Beim Ziehen der Bohlen ent- stehen Hohlräume (Setzungs- gefahr)

4.2   Technische Grundlagen

Spundwände sind Flächentragwerke, die durch Aneinanderreihen von einzelnen vertikal angeordneten Bohlen entstehen. Durch die Form der Bohlen bedingt entsteht eine im Grundriß wellenförmige Wand (Bild 4.4)

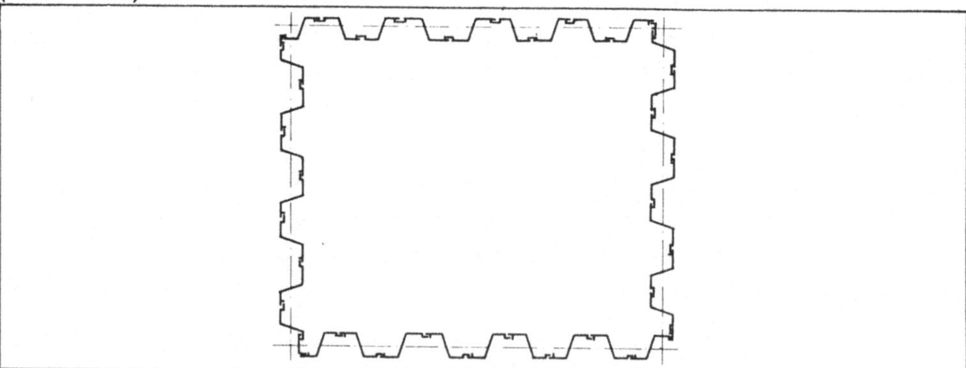

Bild 4.4   Grundriß einer Spundwandbaugrube

Die Wahl der Spundwandprofile richtet sich nicht nur nach der Beanspruchung aus Erd- und Wasserdruck im Endzustand, sondern auch nach rammtechnischen Gesichtspunkten und der Verfügbarkeit von

Bohlen. Die Bohlen werden während des Einbringens vorwiegend in Längsrichtung auf Druck, Beulen, Knicken und Torsion beansprucht, während sie für den eingebauten Zustand vorwiegend auf Biegung bemessen werden müssen.

Die wesentlichen Unterschiede zwischen den einzelnen Bohlenprofilen liegen in der Querschnittsform sowie der Form und Lage des Schlosses. Die Schlösser müssen den Bohlen eine gute Führung beim Einbringen geben, die Bohlen zugfest miteinander verbinden und möglichst wasserdicht sein.

Die Profile werden als Einzelbohle (selten), Doppelbohle (häufigster Fall) oder Dreifachbohle in den Baugrund gerammt, gerüttelt oder gepreßt.

Die üblichen horizontalen Fußabweichungen liegen in der Größenordnung von 1 bis 1,5 % der Wandhöhe.

Bei Baugruben in offenen Gewässern werden häufig Fangedämme eingesetzt, wobei zwischen Kastenfangedämmen und Zellenfangedämmen unterschieden wird [161].

Kastenfangedämme (Bild 4.5) bestehen aus zwei gegenseitig verankerten, parallel angeordneten Spundwänden mit einem dazwischenliegenden nichtbindingen Füllmaterial.

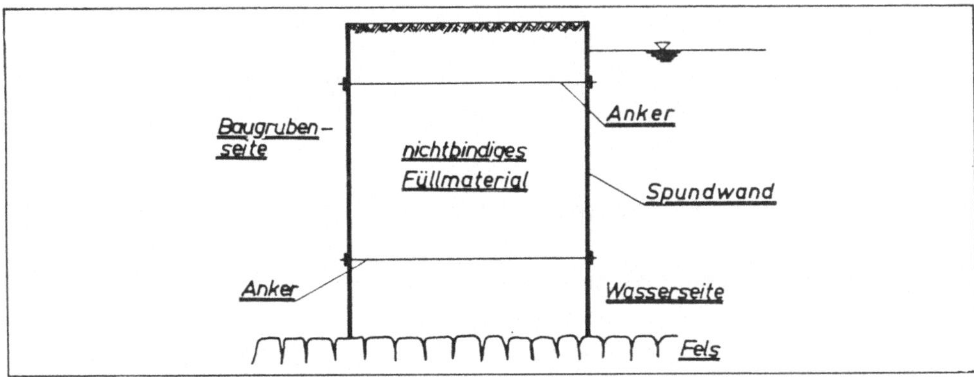

Bild 4.5 Kastenfangedamm

Steht der Fangedamm auf Fels, so sind mindestens zwei Ankerlagen einzubauen. Lassen sich die Spundbohlen in den Baugrund einrammen, so reicht eine Ankerlage.

Bei Zellenfangedämmen werden spezielle Flachprofile mit hoher Schloßzugfestigkeit verwendet. Im Gegensatz zu Kastenfangedämmen sind keine Gurtungen und Verankerungen erforderlich. Die durch das nichtbindige Füllmaterial und den einseitigen Wasserdruck hervorgerufenen Beanspruchungen führen nur zu Zugkräften in den Profilen.

Zellenfangedämme (Bild 4.6) eignen sich besonders bei einer Gründung auf Fels, da keine Einbindetiefe aus statischen Gründen erforderlich ist.

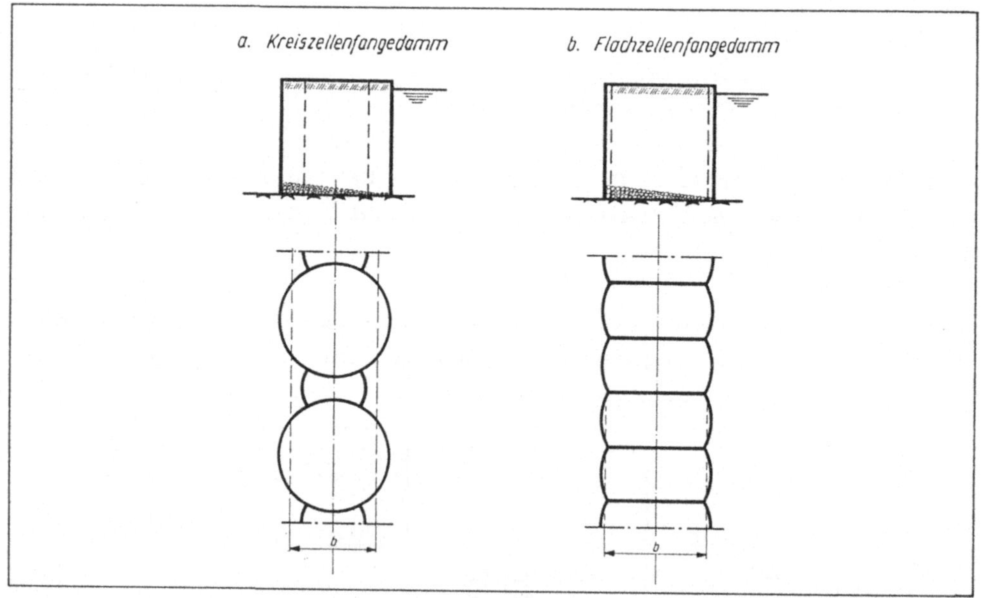

Bild 4.6 Zellenfangedämme (aus [62])

4.3   Erforderliche Stoffe und Materialien

Holzbohlen wurden früher eingesetzt, lassen sich aber nur in wenigen Bodenarten wirtschaftlich einbringen und sind nicht wiedergewinnbar, da der entstehende Hohlraum bei den erforderlichen Bohlendicken von 6 - 30 cm einstürzen wird, was zu Setzungen des Geländes führt.

Stahlbetonspundbohlen mit Dicken zwischen 12 und 40 cm lassen sich nur sinnvoll einsetzen, wenn sie Bestandteil des fertigen Bauwerks sind. Sie sind ebenfalls nicht wiedergewinnbar und bereiten wegen ihres hohen Gewichts große Probleme beim Einbringen. Soll die Baugrube mit einer Stahlbetonwand umschlossen werden, so bevorzugt man heute das in Kap. 6.4.7 geschilderte Verfahren, bei dem Stahlbetonfertigteile in mit Stützflüssigkeit gefüllte Erdschlitze eingestellt werden.

Die auf dem Markt angebotenen Stahlspundbohlen unterscheiden sich in der Stahlgüte, der Querschnittsform und der Schloßausbildung.

Für Stahlspundbohlen werden im allgemeinen die Stahlsorten StSp 37, StSp 45 sowie Sonderstahl StSp S verwendet. (Tafel 4.2).

Tafel 4.2   Mechanische Eigenschaften und zulässige Spannungen von Spundwandstählen

Stahlsorte	Zugfestigkeit	Mindeststreckgrenze	Mindestbruchdehnung	Zulässige Spannungen nach DIN 4124 (LF H)		
				Druck und Biegedruck für Stabilitätsnachweis nach DIN 4114	Druck und Biegedruck	Zug und Biegezug
	$[N/mm^2]$	$[N/mm^2]$	$[\%]$	$[N/mm^2]$	$[N/mm^2]$	$[N/mm^2]$
StSp 37	360 - 440	235	25	160	184	184
StSp 45	440 - 530	265	22	180	207	207
StSp S	490 - 590	355	22	240	276	276

Die Wahl der Stahlsorte hängt von folgenden Parametern ab:

- statische Beanspruchung
- gewähltes Rammverfahren
- Rammtiefe
- Baugrundverhältnisse
- ein- oder mehrmalige Verwendung

Ganz allgemein lassen sich nach [62] folgende Hinweise auf die zu wählende Stahlsorte geben:

StSp 37:   Geeignet zum Rammen und Ziehen in leicht rammbaren Bö-
            den. Auch dort verwendbar, wo die Bohle nach Durchdrin-
            gung leichter und mittlerer Bodenschichten in festen
            Boden (z.B. Mergel) einbinden soll.

StSp 45:   Geeignet für mehrmaliges Rammen in leicht bis mit-
            telschwer rammbaren Böden und für einmaliges Rammen in
            feste Kiesschichten, festen Ton, Mergel, Sandstein und
            Schiefer.

StSp S: Geeignet für mittelschwer bis schwer rammbare Bo-
            denarten bei häufiger Wiederverwendung und bei Fels-
            rammung.

Neben der geeigneten Stahlsorte muß vor jeder Bauaufgabe das geeignete Profil gewählt werden. Nach ihrer Form werden ganz allgemein U-Profile und Z-Profile unterschieden (Bild 4.7).

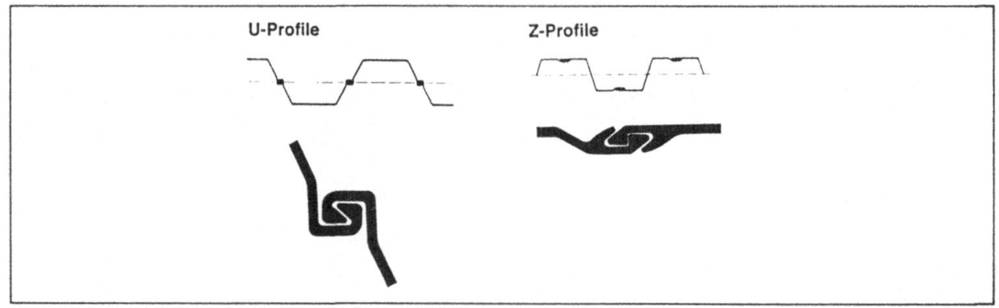

Bild 4.7   U- und Z-Profile (aus [82])

Die Profilformen unterscheiden sich in ihren statischen und rammtechnischen Eigenschaften. Bei den U-Profilen liegen die Schlösser
in der statischen Nullinie, bei den Z-Profilen an der Druck- und
Zugseite.

Die U-Profile sind insofern statisch ungünstiger, da ihre Schlösser, die der schwächste Punkt des Profils für die Schub-
kraftübertragung sind, bei Biegebeanspruchung im Bereich der größten Schubspannungen liegen. Meist ist die Schloßreibung aber groß
genug, um die Schubspannungen zu übertragen. Die Schloßreibung

wird häufig vergrößert durch Zwängungen, die beim Rammen entstehen, und infolge der Durchbiegung unter der Belastung aus Erd- und Wasserdruck.

Rammtechnisch sind i.a. die U-Profile günstiger, da sie wegen der Schloßanordnung in der Schwerachse weniger zum Voreilen neigen. Unter Voreilen versteht man das Kippen der Bohlen in Rammrichtung, das durch die einseitige Reibung der Einfach-, Doppel- oder Dreifachbohle im Schloß der zuvor gerammten Bohle begünstigt wird.

Die Kenngrößen von Spundwandprofilen sind den Tafeln und Handbüchern in- und ausländischer Hersteller zu entnehmen.

Wesentlich für die Wasserdichtigkeit der Spundwände ist die Ausbildung des Spundwandschlosses. Die Wasserdichtigkeit von Spundbohlen ist aber bei vorübergehenden Baumaßnahmen wie einer Baugrubenumschließung von untergeordneter Bedeutung. Das Wasser, das durch die Schlösser tritt und an der Wand herunterläuft, kann in Drainagegräben vor der Wand gefaßt und abgeleitet werden. In vielen Fällen wird das Schloß im Laufe der Zeit auch dadurch dichter, daß Schwebstoffe, die im Wasser mitgeführt werden, das Schloß zusetzen.

Muß ausnahmsweise eine undichte Fuge abgedichtet werden, so kann dies im Zuge des Aushubs durch Verstemmen mit Holzkeilen, Hanf-, Gummi- oder Kunststoffschnüren geschehen. Auch plastische Bitumendichtungen haben sich dafür bewährt [82].

Das Verschweißen der Schlösser scheidet immer dann aus, wenn die Bohlen wiederverwendet werden sollen.

Neben den üblichen Profilen werden spezielle Eckbohlen, Anschlußbohlen und weitere Sonderformen angeboten [82].

4.4   Geräte und Verfahren

Beim Einbringen von Spundbohlen lassen sich 3 Verfahren unterscheiden:

-    Rammen
-    Rütteln (Vibrieren)
-    Einpressen.

Die Wahl des geeigneten Einbringverfahrens hängt ab von der
Baugrundbeschaffenheit, der Nachbarbebauung, den Spundwandprofilen
und den Anforderungen des Umweltschutzes. Tafel 4.3 zeigt die
Rammeignung verschiedener Bodenarten, Tafel 4.4 die Eignung für
Vibrationsverfahren und Tafel 4.5 die Eignung für das Einpreß-
verfahren.

Tafel 4.3 Rammeignung verschiedener Bodenarten (nach [2])

Leichte Rammung	Mittelschwere Rammung	Schwere Rammung
Moor, Torf, Schlick, Klei Mittelsand ⎱ Grobsand ⎰ locker Kies (ohne gela- Steine) gert	Mittelsand ⎱ mittel- Grobsand ⎰ dicht Feinkies gelagert Ton ⎱ steif Lehm ⎰	Mittelkies ⎱ dicht Grobkies ⎰ gela- Feinkies lagert Feinsand Schluff ⎱ halb- Lehm ⎰ fest Ton - fest Geschiebemergel Fels

Tafel 4.4 Eignung verschiedener Böden für Vibrationsverfahren
          (nach [20])

Eignung zum Vibrieren (Einrütteln)		
gut	bedingt	nicht geeignet
Kies (rund) Sand (rund) Lehm (breiig - weich) Löß (breiig - weich) Schlick (breiig - steif)	Kies (eckig) Sand (eckig) Lehm (steif) Löß (steif)	Kies mit bindigen Beimengungen Sand (eckig, trocken) Mergel (steif) Ton (steif - fest)

Ganz allgemein gilt, daß in nichtbindigen Böden das Rammen mit
schneller Schlagfolge oder aber das Einvibrieren die schnellste
und wirtschaftlichste Methode ist, da hierbei die Bodenkörner

schweben und somit die zu überwindende Mantelreibung stark vermindert wird.

Tafel 4.5   Eignung verschiedener Böden für das Einpreßverfahren

Eignung für das Einpreßverfahren		
gut	bedingt	nicht geeignet

Ton (weich-halbfest)
Schluff (weich-halb-
      fest)
Kies (locker-mittel-
      dicht)
Sand (locker-mittel-
      dicht)
	Ton (fest))
	Schluff (fest)
	
	Kies (mitteldicht-
	      dicht)
	Sand (mitteldicht-
	      dicht)
		Kies (sehr dicht)*
		Sand (sehr dicht)*
		
		dicht gelagerte Bö-
		den mit Steinein-
		schlüssen
		
		* evtl. Vorbohren
		zur Auflockerung

In bindigen Böden hingegen sind langsam schlagende Rammbären mit hoher Schlagenergie oder Einpreßverfahren von Vorteil. Beim Rammschlag bauen sich durch den Verdrängungsvorgang hohe Porenwasserdrücke auf, die den Eindringungswiderstand vergrößern. Bei langsamer Schlagfolge können sich diese Porenwasserdrücke zwischen den einzelnen Schlägen weitgehend abbauen.

Schlagendes Rammen

Die älteste Methode, Bohlen in den Baugrund einzutreiben, ist das schlagende Rammen. Hierbei wirkt ein Schlag- bzw. Fallgewicht auf den Kopf der Bohle. Das Schlaggewicht wird entweder über einen Seilzug (Freifallramme) oder durch Dampf, Druckluft, Hydraulik oder explosionsartige Verbrennung eines eingespritzten Treibstoffs (Diesel) angehoben.

Dampf- oder Druckluftbäre verfügen über eine getrennte Energieerzeugung, während Dieselbäre frei von Energie-Zuführungsleitungen sind. Die Schlagbewegung kommt entweder durch die Bewegung eines Kolbens im Zylinder oder durch die Bewegung eines Zylinders über einem feststehenden Kolben zustande. Als Schlaggewicht wirkt demnach entweder der Kolben oder der Zylinder, wonach Zylinderbäre und Kolbenbäre unterschieden werden [42]. Beim Zylinderbär sitzt der Kolben auf dem Rammgut, während der Zylinder die

Schlagarbeit leistet. Man unterscheidet hierbei Dieselbäre, dampf-
und druckluftgetriebe Zylinderbäre. Die Schlagzahlen liegen bei
etwa 50 Schlägen pro Minute.

Bei den Kolbenbären ist zu unterscheiden zwischen langsam schlagenden Dieselbären (Schlagzahl 40 bis 60 pro Minute) und Schnellschlagbären mit Schlagzahlen von 100 bis 300 pro Minute. Bei den
Schnellschlagbären wird der Schlagkolben durch Dampf oder Druckluft nicht nur gehoben, sondern auch nach unten beschleunigt. Da
die Zahl der Schläge größer ist, kann bei gleicher Schlagleistung
das Bärgewicht vermindert werden, was zu einer Schonung der Spundbohlen und der gesamten Rammeinrichtung beiträgt.

Außer durch Dampf oder Druckluft kann bei schnellschlagenden Bären
der Kolben auch durch Öldruck bewegt werden. Man spricht dann von
Hydraulikbären oder Hydraulikhämmern.

Daten von Rammbären und Schnellschlaghämmern können der Literatur
(z.B.[140]) oder Firmenprospekten entnommen werden.

Das Schlaggewicht ist entsprechend dem Gewicht des Rammgutes
(Einfach-, Doppel- oder Dreifachbohle) zu wählen. Während bei
langsam schlagenden Bären ein Verhältnis von Bärgewicht zum Gewicht des Rammelementes (einschließlich Rammhaube) von 1:1 bis 2:1
besonders günstig ist, liegen die günstigsten Verhältnisse bei
Schnellschlagbären im Bereich von 1:4 bis 1:5 [29].

Rütteln (Vibrieren)

Beim Einrütteln wird die Reibung zwischen den Spundbohlen und dem
umgebenden Boden auf etwa 10 - 25 % des Ruhewertes vermindert. Auf
das Rammgut wirkt außer der dynamischen auch die statische Belastung durch das Gewicht des Vibrationsbären und der Bohle. Die
Vorteile dieses Verfahrens, das in den letzten Jahren zunehmend an
Bedeutung gewann, liegen in der geringen Lärmentwicklung und in
einer schonenden Behandlung des Rammgutes. Bild 4.8 zeigt den ty-
pischen Aufbau eines Vibrationsbären.

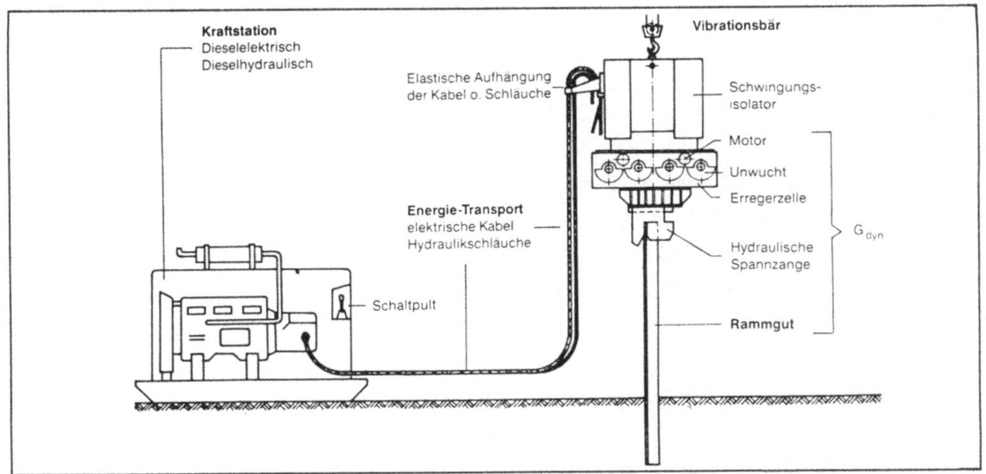

Bild 4.8   Typischer Aufbau eines Vibrationsbären (aus [86])

Die Rüttelschwingungen werden durch gegensinnig drehende Unwuchten
erzeugt. Die horizontalen Komponenten der Fliehkräfte heben sich
dabei auf, es werden nur die vertikalen Komponenten wirksam.

Vibrationsbäre können elektrisch oder hydraulisch angetrieben werden. Vorteile der elektrisch betriebenen Vibrationsbäre sind die
robuste Konstruktion, die preisgünstige Energieversorgung sowie
der einfache Energietransport von der Energiequelle zum Vibrator.

Hydraulisch betriebene Vibrationsbäre ermöglichen eine stufenlose
Regelbarkeit der Schwingungsfrequenz und damit eine Anpassung an
die verschiedenen Bodenarten bzw. die Resonanzfrequenzen vorhandener Bebauung.

Die Vibrationsbäre werden über Spannvorrichtungen mit dem Rammgut
verbunden, wobei diese Verbindung schwingungsfest sein muß.

Die Rammung mit Vibrationsbären ist in vielen Böden (Tafel 4.4)
ein wirtschaftliches Verfahren, da die Rammzeiten gegenüber schlagenden Geräten i.a. wesentlich geringer sind.

Impulsrammen

Zu den Neuentwicklungen auf dem Gebiet der Rammtechnik zählt die
Impulsramme [140]. Die Rammeinrichtung besteht aus einem Zylinder
mit Ballast und einem Kolben, der fest mit dem Rammgut verbunden
ist. Die Impulskraft entsteht durch hydraulisch erzeugte Massenbe-
schleunigung eines Kolbens. Da die beschleunigte Masse frei vom
Rammgut nur vom Kolben geführt wird und ein Schlagen entfällt,
entsteht kein Lärm.

Einpressen von Spundbohlen

Insbesondere dort, wo Spundbohlen erschütterungsfrei und lärmarm
in den Baugrund eingebracht werden müssen, ist das Einpreßverfahren häufig die einzig mögliche Methode. Mit diesem Verfahren
können Spundwände ohne unzumutbare Belästigung von Anliegern, aber
auch unmittelbar neben erschütterungsempfindlichen Bauwerken niedergebracht werden.

Beim Einpreßverfahren wird die Mantelreibung bereits eingepreßter
Spundbohlen als Reaktionskraft für die hydraulische Presseneinrichtung genutzt.

Die heute auf dem Markt verfügbaren Spundwandpressen unterscheiden
sich wesentlich in ihrem Aufbau und ihrem Arbeitstakt. Die Vorteile der Müller Spundwandpresse MS-1500 P (Bild 4.9) liegen in
der hohen Preßgeschwindigkeit, in einem selbständigen und kran-
freien Versetzen der Presse in Rammrichtung und der Möglichkeit,
auch Eckbohlen zu versetzen. Bei der Müller Spundwandpresse MS-
3000 P [83] muß die Presseneinrichtung jeweils mit dem Kran umge-
setzt werden.

Das statische Einpressen von Spundbohlen hat dort seine Grenzen,
wo die aufgebrachten Pressenkräfte die Eindringwiderstände durch
Mantelreibung und Spitzendruck nicht überwinden können. Um auch im
Boden mit hohen Eindringwiderständen Spundwände einpressen zu können, wurde das Bohrpreßverfahren "Klammt" entwickelt.

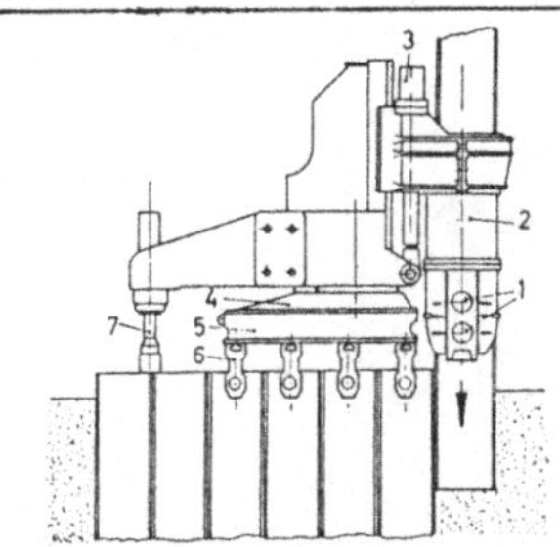

Nach Einpressen der Bohle um Kolbenhubhöhe wird die Einspannung im Preßkopf 2 gelöst, der Preßkopf hochgefahren, die Bohle erneut eingespannt und das Einpressen der Bohle in dieser Weise auf Solltiefe fortgesetzt.
Die sich durch die Einpreßkraft ergebenden Reaktionskräfte werden als Zugkräfte über die vier Spannzangen 6 und als Druckkraft über die hintere Abstützung 7 in die bereits eingepreßten Bohlen eingeleitet.

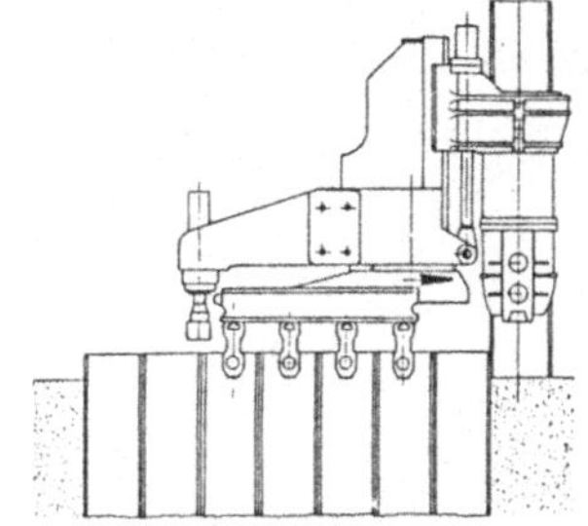

Die hintere Abstützung 7 wird hochgefahren und der Pressenoberteil mit Preßkopf 2 durch hydraulische Verschiebung des Schlittens 4 um eine Bohlenbreite in Arbeitsrichtung vorgefahren.

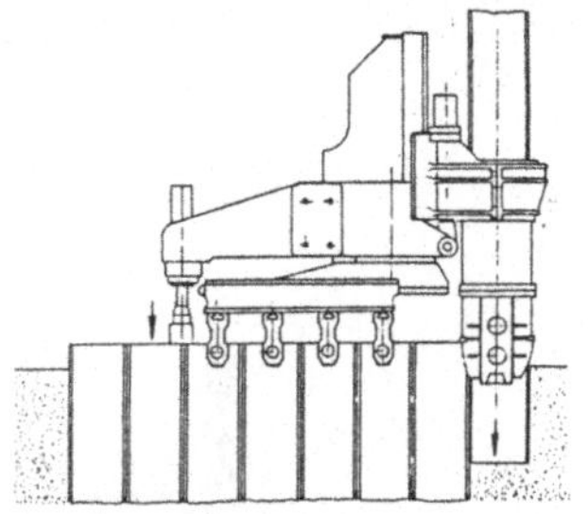

Die hintere Abstützung 7 wird wieder ausgefahren; eine neu eingesetzte Bohle wird so weit eingepreßt, bis ein Preßwiderstand von ca. 300 kN erreicht ist. Dann wird der Preßkopf 2 hochgefahren und die Bohle wird erneut eingespannt.

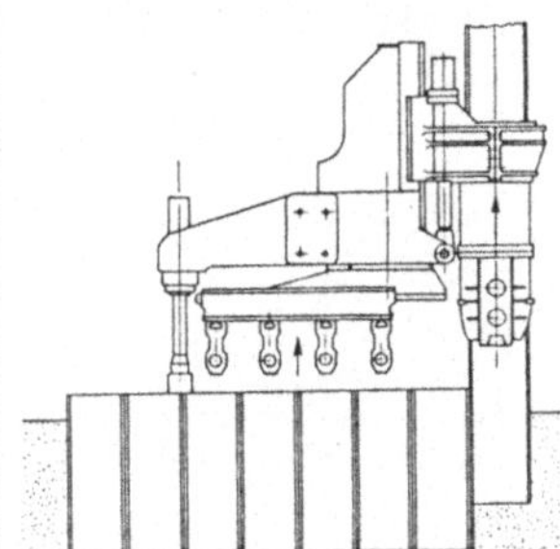

Die Spannzangen 6 werden geöffnet; die Presse wird im Gleichlauf der Preßzylinder 3 und der Abstützzylinder 7 soweit hochgefahren, bis die Spannzangen 6 ein Nachsetzen des Pressenunterteiles 5 in Arbeitsrichtung zulassen. Im angehobenen Zustand stützt sich die Presse auf der hinteren Spundwand und auf der angepreßten Bohle ab.

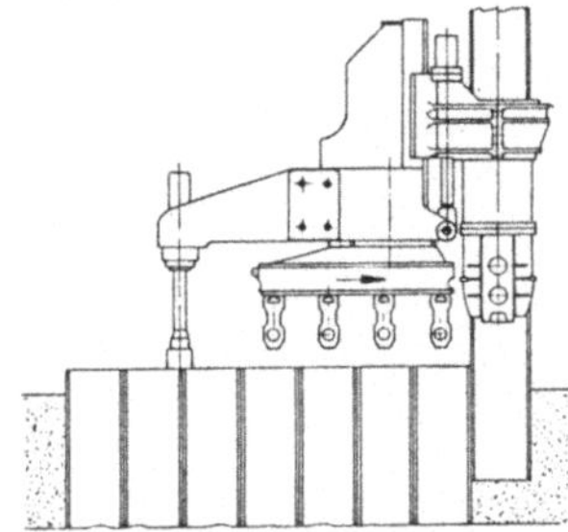

Das Pressenunterteil 5 wird hydraulisch in Arbeitsrichtung um eine Bohlenbreite vorgefahren. Die Spannzangen 6 werden hydraulisch auf die jeweils veränderte Bohlenrückenposition verschoben. Im Gleichlauf der Preßzylinder 3 und der Abstützzylinder 7 wird die Presse auf Sollposition abgesenkt. Nach Einspannen der Bohlen-Köpfe in den Spannzangen 6 wird das Einpressen der Bohle auf Solltiefe fortgesetzt.

Bild 4.9   Arbeitsweise der Müller Spundwandpresse MS-1500 P
            (aus [84])

Grundidee dieses Verfahrens ist es, die Spundbohlen bei gleichzeitiger Entspannung des Bodens durch Vorbohren hydraulisch einzupressen (Bild 4.10 und 4.11).

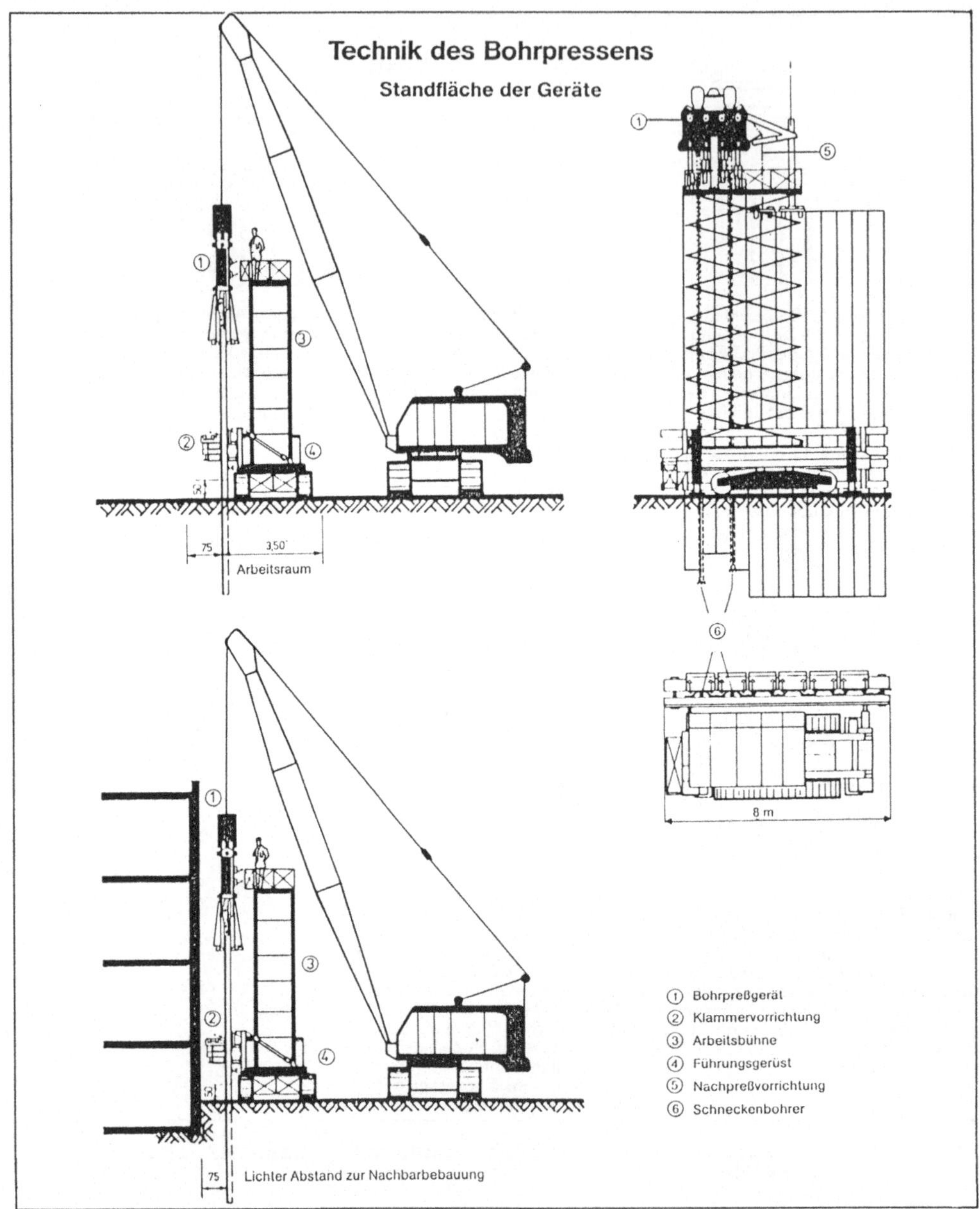

Bild 4.10   Arbeitsweise des Bohrpreßverfahrens Klammt (aus [66])

Das Bohrpreßgerät besteht aus 4 hydraulischen Preßzylindern, zwei Bohrwerken mit Bohrschnecken und einem selbstfahrenden Preßgerüst als Führungsgerät sowie Trägergerät für die Arbeitsbühne.

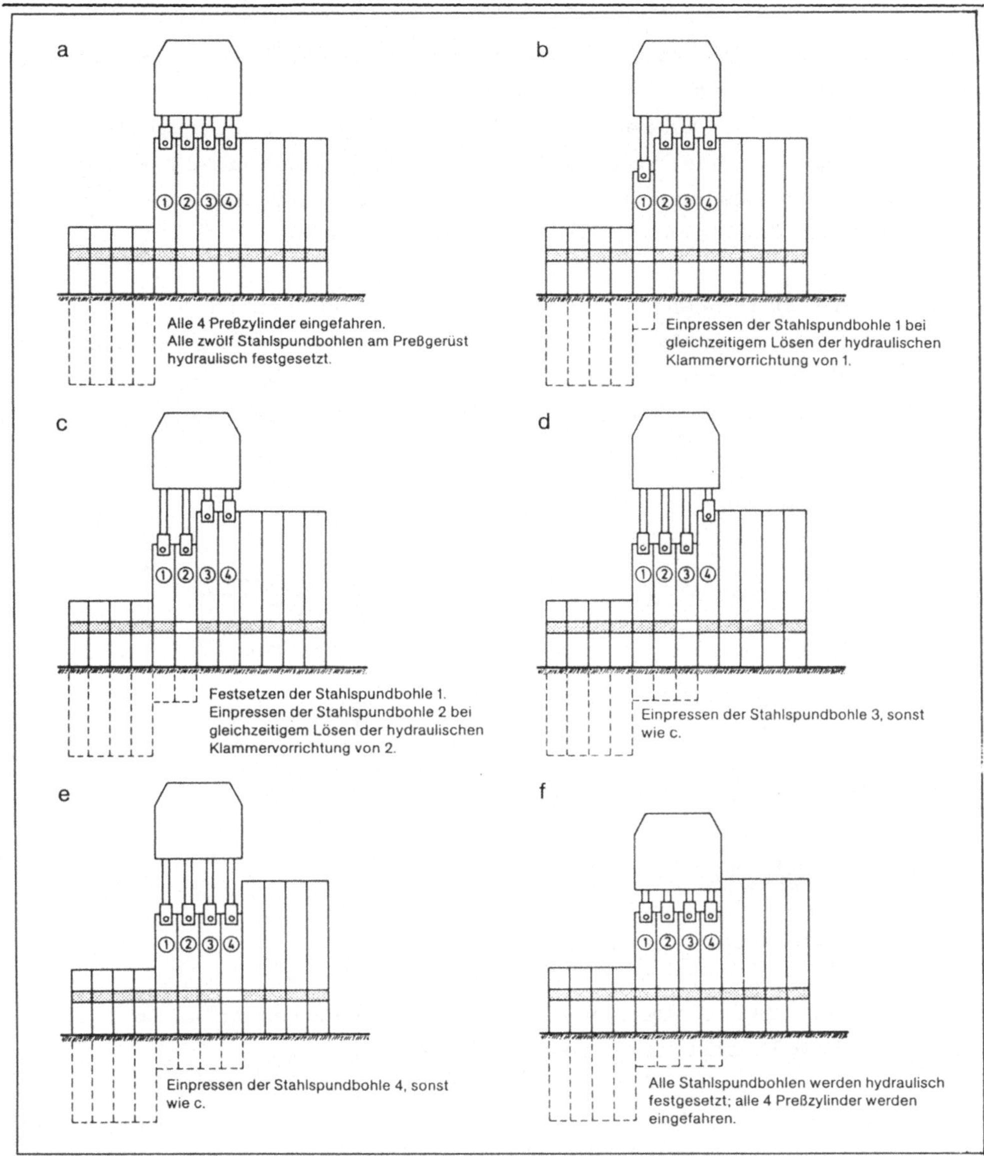

Bild 4.11   Ablauf eines Einpreßvorgangs (aus [66])

Hilfsgeräte für die Ausführung von Rammarbeiten

Eine Rammeinrichtung umfaßt das Trägergerät, Führungen, eine Schlaghaube und den Rammbär.

Langsam schlagende Freifallrammen werden grundsätzlich an Mäklern
geführt, wobei man mit Mäklern eine mastartige Führungs-
konstruktion aus Rohren, Profilstahl oder Gitterträgern bezeichnet, die am Auslegerkopf eines Baggers kardanisch aufgehängt
und gegen den Auslegerfuß abgestützt wird. Die Mäkler geben den
Rammbären und dem Rammgut die notwendige Führung.

Insbesondere bei beengten Platzverhältnissen innerhalb von engen
Baustellen und bei häufigen Richtungswechseln der Wandflucht empfiehlt sich der Einsatz von Drehmäklern, die um ihre Längsachse
nach links und rechts bis zu 110 Grad drehbar sind (Bild 4.12).

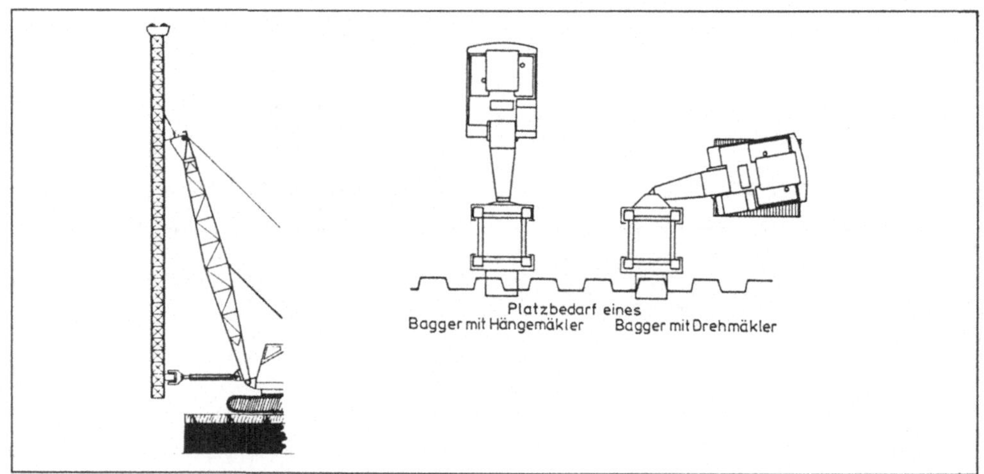

Bild 4.12   Drehmäkler (aus [91, 29])

Sie erlauben das Rammen von Eck- und Anschlußbohlen unter beliebigen Winkeln ohne Umsetzen des Trägergerätes.

Schnellschlagrammen können freireitend, am Kranseil hängend oder
mit Mäklerführung arbeiten. Reitet die Ramme frei oder hängt sie
am Kran, so müssen die Spundbohlen an mindestens zwei Punkten
gehalten werden, was entweder durch spezielle Holz- oder Stahlrah-
men oder durch Zangen aus Stahlprofilen geschehen kann. Nicht am
Mäkler geführte Rammbären müssen mit Hilfe einer Freireiter-Füh-
rung auf dem Rammgut zentriert werden [29].

Vibrationsrammen können ebenfalls freireitend, am Kranseil hängend
oder am Mäkler geführt eingesetzt werden. Beim Vibrationsrammen
werden häufig Teleskopmäkler eingesetzt, die am Hydraulikbagger
angebaut werden (Bild 4.13).

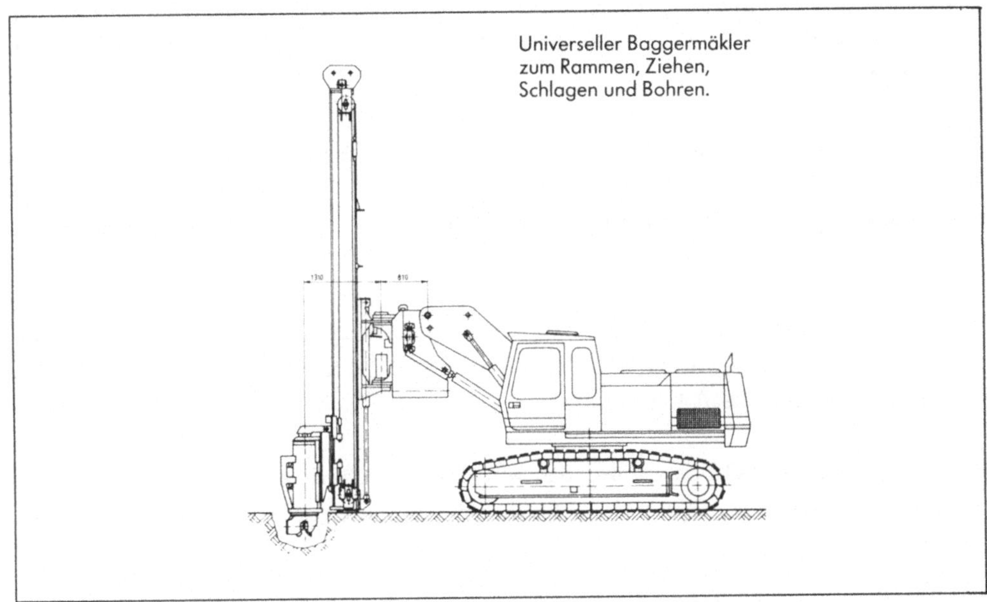

Bild 4.13 Hydraulikbagger mit Teleskopmäkler (aus [85])

Um das Rammgut zu schützen, ist beim Freifallrammen eine Rammhaube
auf die Spundbohlen zu setzen, die den Schlag des Bären gleichmäßig verteilt und Verformungen der Bohlenköpfe vermeidet.

Sie bestehen aus Stahlguß (z.T. mit eingesetztem Hartholzfutter)
und sind in ihrem Führungsprofil den jeweiligen Spundwandprofilen
angepaßt.

Schnellschlagrammen beanspruchen das Rammgut schonender, so daß
hier i.a. statt der Rammhauben Schlagplatten verwendet werden, die
in die Rammhämmer eingebaut sind.

Bei Vibrationsrammen ist die Ramme schwingungsfest mit den Spundbohlen verbunden, so daß hierbei kein besonderer Schutz der Bohlenköpfe erforderlich ist.

Lärmschutzmaßnahmen

Beim Rammen von Spundbohlen mit langsam oder schnell schlagenden
Hämmern entsteht ein Lärmpegel in der Größenordnung von 58 bis
115 dB(A). Vielerorts wird dies nicht mehr hingenommen, zumal das
Immissionsschutzgesetz von 1974 als zulässigen Höchstwert 70 dB(A)
festlegt.

Der Lärm entsteht hauptsächlich durch das Schlaggeräusch und seine
Abstrahlung über das Rammgut, aber auch durch Klappergeräusche
zwischen den Geräteteilen Bagger- Mäkler- Rammbär und durch den
Motor.

Durch das Umschließen von Rammgut, Rammhaube, Rammbär und Mäkler
mit einem Schallschutzkamin läßt sich der Rammlärm um ca. 20 bis
30 dB(A) senken (Bild 3.3).

Das Einbringverfahren, das am wenigsten Lärm erzeugt und gleichzeitg die geringsten Erschütterungen hervorruft, ist das Einpressen.

Allgemeine Hinweise zur Rammtechnik

Die Bohlen müssen ausreichend fest an mindestens 2 Punkten geführt
werden. Der Rammschlag soll möglichst mittig eingeleitet werden.
Bedingt durch die Krafteinflüsse beim Rammen können die Bohlen zu
den freien Enden der Spundwand hin kippen (Bild 4.14).

Dieses sogenannte Voreilen wird durch die einseitige Schloßreibung, den durch das Rammen vergrößerten Eindringwiderstand des
Bodens im Bereich der bereits gerammten Bohlen und den mittigen
Rammschlag bei einseitiger Halterung begünstigt. Als Abhilfe kann
die Rammenergie außermittig (bis ca. 5 cm) eingeleitet werden,
oder eine zusätzliche Zugkraft durch Seilzug aufgebracht werden,
wobei es sich wegen der günstigen Beanspruchung der Schlösser als
besser erwiesen hat, die Zugkraft unten statt oben einzuleiten
(Bild 4.15).

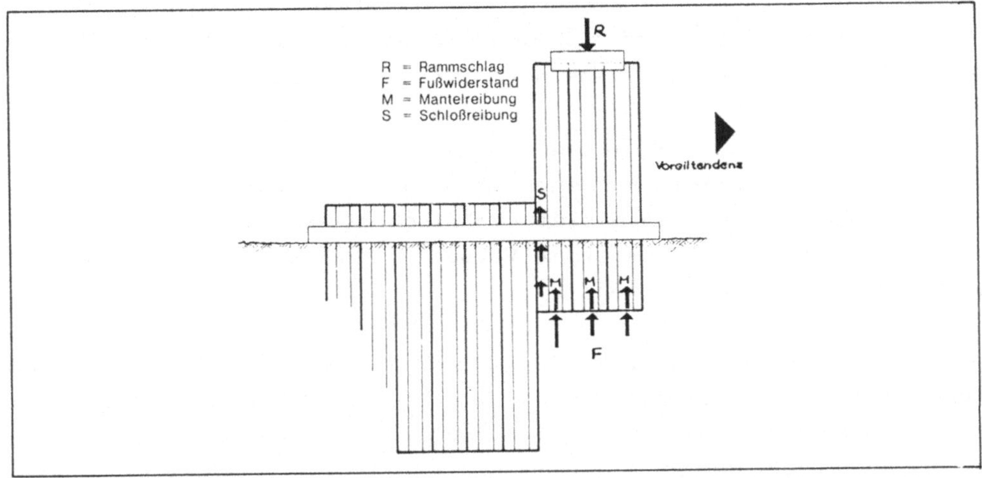

Bild 4.14   Kräftespiel während des Rammens (aus [82])

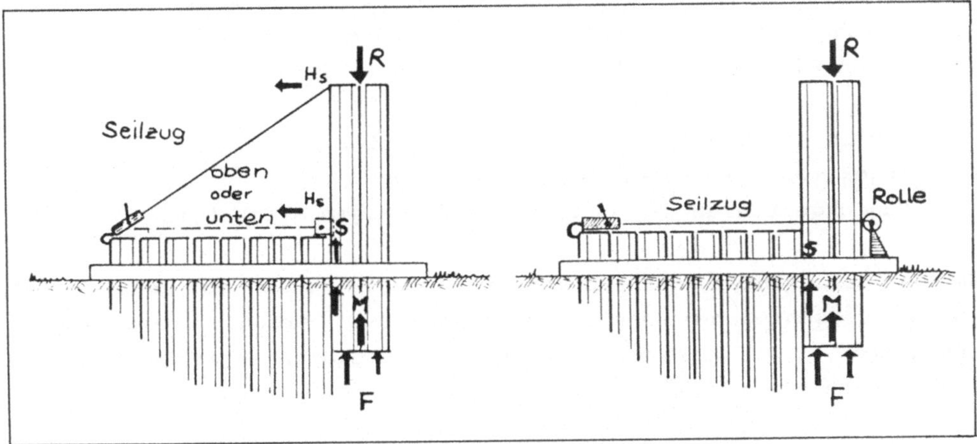

Bild 4.15   Zusätzliche Krafteinleitung zum Verhindern des Vor-
             eilens (aus [82])

Die wohl wirksamste Maßnahme gegen das Voreilen ist die ge-
staffelte Rammung, bei der die Spundbohlen nicht in einem Zug bis
auf die vorgesehene Tiefe gebracht werden, sondern zunächst nur
bis auf die Hälfte oder ein Drittel der Endtiefe. Danach wird die
nächste Bohlen-Einheit aufgestellt und auf die gleiche Tiefe
gerammt. Nachdem man mehrere Bohlen-Einheiten auf die Teiltiefe

eingebracht hat, werden die Einheiten nach und nach auf die vorgesehene Endtiefe oder auf eine neue Teiltiefe gerammt.

Der Vorteil dieses Verfahrens liegt darin, daß die Rammeinheit
beim weiteren Rammen beidseitig in Spundwandschlössern geführt
wird und damit das Kräftespiel praktisch symmetrisch ist. Die Arbeitsweise ist mit mehrmaligem Versetzen der Rammeinrichtung verbunden und daher zeitaufwendig.

Wesentlich problematischer als das Voreilen der Bohlen ist das
"aus dem Schloß Springen" der Bohlen während des Rammvorgangs. Ursache hierfür kann neben einem unsachgemäßen Bedienen der Ramme
oder einer ungenügenden Führung der Bohlen ein Hindernis im Baugrund oder ein beschädigtes Schloß sein. Das "aus dem Schloß
Springen" läßt sich im allgemeinen von der Ramme aus nicht erkennen, die Fehlstellen machen sich erst beim Aushub der Baugrube
z.B. durch plötzlichen Wasseraustritt bemerkbar. Solche Fehlstellen lassen sich durch folgende Maßnahmen sanieren:

-    Rammen einer zweiten Bohlenreihe hinter der ersten Spundwand
-    Injektion des anstehenden Baugrundes
-    Schockgefrieren des Bodens mit flüssigem Stickstoff.

Um das Eindringen der Bohlen in den Baugrund zu erleichtern,
können verschiedene Rammhilfen eingesetzt werden. Hierzu zählen
Spülhilfen, Auflockerungsbohrungen, Lockerungssprengungen und
Bodenersatz.

Als Spülhilfe kommt Druckluft oder Wasser infrage. Bei Spülung mit
Druckluft wird ein Luftstrom im Fußbereich der Bohle erzeugt, der
den Boden umlagert und damit den Eindringungswiderstand vermindert. Druckluft kann nur in nichtbindigen Böden als Spülhilfe eingesetzt werden und ist besonders in wasserhaltigen Böden sehr ef-
fektiv [82].

Beim Spülen mit Wasser wird der Eindringwiderstand durch einen am
Bohlenfuß eingeleiteten Wasserstrom verringert, der den Boden auf-
lockert und umlagert. Der Spüldruck beträgt ca. 10 bis 20 bar.

Dieses Verfahren ist effektiver bei dichtgelagerten nichtbindigen Böden, z.B. Feinsand. Die Wassermengen liegen bei ca. 200 bis 500 l/min.

Ebenfalls Wasser wird beim sogenannten Hochdruckspülverfahren als Spülmittel eingesetzt. Dieses Verfahren arbeitet mit wesentlich höheren Drücken (bis 500 bar) aber geringeren Wassermengen (ca. 10 - 50 l/min). Der Hochdruckwasserstrahl schneidet den Boden auf und vermindert den Eindringwiderstand. Dieses Verfahren ist auch in festen bindigen Böden wirkungsvoll.

Auflockerungsbohrungen, wie sie z.B. beim Einpreßverfahren nach Klammt angewendet werden, lassen sich in bindigen und nichtbindigen Böden durchführen. Durch das Herausbohren wird der Boden entspannt und die Bohlen können beim Eindringen den Baugrund zwischen den Bohrlöchern besser verdrängen.

In stark verdichteten, von Felsbänken durchzogenen oder felsartigen Böden kann die Rammbarkeit durch Auflockerungssprengungen erzeugt werden.

Hierbei werden in Spundwandachse in bestimmten Abständen Bohrlöcher abgeteuft und mit Sprengstoff besetzt. Im Untergrund wird dann ein relativ enger Graben durch Sprengungen aufgelockert, in dem die Spundbohlen gerammt werden.

Ein weiteres, allerdings sehr aufwendiges Verfahren ist der Bodenaustausch in der Spundwandflucht. Hierbei wird zunächst der nicht rammbare Boden in einem Schlitz, dessen Breite mindestens der Profilhöhe der Bohlen entspricht, gelöst und ausgehoben, evtl. auch unter Zugabe einer Stützflüssigkeit. Anschließend wird der Schlitz mit locker eingefülltem rolligen Boden ausgefüllt und dann die Spundwand gerammt. Dieses Verfahren kann z.B. dann angewendet werden, wenn eine gemischte Spundwand gerammt werden soll, die aus Stahlträgern und Spundwandprofilen als Füllbohlen besteht. Damit diese Füllbohlen zwängungsfrei zwischen die zuerst gerammten Stahlträger eingepreßt werden können, ist eine hohe Rammgenauigkeit der Träger erforderlich [5].

Eine Alternative hierzu ist das Einstellen von Spundbohlen in Schlitze, die mit erhärtender Stützflüssigkeit (Bentonit-Zement-Suspension) gefüllt sind. Dieses Verfahren ist lärmarm und erschütterungsfrei (Kapitel 6.4.8).

Ziehen der Bohlen

Wenn die Spundwände nicht Bestandteil des fertigen Bauwerks bleiben sollen, werden sie i.a. wieder gezogen.

Die beim Ziehen der Bohlen zu überwindenden Reibungskräfte zwischen Bohlen und Boden sind umso größer, je länger die Bohlen gestanden haben. Die Ursachen hierfür sind eine Vergrößerung der Schloßreibung durch eingespülte Bodenteilchen, Schloßverformungen durch die Beanspruchung, Adhäsion und Saugwirkung in bindigen Böden, Verkrustungen und Korrosion in rolligen Böden. Festsitzende Bohlen lassen sich manchmal erst nach Lösen durch einige Rammschläge ziehen.

Das Herausziehen kann mit statischer Kraft, die z.B. über ein Seil in die Bohle eingeleitet wird, oder mit Rüttelunterstützung erfolgen.

Das Herausziehen von Spundbohlen mit statischer Kraft, die z.B. über hydraulische Pressen eingeleitet wird, wird wegen des langsamen Arbeitsfortschritts häufig nur zum ersten Lockern festsitzender Bohlen verwendet.

Als Ziehgeräte kommen die auch zum Einrütteln verwendeten Vibrationsbäre und spezielle Pfahlzieher zur Anwendung. Die eigentliche Zugkraft wird von einem Bagger oder Autokran aufgebracht.

Beim Pfahlzieher wird die statische Zugkraft über eine durchlaufende Kolbenstange direkt auf das Ziehgut übertragen. Ein Zylinder schlägt von unten gegen den Kolben, so daß die nach oben wirkende Schlagenergie der mit Druckluft betriebenen Geräte die Bohlen mit ca. 350 bis 950 Schlägen pro Minute aus dem Boden treibt.

Wird mit Vibrationsbären gearbeitet, so läßt sich durch die Erschütterung der Bohlen und des umgebenden Bodens die Mantelreibung
bis auf 1/10 vermindern, so daß das Herausziehen mit einer sehr
viel geringeren statischen Kraft erfolgen kann als ohne Vibration.

4.5   Leistung und Kosten

Die Rammleistungen sind ganz entscheidend von den Baugrundverhältnissen, den Profilen und dem eingesetzten Gerät abhängig.
Als Beispiel wird eine 10 m tiefe Baugrube gewählt, die mit 13 m
langen Spundbohlen (Larssen 24) gesichert wird. Alle Kosten werden
auf den m^2 sichtbare Verbaufläche bezogen.

Zeit für das
Rammen bzw. Zie-
hen der Bohlen : je $0,7 \; \dfrac{h}{\text{Doppelbohle}}$ (Breite der Doppelbohle = 1 m)

Die Ramm-Mannschaft besteht aus 3 Arbeitskräften, die sichtbare
Verbaufläche je Doppelbohle beträgt 10 m^2.

Aufwandswert für das Rammen:

$$0,7 \; \frac{h}{\text{Doppelbohle}} \; x \; 3 \; x \; \frac{1 \; \text{Doppelbohle}}{10 \; m^2} = 0,21 \; \frac{h}{m^2}$$

Die Ziehmannschaft besteht ebenfalls aus 3 Arbeitskräften, daher
ist der Aufwandswert für das Ziehen ebenfalls 0,21 h/m^2.

Die Spundbohlen werden zu 1.350 DM/t eingekauft und insgesamt
dreimal eingesetzt (Annahme). Sie liegen auf dem Bauhof, müssen
aufgeladen und zur Baustelle transportiert werden. Nach dem Ziehen
werden sie zum Bauhof zurücktransportiert. Es fallen daher folgende zusätzliche Kosten an:

Transport: 35 DM/t   (zweimal)
Verladen :   0,8 h/t   (viermal)
Reinigen :   0,1 h/t   und 1 DM/m Material

Für Hauben, Haubenfutter etc. wird ein Anteil von 1 DM/m eingesetzt.

Die Gerätevorhalte- und Betriebskosten sind in Tafel 4.6, die Einzelkosten der Teilleistungen pro m^2 sichtbare Verbaufläche in Tafel 4.7 dargestellt.

Der Zeitbedarf der Geräte/m^2 sichtbare Verbaufläche ermittelt sich zu:

$$\text{Rammen: } 0,7 \ \frac{h}{\text{Doppelbohle}} \ \times \ \frac{1 \ \text{Doppelbohle}}{10 \ m^2} = 0,07 \ \frac{h}{m^2}$$

$$\text{Ziehen: } 0,7 \ \frac{h}{\text{Doppelbohle}} \ \times \ \frac{1 \ \text{Doppelbohle}}{10 \ m^2} = 0,07 \ \frac{h}{m^2}$$

Tafel 4.6 Ermittlung der Vorhalte- und Betriebskosten/m^2
           sichtbare Verbaufläche

Bezeichnung	Neuwert DM	Abschreibung + Verzinsung je Monat %	DM	Reparatur je Monat %	DM	Reparatur je Monat einschl. Lohnfaktor DM
Rammeinheit: Bagger (111 kW) mit 15m Ausleger und Zubehör	524.000	2,0	10.480,00	1,6	8.384,00	12.634,69
Hydraulik-Mäkler 22m hoch einschl. Zubehör	144.000	2,9	4.176,00	2,1	3.024,00	4.557,17
Dieselbär	111.900	2,9	3.245,10	2,9	3.245,10	4.890,37
Gerätevorhaltekosten / Monat			**17.901,10**			**22.082,23**
Zieheinheit Bagger (111 kW) mit Zubehör	524.000	2,0	10.480,00	1,6	8.384,00	12.634,69
Vibrationsbär (80 kW) mit Hydraulik-Aggregat	177.000	3,2	5.664,00	2,6	4.602,00	6.935,21
Zweifach-Klemme für Spundwand	25.000	3,2	800,00	2,6	650,00	979,55
Gerätevorhaltekosten / Monat			**16.944,00**			**20.549,45**

Gerätekosten/m² sichtbare Verbaufläche	Betriebsstoffe DM/m²	Vorhaltekosten DM/m²
Rammeinheit $$\frac{39.983,33\ \text{DM/Mon}}{175\ \text{h/Mon}} \times 0,07\ \frac{h}{m^2}$$		15,99
Betriebsstoffe Bagger $$111\ \text{kW} \times 0,2\ \frac{l}{kWh} \times 1\ \frac{DM}{l} \times 0,07\ \frac{h}{m^2}$$	1,55	
Dieselbär (Einsatzzeit 80%) $$8\ \frac{l}{h} \times 1\ \frac{DM}{l} \times 0,8 \times 0,07\ \frac{h}{m^2}$$	0,45	
Schmierstoffe 0,2 x (1,55 + 0,45)	0,40	
Zieheinheit $$\frac{37.493,45\ \text{DM/Mon}}{175\ \text{h/Mon}} \times 0,07\ \frac{h}{m^2}$$		14,99
Betriebsstoffe Bagger $$111\ \text{kW} \times 0,2\ \frac{l}{kWh} \times 1\ \frac{DM}{l} \times 0,07\ \frac{h}{m^2}$$	1,55	
Vibrationsbär $$80\ \text{kW} \times 0,2\ \frac{l}{kWh} \times 1\ \frac{DM}{l} \times 0,07$$	1,12	
Schmierstoffe 0,2 x (1,55 + 1,12)	0,53	
Summe: 36,58 DM/m²	**5,60**	**30,98**

Tafel 4.7 Ermittlung der Einzelkosten der Teilleistungen

Ermittlung der Einzelkosten/ m^2 sichtbare Verbaufläche	Lohn- stunden h/m²	Lohn DM/m²	Sonstige Kosten DM/m²	Gerät DM/m²
1.Lohn 44,02 DM/h				
Rammen der Bohlen	0,21			
Ziehen der Bohlen	0,21			
Verladen der Bohlen				
$4 \times 0,8 \; \dfrac{h}{t} \times 0,175 \; \dfrac{t}{m^2} \times \dfrac{13m^2}{10m^2}$	0,73			
Reinigung der Bohlen				
$0,1 \; \dfrac{h}{m} \times \dfrac{26m}{10m^2}$	0,26			
2.Material				
Spundbohlen Larssen 24				
g = 0,175 t/m²				
$0,175 \; \dfrac{t}{m^2} \times \dfrac{13m^2}{10m^2} \times 1350 \; \dfrac{DM}{t} \times \dfrac{1}{3}$			102,38	
Reinigung				
$\dfrac{26m}{10m^2} \times 1 \; \dfrac{DM}{m}$			2,60	
Transport				
$0,175 \; \dfrac{t}{m^2} \times \dfrac{13m^2}{10m^2} \times 35 \; \dfrac{DM}{t} \times 2$			15,93	
Anteilige Kosten für Hauben, Hauben- futter u.s.w.				
$1 \; \dfrac{DM}{m} \times \dfrac{26m}{10m^2}$			2,60	
3.Geräte				36,58
Summe: 222,16 DM/m²	1,41	62,07	123,51	36,58

4.6   Sicherheitstechnik

Beim Einbringen von Spundwänden sind neben der UVV "Bauarbeiten" im wesentlichen die UVV "Rammen" [152] und die UVV "Lärm" [148] zu beachten.

Rammarbeiten umfassen das Aufstellen der Ramme und ihrer zugehöri- gen Anlagen, deren Bedienung und Wartung, das Heranziehen, Aufneh-

men, Eintreiben, Ziehen und Ablegen der Rammelemente sowie den Abbau der Ramme.

Alle Arbeitsplätze auf Rammen müssen nach § 4 der UVV "Rammen" absturzsicher ausgebildet sein. Beim Aufstieg auf den Mäkler müssen
Sicherheitsgeschirre verwendet werden.

Das Umfallen von Rammelementen muß durch Einrichtungen an der
Ramme verhindert werden.

Wirken auf die Beschäftigten Lärm ein, bei dem ein Beurteilungspegel von 85 dB(A) überschritten wird, muß der Unternehmer persönliche Schallschutzmittel (z.B. Gehörschutzstöpsel, Gehörschutzkap-
seln, Schallschutzhelme) zur Verfügung stellen. Wirkt auf die Be-
schäftigen Lärm ein, bei dem ein Beurteilungspegel von 90 dB(A)
erreicht oder überschritten wird, so müssen die zur Verfügung ge-
stellten Schallschutzmittel benutzt werden (UVV "Lärm", § 4 (1)).

Sind an der Ramme selbst Lärmschutzeinrichtungen vorhanden, müssen
sie so angeordnet und beschaffen sein, daß sie die Überwachung des
Rammvorganges nicht behindern.

Die Ramme darf nur auf tragfähigem Untergrund betrieben werden und
ist gegen Umstürzen zu sichern.

Rammelemente sind so nah wie möglich vor der Ramme aufzunehmen, um
den Schrägzug gering zuhalten.

Besondere sicherheitstechnische Probleme ergeben sich bei Arbeiten
im Bereich von Erd- und Freileitungen.

Vor Beginn der Rammarbeiten ist daher stets zu prüfen, ob im vorgesehenen Arbeitsbereich Erdleitungen vorhanden sind (s. Kap.
3.6). Lage und Verlauf von Erdleitungen kann z.B. durch Suchgräben
ermittelt werden. Um die Leitungen während der Bauarbeiten ausreichend zu sichern, können z.B. folgende Sicherheitsmaßnahmen infrage kommen (UVV "Rammen"):

- Eindeutiges Kennzeichnen des Leitungsverlaufs vor Beginn der
  Arbeiten
- Verlegen gefährdeter Leitungen
- Schwingungsgeschütztes Aufhängen erschütterungsgefährdeter
  Leitungen.

Bei Rammarbeiten in der Nähe elektrischer Freileitungen und Fahrleitungen muß zwischen diesen und der Ramme sowie ihren zugehörigen Anlagen ein von der Nennspannung der Freileitung abhängiger
Sicherheitsabstand eingehalten werden (Tafel 4.8).

Tafel 4.8   Erforderliche Sicherheitsabstände (aus [152])

Nennspannung (Volt)	Sicherheitsabstand (Meter)
bis 1000 V	1,0 m
über 1 kV bis 110 kV	3,0 m
über 110 kV bis 220 kV	4,0 m
über 220 kV bis 380 kV oder bei unbekannter Nennspannung	5,0 m

Diese Sicherheitsabstände gelten auch zwischen den Leitungen und
angeschlagenen Lasten.

Kommen Mäkler, Rammelemente o.ä. in gefahrdrohende Nähe der Freileitungen (Lichtbogenüberschlag) oder stoßen sie gegen diese, werden sie spannungsführend. Jede Person, die dann z.B. die Ramme berührt, gerät in Lebensgefahr. Gefährdet sind aber auch Personen in
der Nähe, weil sie sich auf unter Spannung stehendem Boden befinden. Sie können beim Gehen von elektrischem Strom durchflossen
werden (Schrittspannung) [3].

Sicherheitsmaßnahmen wie Abschalten des Stroms, Verlegen der Freileitung, Verkabelung oder Begrenzung des Arbeitsbereiches der Rammen sind erforderlich, wenn die Abstände nach Tafel 4.8 unterschritten werden müssen. Hierbei sind insbesondere alle Arbeitsbewegungen der Ramme zu berücksichtigen wie das Pendeln von
Seilen und Schrägstellungen der Ramme oder des Mäklers. Die
Freileitungen können bei Wind ausschwingen und damit den Abstand
verringern.

5 Bohrpfahlwände

5.1 Allgemeines

Bohrpfahlwände zählen wegen ihrer hohen Steifigkeit zu den verformungsarmen Verbauarten und sind daher stets als Alternative und Konkurrenz zum Schlitzwandverbau zu sehen.

Da die Herstellung von Bohrpfahlwänden im Vergleich zu Trägerbohlwänden und Spundwänden teuer ist, versucht man bei Bohrpfahlwänden (und auch bei Schlitzwänden) häufig, den Baugrubenverbau mit in das zu erstellene Bauwerk einzubeziehen.

Die Vorteile der Bohrpfahlwand sind
* gegenüber Trägerbohlwänden
  - wasserdichter Verbau
* gegenüber Spundwänden
  - Herstellung ohne große Lärmentwicklung und praktisch erschütterungsfrei möglich
  - Herstellung auch in nicht oder nur schwer rammbaren Böden möglich
* gegenüber Trägerbohlwänden und Spundwänden
  - verformungsarmer Verbau, daher auch unmittelbar neben bestehender Bebauung anwendbar
  - die Bodenbewegungen hinter der Wand sind minimal
  - praktisch keine Begrenzung der Tiefe
* gegenüber Schlitzwänden
  - Der Bohrlochdurchmesser ist im allgemeinen kleiner als die Mindestabmessungen der Schlitzwandlamellen. Da zudem während des Aushubs das Bohrloch durch eine Verrohrung gestützt wird, können Bohrpfähle direkt neben hochbelasteten Einzelfundamenten hergestellt werden, wo die Standsicherheit suspensionsgestützter Schlitzwandlamellen nicht mehr gegeben ist.
  - Bei ausreichend vorauseilendem Bohrrohr (ca. 1/2 x Bohrdurchmesser (DIN 4014)) wird der Gleichgewichtszustand des Bodens kaum gestört, so daß es nicht zu Setzungen in der Umgebung des Bohrloches kommt
  - Bohrarbeiten mit gesteuerten Vortreibrohren können genauer ausgeführt werden als Schlitzwände, deren Vertikalität nur

durch den am Seil geführten Greifer bestimmt wird. Bei Bohrpfählen beträgt die zu erwartende Abweichung aus der Lotrechten ca. 0,5 % der Wandhöhe, bei Schlitzwänden ca. 1 % [167]

- Gemäß [35] kann jeder zweite Pfahl um 20 % der rechnerisch
  erforderlichen Einbindetiefe, höchstens jedoch um 1,0 m ver-
  kürzt werden
- Die Übertragung von Vertikallasten am Fuß ist mit weniger
  Setzungen verbunden als bei Schlitzwänden, bei denen die
  Gefahr besteht, daß sich das Gemisch aus Boden und Suspen-
  sion beim Betonieren nicht ganz verdrängen läßt
- Bohrpfahlwände können auch geneigt hergestellt werden (Nei-
  gung gegen die Vertikale bis zu ca. 15°) [112]
- Bohrpfahlwände können durch entsprechende Anordnung der
  Einzelpfähle einer beliebigen Baulinie besser angepaßt werden
  als Schlitzwände mit Lamellenlängen von mindestens ca. 2 m
- Das durch die Fugen tretende Restwasser kann in den Zwickeln
  besser abgeführt werden als bei der Schlitzwand
- Bohrpfähle können auch dort hergestellt werden, wo eine
  Schlitzwandherstellung nicht möglich ist wie z.B. bei festem
  Gestein, mächtigen Felsbänken und im Trümmerschutt, wo die
  Stützflüssigkeit im Untergrund versickern würde.

Als Nachteile sind anzuführen

• gegenüber Trägerbohlwänden und Spundwänden
  - die Bauteile sind nicht wiedergewinnbar
  - teurer Verbau, der oft nur wirtschaftlich ist, wenn er in das
    Bauwerk mit einbezogen werden kann
• gegenüber Schlitzwänden
  - die vielen Fugen sind Schwachstellen für möglichen Wasser-
    durchtritt
  - der Platzbedarf ist bei gleicher Belastbarkeit etwas grös-
    ser als bei Schlitzwänden.

5.2   Technische Grundlagen

Man unterscheidet die möglichen Bohrpfahlwandtypen nach der Anordnung der Pfähle wie folgt (Bild 5.1):

- **tangierende Bohrpfahlwand**
- **überschnittene Bohrpfahlwand**
- **aufgelöste Bohrpfahlwand.**

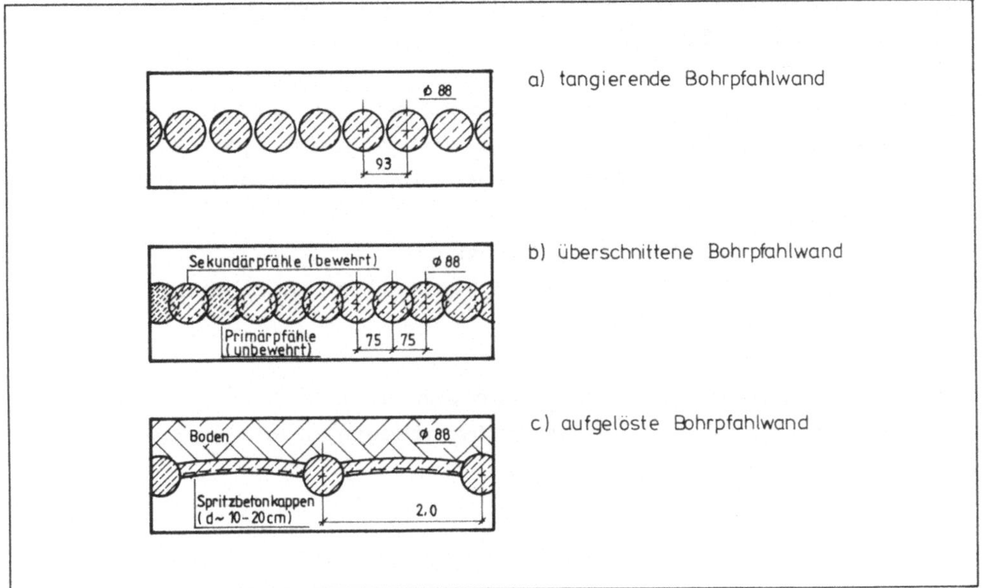

Bild 5.1   Beispiele für Grundrisse von Bohrpfahlwänden

Tangierende Bohrpfahlwände haben einen lichten Pfahlabstand von 5 bis 10 cm. Sie können nur in Böden ohne Grundwasser bzw. in Kombination mit einer Grundwasserabsenkung genutzt werden.

Überschnittene Bohrpfahlwände werden im sogenannten Pilgerschrittverfahren hergestellt. Zunächst werden die Primärpfähle (Bild 5.1) unbewehrt betoniert, anschließend werden die Sekundärpfähle mit Bewehrung hergestellt, wobei die zuerst betonierten Pfähle angeschnitten werden. Es entsteht so eine für die Umschließung einer Baugrube ausreichend wasserdichte Wand.

Aufgelöste Pfahlwände bestehen aus Bohrpfählen in Abständen von ca. 2 bis 3 m, deren Zwischenraum bei fortschreitendem Aushub durch ein Spritzbetongewölbe abgestützt wird. Dem Tragverhalten nach sind diese Wände wie Trägerbohlwände anzusehen. Eventuell vorhandenes Sickerwasser kann durch Filtersteine bzw. -schichten hinter dem Spritzbeton abgeführt werden.

Die Herstellung aller Wandtypen besteht aus folgenden Einzelschritten (Bild 5.2):

- Betonieren einer (i.a. unbewehrten) Bohrschablone, die die Lage der Ansatzpunkte für das Vortreibrohr vorgibt
- Eintreiben eines Mantelrohres, in dessen Innerem der Boden ausgeräumt wird
- Einstellen des Bewehrungskorbes
- Betonieren des Pfahles unter gleichzeitigem Ziehen des Mantelrohres.

Die einzelnen Verfahren unterscheiden sich neben der Pfahlanordnung in der Art, wie das Mantelrohr niedergebracht und wie der Beton eingebaut wird.

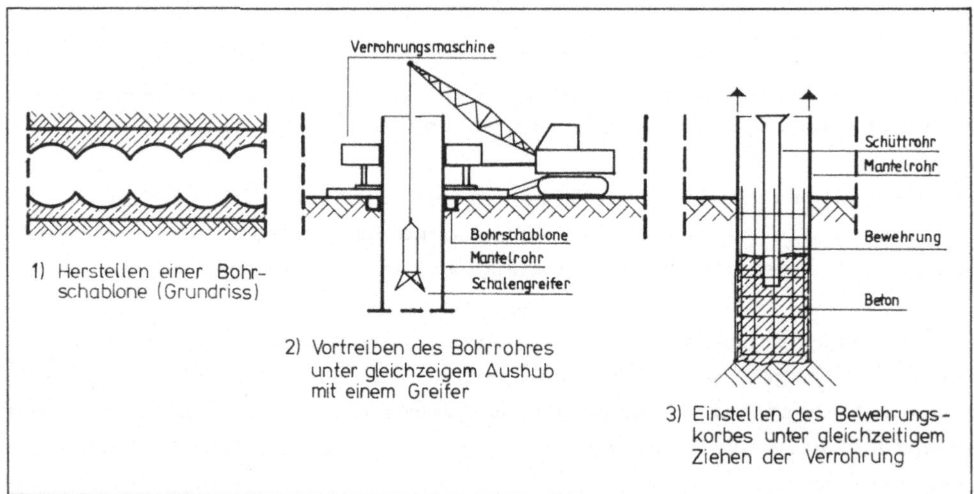

Bild 5.2   Herstellung einer Bohrpfahlwand

5.3   Erforderliche Stoffe und Materialien

Bohrpfahlwände bestehen aus Beton, der i.a. bewehrt ist. Lediglich bei überschnittenen Bohrpfahlwänden wird jeder 2. Pfahl unbewehrt hergestellt.

5.3.1 **Beton**

Die verwendeten Betongüten liegen zwischen B 15 und B 35. Die Anforderungen an den Beton sind in DIN 1045 und DIN 4014 beschrieben
und im folgenden kurz dargestellt:

Güteprüfung: Abweichend von DIN 1045 sind von dem Beton der ersten
10 Pfähle eines Bauvorhabens mindestens 6 Probewürfel nach DIN
1048 Teil 1 anzufertigen und zu prüfen, wovon 3 nach 7 Tagen und 3
nach 28 Tagen geprüft werden sollen. Für jeweils weitere 25 Pfähle
sind 3 Probewürfel auf ihre 28-Tage-Würfeldruckfestigkeit zu prüfen. Der Beton für die Probekörper ist dem Frischbeton verschiedener Mischungen bzw. Lieferungen zu entnehmen. Wenn sich im Verlauf
der Pfahlarbeiten die Zusammensetzung des Betons ändert, oder bei
der Verwendung von Transportbeton das Lieferwerk gewechselt wird,
ist so zu verfahren, als ob ein neues Bauverhaben begonnen würde
(DIN 4014).

Konsistenz: Für Bohrpfahlwände ist Beton der Konsistenz K 3 nach
DIN 1045 oder Fließbeton nach den "Richtlinien für die Herstellung
und Verarbeitung von Fließbeton" [48] zu verwenden.

In diesen Konsistenzbereichen ist eine Innenrüttlung wegen der Gefahr der Entmischung nicht zulässig (DIN 4014).

Tafel 5.1 Betonkonsistenz und Ausbreitmaß

Betonkonsistenz	Ausbreitmaß a [cm]
K 3	41 - 50
> K 3 (Fließbeton)	51 - 60

Unterwasserbeton: In vielen Fällen muß bei der Herstellung von
Bohrpfahlwänden der Beton unter Wasser eingebracht werden. Dabei
sind nach DIN 1045 folgende Bedingungen einzuhalten

-    Wasserzementwert   W/Z $\leq$ 0,60
-    Ausbreitmaß   a = 45 bis 50 cm oder Fließbeton

-   Zementgehalt   Z ≥ 350 kg/cbm (bei Größtkorn 32 mm)
-   stetige Sieblinie (Bereich A/B)
-   Mehlkorngehalt   ≥ 400 kg/cbm (bei Größtkorn 32 mm).

Der Beton muß beim Einbringen als zusammenhängende Masse fließen,
damit er auch ohne Verdichtung ein geschlossenes Gefüge erhält.

<u>Beton für überschnittene Bohrpfahlwände</u>: Die unbewehrten Primär-
pfähle werden zweckmäßigerweise mit HOZ L betoniert, wobei der Arbeitsablauf so gewählt werden muß, daß die Betonfestigkeit beim
Anschneiden durch die Sekundärpfähle - abhängig von der Leistung
des Bohrgerätes - i.a. zwischen 3 und 10 MN/m^2 liegen soll [2].

Die Gefahr der Richtungsabweichung beim Anschneiden besteht, wenn
die beiden anzuschneidenen Nachbarpfähle stark unterschiedliche
Festigkeit aufweisen. Bei vorübergehenden Bauwerken (z.B. Baugrubenumschließungen) kann die Verwendung eines wasserdichten Betons
der Güte B 10 mit hohem Füller- und geringem Zementanteil für die
unbewehrten Primärpfähle in Betracht kommen [2].

Wird der Beton für die unbewehrten Pfähle ebenso wie für die bewehrten Pfähle mit einer Mindestmenge von 350 kg Zement/cbm Festbeton hergestellt, ergeben sich hohe Anschnittfestigkeiten. Die
Absolutmaße der Festigkeiten der unbewehrten Pfähle sind allerdings nicht von so entscheidener Bedeutung wie die Differenz der
Einzelfestigkeiten der jeweils anzuschneidenden benachbarten
Pfähle. Bild 5.3 aus [93] zeigt z.B., daß bei einem Altersunter-
schied von 4 Tagen und bei Verwendung eines B 25 bereits eine Differenz der Festigkeiten von 16 MN/m^2 gegeben ist. Somit können
sich stark unterschiedliche Ablenkkräfte an der Unterkante des
Vortriebrohres ergeben.

Für die unbewehrten Pfähle muß also ein Beton verwendet werden,
der langsam an Festigkeit zunimmt, aber dennoch den statischen Anforderungen entspricht. Da der Frischbeton ausreichend fließfähig
und verdichtungswillig sein muß, kann auf eine Mindestmenge an
Feinstteilen nicht verzichtet werden. Diese Anforderungen werden
erfüllt durch Abminderung der Zementmenge und Kompensierung durch

Steinmehl oder andere Füller [93]. Versuche haben ergeben, daß Betonmischungen mit einer Zementmenge von ca. 100 kg/m^3 Festbeton und einem Zusatz von 150 bis 200 kg Füller die gewünschten Ergebnisse bringen. Die Betongüte liegt dann bei B 10 und genügt damit häufig den statischen Erfordernissen für die unbewehrten Primärpfähle.

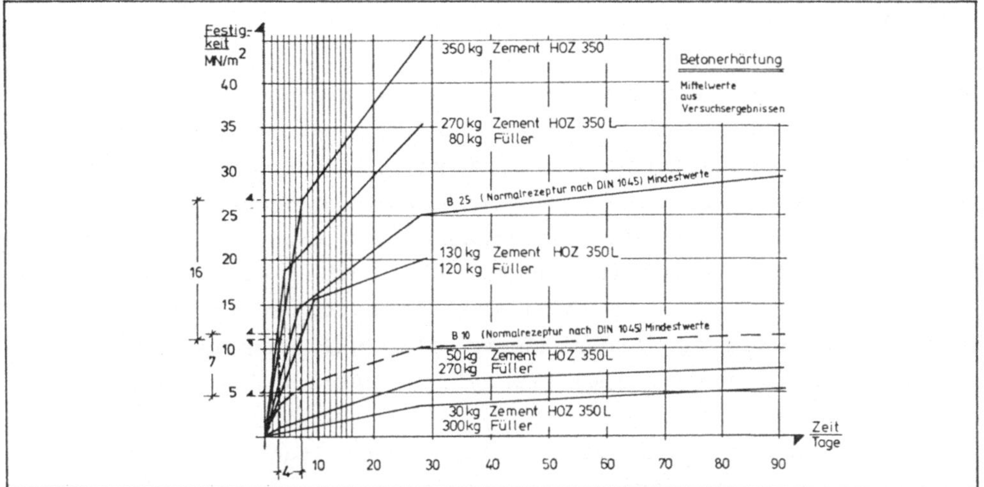

Bild 5.3   Verlauf der Erhärtung verschiedener Betone (aus [93])

Die Verwendung eines Betons mit 130 kg HOZ 350 L und 120 kg Steinmehl als Füller bringt bereits eine Abminderung der Differenzfestigkeit von 16 MN/m^2 auf 7 MN/m^2 (Bild 5.3).

5.3.2   Bewehrung

Für die Bewehrung der Bohrpfähle sind Betonstähle nach DIN 488 zu verwenden (Einzelheiten hierzu siehe [130]). Es kommen i.a. nur profilierte Stabstähle zur Anwendung. Die Bewehrungskörbe müssen in ganzer Länge hergestellt und in das Bohrloch eingehängt werden. In vielen Fällen ist für die Ausbildung des Bewehrungskorbes nicht die statisch erforderliche Bewehrung sondern die erforderliche Steifigkeit beim Aufnehmen und Einsetzen maßgebend.

Die Betondeckung darf bei bewehrten Pfählen 5 cm nicht unterschreiten, sie soll diesen Wert aber auch nicht wesentlich überschreiten.

Damit sind die Ansprüche der DIN 1045 an den Schutz gegen Aggressivität von Baugrund und Grundwasser stets erfüllt (DIN 4014).

Die Bewehrung wird nach DIN 1045 ermittelt. Die Querbewehrung ist in Form von Bügeln oder Wendeln anzuordnen. Die Stabdurchmesser dürfen nicht kleiner als 8 mm und die Abstände bzw. Ganghöhen nicht größer als 25 cm sein.

Da bei verrohrten Bohrungen ein unbeabsichtigtes Verdrehen der Bewehrungskörbe beim Ziehen der Rohre nicht auszuschließen ist, darf nur bei sehr sorgfältiger Arbeitsweise und Kontrolle von einer radialsymmetrischen Anordnung der Bewehrung abgegangen werden. Ein unbeabsichtiges Ziehen des Bewehrungskorbes kann durch die Frischbetonauflast auf einer in den Fuß des Korbes eingebauten Platte vermieden werden. Die "Zusätzlichen Technischen Vorschriften für Kunstbauten" [34] schreiben hierzu als Fußfläche gekreuzte Bandstahleisen 5/60 mm mit einer Stahlplatte 200/200/5 mm vor.

Um den Korb hinreichend auszusteifen und die Lage der Bewehrung zu gewährleisten, sind nach [34] im Abstand von höchstens 2,5 m jeweils zwei Bandstahlringe 5/60 mm mit einem Abstand von 25 cm in der Bewehrung anzuordnen und an diese Ringe (sogenannte "Rhönräder") entsprechende Stäbe mit Durchmesser 16 mm als Abstandhalter anzuschweißen.

Die EAU [2] empfiehlt bei Pfählen mit großem Durchmesser (d ≈ 150 cm), z.B. als Aussteifungsringe 2 Stäbe mit einem Durchmesser von 28 mm BSt 420 S mit 8 Distanzhaltern (Durchmesser 22 mm, l = 400 mm), die miteinander und mit der Längsbewehrung des Pfahles verschweißt werden, im Abstand von 1,6 m anzuordnen (Bild 5.4).

5.4   Geräte und Verfahren

Für die Pfahlherstellung sind die Teilprozesse Bohren, Bewehren und Betonieren wesentlich.

Die einzelnen Bauverfahren unterscheiden sich in der Bohrart
(Greiferbohrung, Drehbohrung, Spülbohrung), der Sicherung der
Bohrlochwand (mit Verrohrung, mit Stützflüssigkeit) und im Beto-
niervorgang.

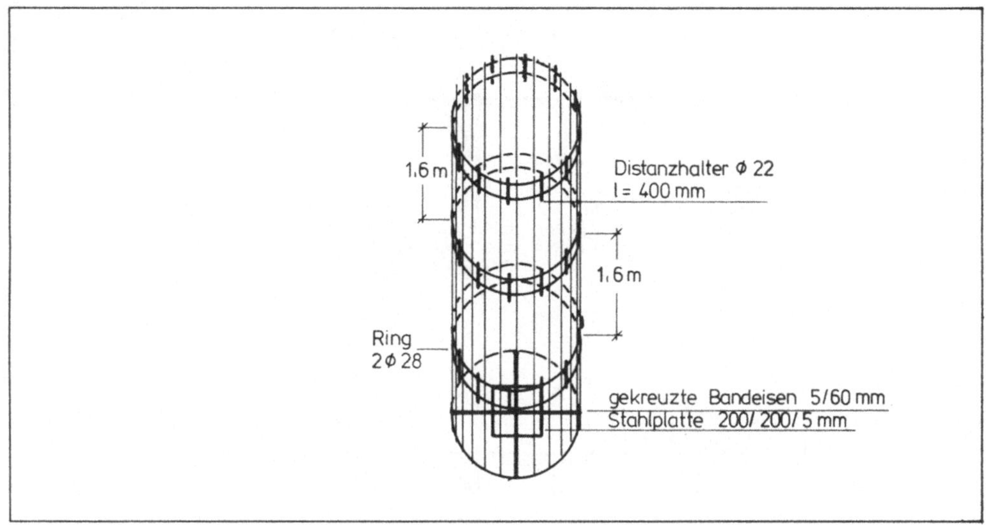

Bild 5.4   Bewehrungskorb eines Bohrpfahles mit Aussteifungen

Die Wahl des Verfahrens richtet sich nach dem anstehenden Baugrund
und den technischen Bedingungen der jeweiligen Baustelle.

Als sehr häufig angewendetes Verfahren sei hier das Benoto-Verfah-
ren genannt. Die dafür erforderlichen Bohrgeräte stammen ursprüng-
lich von der Maschinenfabrik Benoto in Paris. Wesentliches Merkmal
des Benoto-Verfahrens ist die Kompaktbohranlage (Bild 5.5), bei
der Bodengewinnungs- und Verrohrungsgerät eine Einheit bilden. Das
Gerät kann mit einem Schreitwerk hydraulich versetzt werden.

Es besitzt ein Rohrführungsgestell und eine hydraulische Einbring-
und Zieheinrichtung für das Eintreiben und Ziehen der Stahlrohre.
Der Boden wird i.a. mit einem Einseilgreifer gefördert. Wenn harte
Bodenschichten (z.B. Kalksteinbänke o.ä.) zu durchörtern sind,
kann der Seilgreifer gegen einen ca. 3 t schweren Fallmeißel aus-
gewechselt werden. Das Gerät wiegt ca. 40 t und erzeugt ein Dreh-
moment von ca. 400 kNm.

Der Standard-Durchmesser der Benoto-Pfahlwand beträgt 88 cm bei
einem Überschneidungsmaß von 13 cm [74] (Bild 5.1).

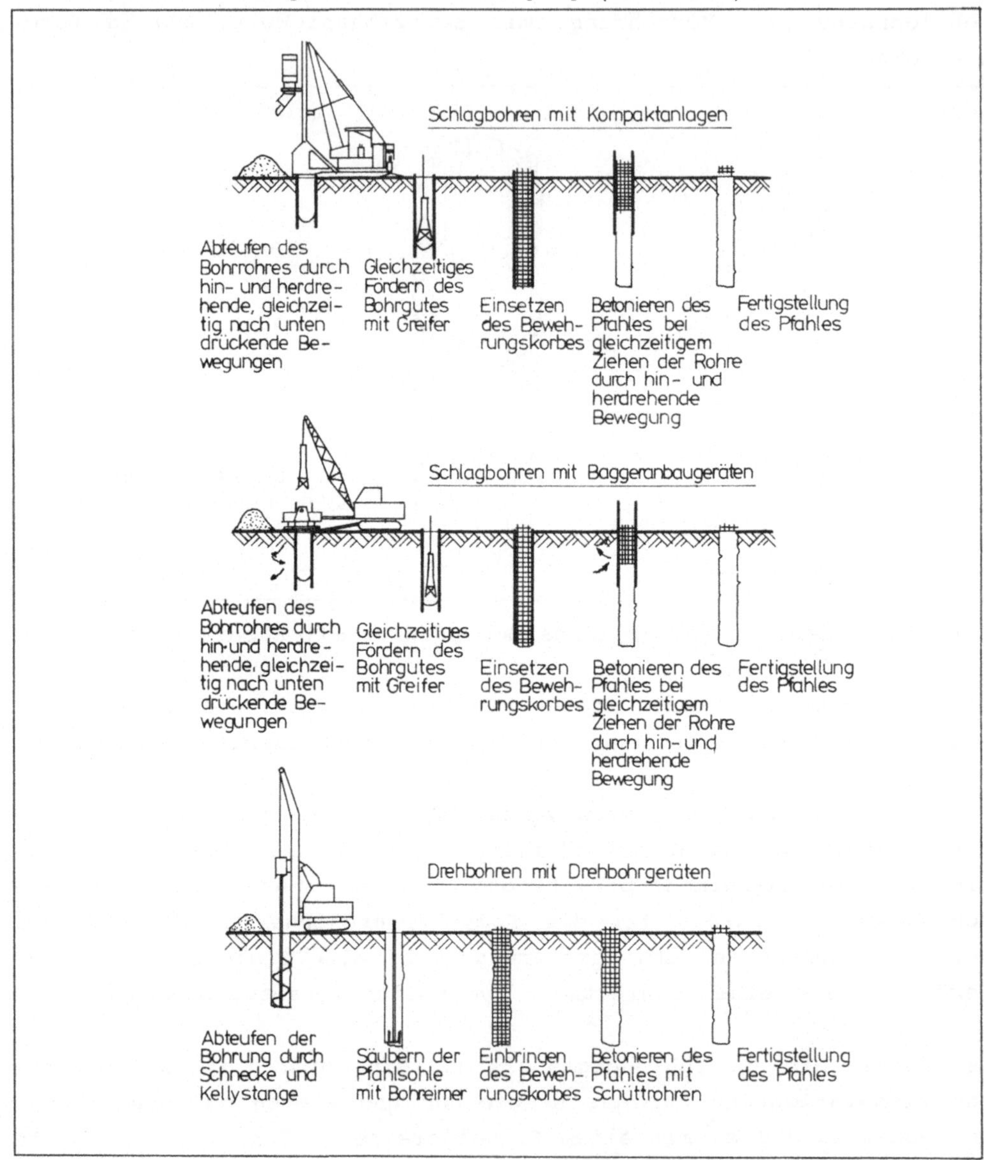

Bild 5.5   Verfahren zur Herstellung von Bohrpfählen (nach [9])

Die verwendeten Vortreibrohre haben Wanddicken von ca. 4 cm und
Einzellängen von 3 bis 6 m. Am unteren Rand des zuerst niederge-
brachten Bohrrohres befindet sich eine Bohrkrone aus gehärtetem
Sonderstahl.

Die Mantelreibung zwischen Bohrrohr und Boden wird durch eine
Drehbewegung des Bohrrohres vermindert. Die Drehbewegung wird
durch zwei Hydraulikzylinder bewirkt, die ihre Hin- und Herbewe-
gung über eine Klemmschelle auf das Bohrrohr übertragen.

Zur Überwindung der verbleibenden Mantelreibung und des Spitzenwi-
derstandes am Bohrrohrschuh dienen neben dem Gewicht der Rohre die
Vorschubkräfte von zwei vertikal stehenden Hydraulikzylindern, die
ebenfalls über die Klemmschelle wirken. Die Reaktionskräfte werden
von der Verrohrungsanlage aufgenommen. Die bei Bohrpfahlwänden erforderliche hohe Genauigkeit aller einzelnen Bohrungen wird u.a.
durch die doppelte Führung des Bohrrohres erreicht.

Neben den Kompaktbohranlagen haben sich noch Bagger mit speziellen
Anbaugeräten (Drehbohrgeräte, Verrohrungsmaschinen) bewährt [136]
(Bild 5.5).

Beim Arbeiten mit einer Verrohrungsmaschine wird der Boden mit einem Einseilgreifer gelöst. Der Einbau der Verrohrung geschieht wie
bei den Kompaktanlagen. Die Verrohrungsmaschinen haben meist ein
eigenes Antriebsaggregat.

Der Bohrfortschritt ist beim Arbeiten mit Seilgreifern geringer
als beim Drehbohrverfahren. In standfesten Böden kann beim Drehbohrverfahren häufig ohne Verrohrung gearbeitet werden.

Unabhängig von der Wahl des Bohrverfahrens und dem Einbringen des
Betons sind folgende Vorschriften der DIN 4014 Teil 1 und 2 zu beachten:

-    Um unter die Bohrung reichende Auflockerungen während des
     Bohrvorganges zu vermeiden, muß die Verrohrung dem Bohrfort-
     schritt je nach Bodenart mehr oder weniger weit vorauseilen.

In weichen bindigen und in nichtbindigen Böden ist i.a. ein
Voreilmaß bis zu einem halben Bohrdurchmesser erforderlich.

-   Im Grundwasser ist stets unter Zugabe von Wasser zu bohren.
    Dabei soll die Wassersäule hoch genug über dem jeweiligen
    Grundwasserstand stehen, bei Feinsand und Schluff um min-
    destens 1 m bei herausgezogenem Bohrwerkzeug.

-   Beim Einbringen des Betons ist sicherzustellen, daß er in der
    vorgesehenen Zusammensetzung und Konsistenz bis zur Bohrloch-
    sohle gelangt, daß er sich nicht entmischt, nicht verunreinigt
    wird und daß die Betonsäule weder unterbrochen noch einge-
    schnürt wird. Dabei muß auch in wasserfreien, trockenen Boh-
    rungen mit Schüttrohr, Pumprohr oder mit Schläuchen betoniert
    werden, die zu Beginn des Betoniervorgangs bis zur Bohrloch-
    sohle reichen müssen.

-   Im Grundwasser muß der Beton im Kontraktorverfahren einge-
    bracht werden. Das Schüttrohr muß hierbei ausreichend tief in
    den bereits eingebrachten Beton hineinreichen, damit die Be-
    tonsäule nicht abreißt und kein Wasser in das Schüttrohr ein-
    dringt.

-   Die einzelnen Pfähle sind zügig ohne Unterbrechung zu betonie-
    ren. Um nachteilige Einflüsse einer im Ausnahmefall eintreten-
    den kürzeren Unterbrechung des Betoniervorgangs auszuschalten,
    sollten Abbindeverzögerer verwendet werden.

Sollen Pfahlwände unmittelbar neben bestehenden Bauwerken abgeteuft werden, wird neuerdings oft das Verfahren der "Vor-der-Wand-
Pfähle (VDW-Pfähle)" eingesetzt (Bild 5.6).

Die Durchmesser der Pfähle liegen zwischen 10 und 50 cm, die maximale Tiefe bei ca. 15 - 20 m. Die Pfähle können bis zu 1 : 5 geneigt werden, eine Überschneidung ist nicht möglich.

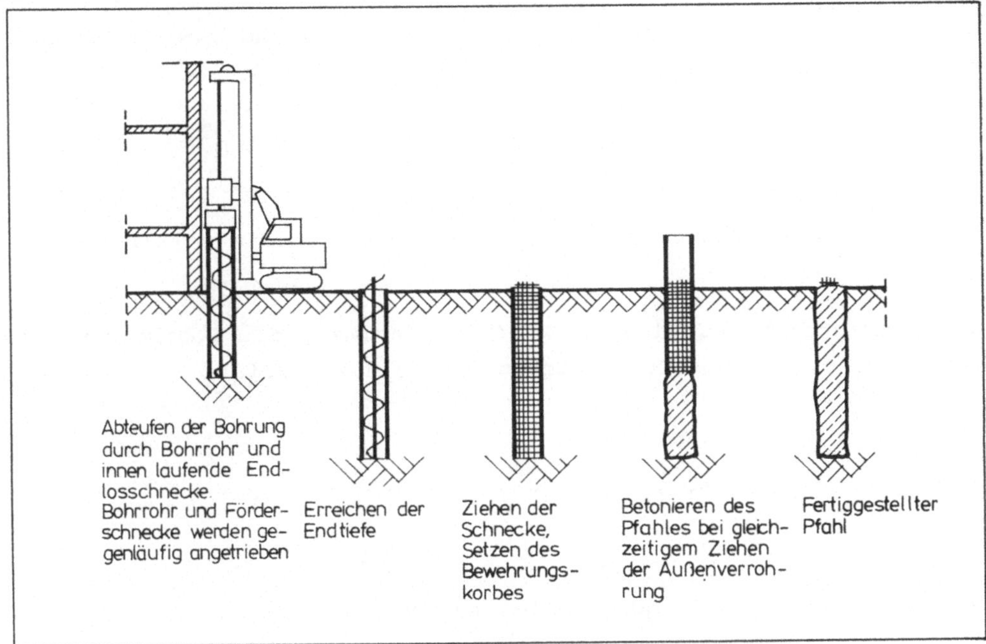

Bild 5.6 Herstellung von VDW-Pfählen (nach [26], [9])

5.5   Leistung und Kosten

Als Beispiel wird eine 10 m tiefe Baugrube gewählt, die durch 13 m lange überschnittene Bohrpfähle gesichert werden soll.

Für die Herstellung der erforderlichen Bohrschablone kann von folgenden Leistungs- und Aufwandswerten ausgegangen werden:

Eine Kolonne mit 3 Mann erstellt ca. 15 lfdm Bohrschablone in 10 Stunden. Die Aufwandswerte der Teilleistungen betragen:

Schalen   :   1,2 h/m^2
Einbau Beton: 0,8 h/m^3

Erforderliche Stoffe:

Beton   :   0,19 m^3/m (130 DM/m^3)
Bewehrung   :   0,015 t/m   (1.150 DM/t)
Schalung   :   1,2 m^2/m (12 DM/m^2)

Der Durchmesser der Bohrpfähle beträgt 88 cm und die Überschneidung 13 cm (Bild 5.1).

Sichtbare Verbaufläche/Pfahl = 0,75 m x 10 m = 7,5 m^2

Volumen eines Pfahles $\quad V = \dfrac{\pi \times 0,88^2\ m^2}{4} \times 13\ m = 7,91\ m^3$

Der Bohrfortschritt wird zu 4 m/h angenommen, die Bohrkolonne umfaßt 3 Mann. Die Bohrzeit beträgt $\dfrac{13\ m}{4\ \frac{m}{h}} = 3,25$ h/Pfahl

Aufwandswert für das Bohren : $\dfrac{13\ m}{4\ \frac{m}{h}} \times \dfrac{3}{7,5\ m^2} = 1,3\ \dfrac{h}{m^2}$

Bei der Bohrgutbeseitigung fallen folgende Kosten an:

Abfuhr   : 25 DM/m^3
Kippgebühr: 15 DM/t

Der Bewehrungskorb wird von einer anderen Kolonne hergestellt. Der Bewehrungsanteil beträgt 0,07 t/m^3.

Aufwandswert Bewehren:
$$12\ \frac{h}{t} \times 0,07\ \frac{t}{m^3} \times 7,91\ m^3 \times \frac{1}{2 \times 7,5\ m^2} = 0,44\ \frac{h}{m^2}$$

Da nur jeder zweite Pfahl bewehrt wird, werden die Kosten für den Bewehrungskorb auf 2 x 7,5 m^2 = 15 m^2 umgelegt.

Der Einbau des Bewehrungskorbes dauert 20 min und wird mit 3 Mann unter Benutzung der Kompaktbohranlage ausgeführt.

Aufwandswert: $\quad \dfrac{1}{3}\ h \times 3 \times \dfrac{1}{2 \times 7,5\ m^2} = 0,07\ \dfrac{h}{m^2}$

Die Betonierkolonne besteht ebenfalls aus 3 Mann und baut 5 m^3/h ein. Es wird ein Betonverlust von 5 % angesetzt.

$$\text{Aufwandswert Betonieren:} \qquad \frac{7,91 \ m^3}{5 \ \dfrac{m^3}{h}} \times 3 \times \frac{1}{7,5 \ m^2} = 0,63 \ \frac{h}{m^2}$$

Außer der Kompaktbohranlage ist der Einsatz einer Betonpumpe zu 160 DM/h (einschließlich Bedienungsmann) erforderlich.

In Tafel 5.2 sind die Gerätekosten/m^2 sichtbare Verbaufläche und in Tafel 5.3 die Einzelkosten der Teilleistungen zusammengestellt.

Tafel 5.2   Ermittlung der Vorhalte- und Betriebskosten/m^2 sichtbare
            Verbaufläche

Bezeichnung	Neuwert DM	Abschreibung + Verzinsung je Monat %		Reparatur je Monat %		Reparatur je Monat einschl. Lohnfaktor DM
		%	DM	%	DM	DM
1 Kompaktbohranlage (155 kW)	1.200.000	2,8	33.600	2,1	25.200	37.976,40
20m Verrohrung	24.000	2,7	648	1,8	432	651,02
1 Greifer	37.000	3,8	1.406	4,1	1.517	2.286,12
1 Fallmeißel	15.000	4,5	675	4,1	615	926,81
Gerätevorhaltekosten / Monat		36.329				41.840,35

Gerätekosten/m² sichtbare Verbaufläche	Betriebsstoffe DM/m²	Vorhaltekosten DM/m²
Bohren $$\frac{78.169,35 \text{ DM/Mon}}{175 \text{ h/Mon}} \times 3,25 \text{ h} \times \frac{1}{7,5\text{m}^2}$$		193,56
Betriebsstoffe $$155 \text{ kW} \times 0,2 \frac{\text{l}}{\text{kWh}} \times 3,25 \text{ h} \times 1 \frac{\text{DM}}{\text{l}} \times \frac{1}{7,5\text{m}^2}$$	13,43	
Schmierstoffe $$0,2 \times 13,43$$	2,69	
Einbau Bewehrungskorb $$\frac{78.169,35 \text{ DM/Mon}}{175 \text{ h/Mon}} \times \frac{1}{3} \text{ h} \times \frac{1}{2 \times 7,5\text{m}^2}$$		9,93
Betriebsstoffe $$155 \text{ kW} \times 0,2 \frac{\text{l}}{\text{kWh}} \times \frac{1}{3} \text{ h} \times 1 \frac{\text{DM}}{\text{l}} \times \frac{1}{2 \times 7,5\text{m}^2}$$	0,69	
Schmierstoffe $$0,2 \times 0,69$$	0,14	
Betonieren $$\frac{78.169,35 \text{ DM/Mon}}{175 \text{ h/Mon}} \times \frac{7,91\text{m}^3}{5\text{m}^3/\text{h}} \times \frac{1}{7,5\text{m}^2}$$		94,22
Betriebsstoffe $$155 \text{ kW} \times 0,2 \frac{\text{l}}{\text{h}} \times \frac{7,91\text{m}^3}{5 \text{ m}^3/\text{h}} \times 1 \frac{\text{DM}}{\text{l}} \times \frac{1}{7,5\text{m}^2}$$	6,54	
Schmierstoffe $$0,2 \times 6,54$$	1,31	
Summe: 322,51 DM/m²	24,80	297,71

Tafel 5.3   Ermittlung der Einzelkosten der Teilleistungen

Ermittlung der Einzelkosten/ m² sichtbare Verbaufläche	Lohnst. h/m²	Lohn DM/m²	Sonst.Kosten DM/m²	Geräte DM/m²
1.Lohn 44,02 DM/h Herstellung Bohrschablone Schalen $1,2 \; \frac{h}{m^2} \times 1,2 \; \frac{m^2}{m} \times \frac{1m}{10m^2}$	0,14			
Bewehren $12 \; \frac{h}{t} \times 0,015 \; \frac{t}{m} \times \frac{1m}{10m^2}$	0,02			
Betonieren $0,8 \; \frac{h}{m^3} \times 0,19 \; \frac{m^3}{m} \times \frac{1m}{10m^2}$	0,02			
Bohren der Pfähle	1,30			
Bewehren	0,44			
Einbau Bewehrungskorb	0,07			
Betonieren	0,63			
2.Material **Bohrschablone** Schalung $12 \; \frac{DM}{m^2} \times 1,2 \; \frac{m^2}{m} \times \frac{1m}{10m^2}$			1,44	
Bewehrung $0,015 \; \frac{t}{m} \times 1150 \; \frac{DM}{t} \times \frac{1m}{10m^2}$			1,73	
Beton $0,19 \; \frac{m^3}{m} \times 130 \; \frac{DM}{m^3} \times \frac{1m}{10m^2}$			2,47	
Bohren Abfuhr Bohrgut $7,91 \; m^3 \times 25 \; \frac{DM}{m^3} \times \frac{1}{7,5m^2}$			26,37	
Kippgebühr $7,91 \; m^3 \times \frac{1,6t}{m^3} \times 15 \; \frac{DM}{t} \times \frac{1}{7,5m^2}$			25,31	
Beton $7,91m^3 \times 130 \; \frac{DM}{m^3} \times \frac{1}{7,5m^2}$			137,10	
Bewehrung $7,91m^3 \times 0,07 \; \frac{t}{m^3} \times 1150 \; \frac{DM}{t} \times \frac{1}{2 \times 7,5m^2}$			42,45	
3.Geräte Kompaktbohranlage				322,51
Betonpumpe $\frac{7,91m^3}{5m^3/h} \times 160 \; \frac{DM}{h} \times \frac{1}{7,5m^2}$				33,75
Summe: 708,46 DM/m²	**2,62**	**115,33**	**236,87**	**356,26**

5.6 Sicherheitstechnik

Die Herstellung einer Bohrpfahlwand gliedert sich in die Teilschritte:

- Bohren
- Bewehren
- Betonieren

Bohrlochwandungen müssen entweder standfest oder durch Verrohrung
gesichert sein. Bohr- und Schutzrohre müssen gegen Abrutschen gesichert sein, z.B. durch Rohrschellen, Auflagerkonsolen o.ä.
Bohrlöcher müssen mit einem dichten, mindestens 20 cm über die Geländeoberkante reichenden Schutzkragen gesichert sein [156]. Bohrgut, Baustoffe, Geräte und dergleichen müssen vom Bohrlochrand so
weit entfernt gelagert sein, daß sie nicht in die Bohrung hin-
einfallen können.

Wird in den Bohrungen nicht gearbeitet, müssen die Bohrlöcher so
abgedeckt sein, daß Personen nicht hineinstürzen können. Weitere
Gefahren entstehen beim Betrieb der Bohrgeräte einschließlich des
Zubehörs wie Greifer, Verrohrungsmaschinen o.ä.. Dabei sind stets
sichere Aufstiege und Absturzsicherungen vorzusehen. Das Hantieren
mit den Bohrrohren, die bis zu ca. 6 m lang und ca. 3 t schwer
sind, ist insbesondere bei beengten Platzverhältnissen schwierig
und für die Beschäftigten mit der Gefahr von Quetschungen usw.
verbunden.

Zu den schwierigsten und gefahrvollsten Hebearbeiten beim Bohren
zählt das Einsetzen der Bewehrungskörbe [57].

Korrekte Hilfsmittel zum Anschlagen von waagerecht oder senkrecht
zu versetzenden Bewehrungskörben, Vermeiden von unzulässigem
Schrägzug und Überlastung des Bohrbaggers, sicherer Standplatz in
der Höhe beim Wechsel des Anschlagpunktes, keine Gefährdung des
Baggerfahrers beim Absturz der Last sind einige wesentliche
sicherheitstechnische Anforderungen beim Einbau von Bewehrungskörben in Bohrungen.

Voraussetzung für eine sichere Durchführung der Betonierarbeiten sind geeignete Standplätze für die Beschäftigten. Bei den Arbeitsplätzen ist daher auf folgende Punkte zu achten [125]:

- Trittsicherheit
- ausreichende Tragfähigkeit
- Absturzsicherung
- sichere Zugänge.

Beim Betonieren von Bohrpfahlwänden wird praktisch immer Fertigbeton verwendet, der vom Fahrmischer über eine Rutsche oder mit einer Betonpumpe in den Trichter des Betonierrohres geleitet wird. Wird Pumpbeton verwendet, ist folgendes zu beachten [125]:

- Fahrzeugpumpen sind während des Betriebes abzustützen. Die Stützfüße sind bei nicht genügend tragfähigem Untergrund zu unterbauen
- Verteilermaste müssen ausreichenden Sicherheitsabstand von elektrischen Freileitungen haben
- Motorenabgase müssen so abgeleitet werden, daß keine Gesundheitsgefahren für Beschäftigte auftreten.

Frischbeton wirkt ätzend und greift daher die Haut an. Durch Zusatzmittel kann diese schädliche Wirkung noch verstärkt werden. Daher sind folgende Schutzmaßnahmen erforderlich:

- Hautkontakt mit Frischbeton ist möglichst zu vermeiden
- beim Betonieren sind Handschuhe und Gummistiefel, die mit durchtrittsicherer Sohle und Zehenschutzkappe ausgestattet sind, zu tragen.

6 Schlitzwände

6.1 Allgemeines

Schlitzwände sind Wände aus Beton oder Stahlbeton, die in flüssigkeitsgestützten Erdschlitzen entweder nach dem Kontraktorbetonverfahren (Ortbeton-Schlitzwand) mit einer Mindestdicke von 40 cm erstellt oder durch das Einhängen von Betonfertigteilen (Fertigteil-Schlitzwand) hergestellt werden.

Schlitzwände können in fast allen Böden abgeteuft werden. Probleme ergeben sich bei sehr durchlässigen Auffüllungen (z.B. Trümmerschutt), da die Stützflüssigkeit abfließt und der erforderliche Stützdruck nicht aufgebaut werden kann, bei Festgestein, das mit Fallmeißel und Greifer nicht oder nur sehr aufwendig gelöst werden kann und bei organischen Säuren im Grundwasser, die eine Veränderung der physikalischen Eigenschaften der Suspension bewirken können.

Die Schlitzwandtechnik geht in ihrem Grundgedanken bis auf die Jahrhundertwende zurück, wurde allerdings erst in den 50-er Jahren bis zur Ausführungsreife entwickelt.

Schlitzwände können wie Bohrpfahlwände einen vorübergehenden Zweck (Baugrubenwände) haben oder Bestandteil einer bleibenden Konstruktion (U-Bahn, Tiefgarage o.ä.) werden. In beiden Fällen können sie tragende oder dichtende bzw. tragende und dichtende Funktion haben. Die Bauweise ist verformungsarm und daher auch zur Sicherung bestehender Gebäude anwendbar. Sie konkurriert oft mit der Bohrpfahlwand.

Die Vorteile gegenüber Trägerbohlwänden und Spundwänden sind die gleichen wie bei der Bohrpfahlwand (s. Kap. 5.1). Gegenüber der Bohrpfahlwand weist die Schlitzwand folgende Vorteile auf:

-   Die Zahl der Fugen ist bei Schlitzwänden wesentlicher geringer
    (Fugenabstand je nach Lamellenlänge ca. 2 bis 5 m). Da die Fugen mögliche Wasserdurchtrittsstellen sind, ist der Restwas

seranfall bei einer Schlitzwand i.a. kleiner als bei einer Bohrpfahlwand.

- Durch Hindernisse im Boden wird die Vertikalität einer Schlitzwand und der saubere Anschluß der einzelnen Lamellen weniger gestört als bei Pfahlwänden, bei denen es zu einem Auseinanderlaufen der Pfähle kommen kann.

- Es muß nicht, wie bei der Bohrpfahlwand, bereits erhärteter Beton angeschnitten werden.

Die Nachteile der Schlitzwand gegenüber der Bohrpfahlwand sind im Kap. 5.1 zusammengestellt. Sie sollen hier nicht wiederholt werden.

6.2   Technische Grundlagen

Die Herstellung einer Schlitzwand besteht aus folgenden Arbeitsgängen (Bild 6.1):

- Voraushub bis ca. 1,0 - 1,5 m unter Gelände
- Einbau von Leitwänden aus Betonfertigteilen, Stahlfertigteilen oder Ortbeton.
  Die Leitwände, die häufig gegeneinander ausgesteift werden, nehmen den Erddruck im oberen Bereich auf, verhindern das Nachfallen des Bodens und dienen dem Greifer als Führung. Der Raum zwischen den Leitwänden dient als Vorhalteraum für die Stützflüssigkeit.

- Aushub einer Lamelle (übliche Lamellenlängen bis 5 m). Als Aushubgeräte werden spezielle Schlitzwandgreifer mit Gewichten von 5 bis 10 t verwendet. Das Nachrutschen des Bodens in die Lamelle wird durch die Stützflüssigkeit (i.a. Bentonit-Suspension) verhindert. Die Rezeptur der Stützflüssigkeit (3 bis 6 kg Bentonit/m^3) muß auf das Korngerüst der anstehenden Bodenart abgestimmt werden.
- Einbringen der Abschalrohre. Sie garantieren eine senkrecht verlaufende halbkreisförmig ausgebildete Trennfuge zwischen den Primär- und den Sekundärlamellen
- Einbringen des Bewehrungskorbes

-   Betonieren der Lamelle im Kontraktorverfahren bei gleich-
    zeitigem Abpumpen der Stützflüssigkeit, die regeneriert und
    mehrfach wiederverwendet werden kann
-   Ziehen der Abschalrohre nach dem Erstarren des Betons. Die
    Rohre werden mit hydraulischen Ziehvorrichtungen wieder-
    gewonnen
-   Aushub der nächsten Schlitzwandlamelle.

Die Länge einer Lamelle richtet sich nach den Abmessungen des
Greifers, dem anstehenden Baugrund einschließlich der Wasserverhältnisse und der angrenzenden Bebauung. Für Aufgaben im innerstädtischen Tiefbau sind Schlitzwandtiefen bis ca. 30 m ausreichend. Allerdings sind auch schon Schlitzwände bis ca. 50 m Tiefe
erstellt worden.

Die Herstellung der Wand kann alternierend oder kontiunierlich erfolgen (Bild 6.2). Bei der alternierenden Bauweise wird nach Fertigstellung einer Schlitzwandlamelle stets erst der übernächste
Abschnitt betoniert (Pilgerschrittverfahren). Hierbei haben Pri-
mär- und Sekundärlamellen stets unterschiedliche Abmessungen, was
durch das Abschalrohr bedingt ist (Bild 6.3). Bei der kontinuierlichen Herstellung haben (bis auf die 1. Lamelle) alle Lamellen
gleiche Abmessungen, was für die Herstellung (z.B. Ausbildung der
Bewehrungskörbe, Anordnung von Ankern und Steifen) von Vorteil
sein kann.

Mehr noch als andere Arbeiten des Spezialtiefbaues verlangt die
Herstellung von Schlitzwänden umfangreiche Erfahrungen, wobei dem
Geräteführer des Schlitzwandgreifers die größte Verantwortung zu-
kommt. Die Qualität einer Schlitzwand wird im wesentlichen durch
folgende Merkmale bestimmt:

-   geschlossene und dichte Wand
-   saubere Oberfläche der Betonwand, die je nach Bodenbe-
    schaffenheit gewisse Betonauswüchse aufweist
-   Vertikalität und Einhaltung der Flucht

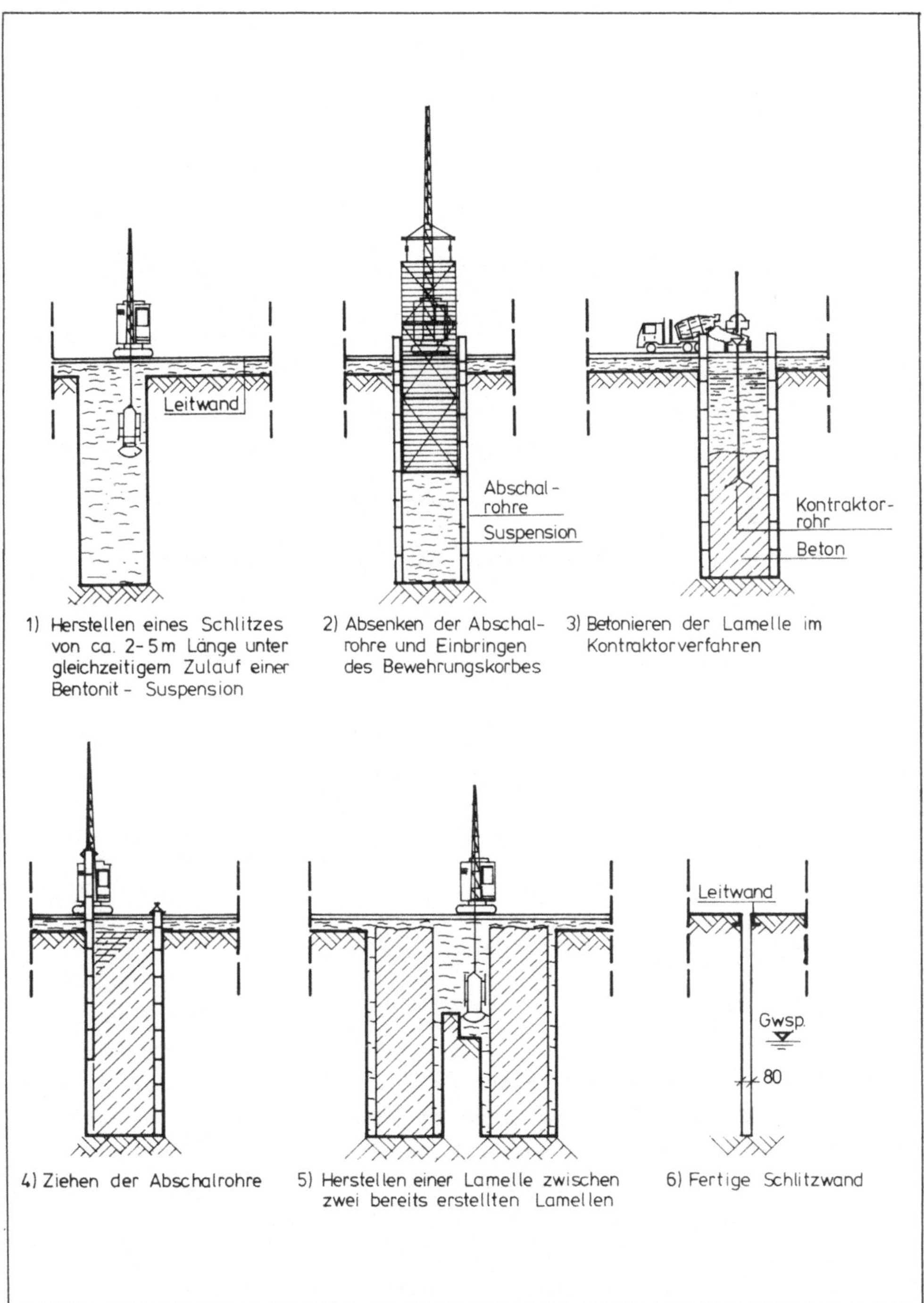

Bild 6.1   Arbeitsablauf beim Herstellen einer Schlitzwand

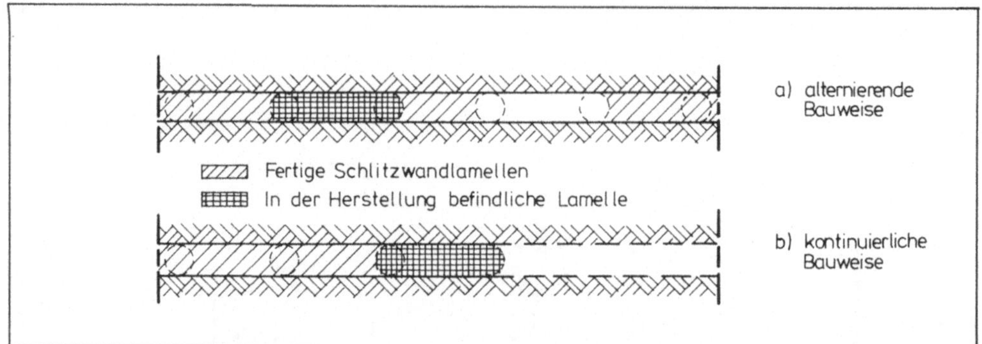

Bild 6.2   Bauablauf zur Herstellung von Schlitzwänden

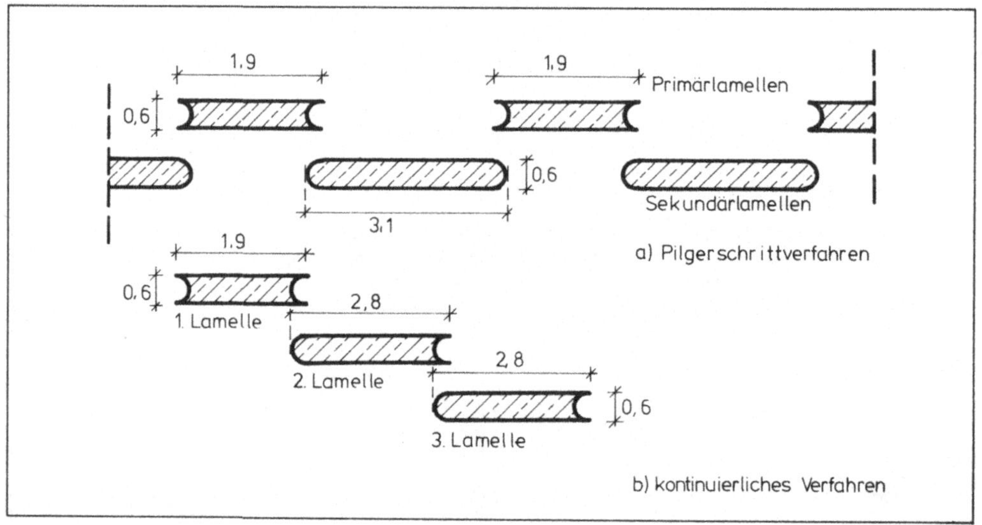

**Bild 6.3   Form und Abmessungen von Lamellen bei einer Greiferbreite
von 2,50 m und einer Wanddicke von 0,60 m**

Bei der Abdichtungswirkung von Schlitzwänden ist zwischen der
Dichtheit des Betons und der Dichtheit der Fugen zu unterscheiden.
Der Beton ist meistens ausreichend wasserdicht, so daß Wasserdurchtritte auf die Fugen beschränkt bleiben. Daher sind bei der
Herstellung der Fugen besondere Maßnahmen vorzusehen, z.B. soll
durch "Putzen" der Fuge zwischen zwei Lamellen vor dem Betonieren
verhindert werden, daß dort Sand- oder Kiesnester verbleiben [70].

Die Güte der Schlitzwandoberfläche wird durch die anstehenden Bodenarten bestimmt. Bei grobkörnigen Böden sind eher Betonnasen zu

erwarten als bei feinkörnigen, da bei grobkörnigen Böden die
Stützwirkung der Suspension infolge ihrer größeren Eindringung in
den anstehenden Boden an dessen Oberfläche nicht voll wirksam
wird.

Unregelmäßigkeiten an der Wandoberfläche sind immer dann zu erwar-
ten, wenn beim Schlitzen Hindernisse auftreten, die z.B. durch
Meißeln beseitigt werden müssen. Hierbei können örtlich größere
Bodeneinbrüche auftreten, die ausbetoniert Auswüchse bilden.

Die richtige Lage der Lamelle im Grundriß wird durch die Leitwände, die nötige Vertikalität durch die Leiteinrichtungen und
durch das Gewicht der Seilgreifer gewährleistet. Durch Loten und
Kontrolle des Anschlusses an bereits fertiggestellte Wandteile
kann die Richtungstreue des Erdschlitzes horizontal und vertikal
überprüft werden [71](Bild 6.4).

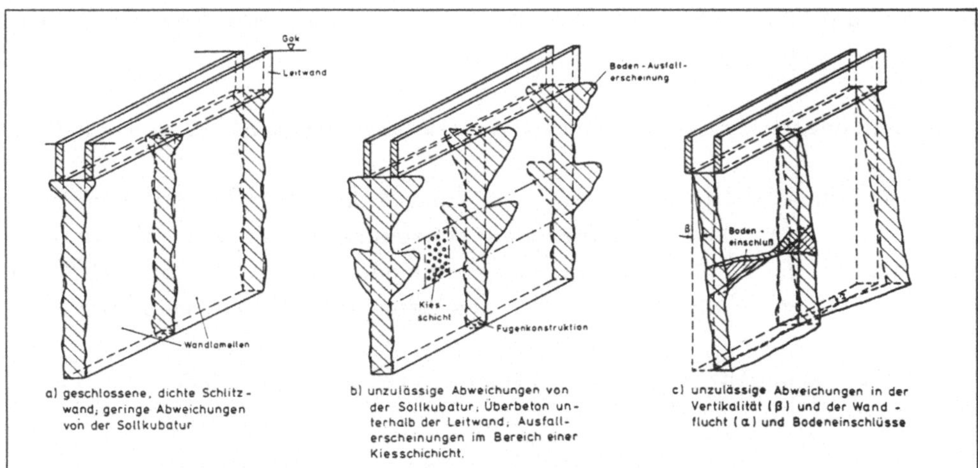

Bild 6.4   Zulässige und unzulässige Erscheinungsformen der be-
           tonierten Schlitzwand (aus[70])

6.3   Erforderliche Stoffe und Materialien
6.3.1   Stützflüssigkeit

Als Stützflüssigkeiten werden Bentonit-Suspensionen verwendet.
Bentonit ist ein Ton, der nach seinem ersten Fundort in der Nähe
von Fort Benton im US-Staat Wyoming benannt wurde.

Hauptbestandteil und maßgebend für die mechanischen Eigenschaften ist das Dreischichtenmineral Montmorillonit, das nach einer Lagerstätte Montmorillon in Südfrankreich benannt wurde. Neben Montmorillonit, das sehr stark quellfähig ist, enthält Bentonit noch Quarz, Glimmer, Feldspat, Kaolinit und Illit als Begleitminerale.

Bei den Bentoniten werden Natriumbentonite und Calciumbentonite unterschieden. Da die Natriumbentonite wesentlich bessere Quelleigenschaften haben als die Calziumbentonite, werden die in Deutschland gefundenen Ca-Bentonite durch Zugabe von Soda (Na_2CO_3) aktiviert und damit in Natriumbentonite umgewandelt.

Zusätzlich können den Bentoniten während des Produktionsvorganges chemische Additive zugesetzt werden (chemische Modifizierung). Als organische Additive finden Polymere wie Carboxymethylcellulose (CMC) oder Polyacrylate und Polyacylamide Anwendung. Die Zusätze wirken hauptsächlich quellanregend und erhöhen fast immer die Viskosität der Suspension. Diese Bentonite werden als "gedopte" oder "chemisch modifizierte" Bentonite bezeichnet.

Alle Bentonite kommen feingemahlen als Bentonitmehl in den Handel.

Bentonite kosten je nach Qualität und Transportweg zur Baustelle 200 - 350 DM/t. Bei den üblichen Konzentrationen von ca. 40 - 50 kg Bentonit je m^3 Suspension müssen demnach ca. 10,-- bis 15,-- DM Materialkosten/m^3 Suspension für das Bentonit aufgewendet werden.

Die Anforderungen an Stützflüssigkeiten sind in DIN 4127 festgelegt.

Beim Bau von Schlitzwänden sind die folgenden Eigenschaften stützender Flüssigkeiten von Bedeutung:

- **Scherfestigkeit**

Stützflüssigkeiten unterscheiden sich durch ihre Scherfestigkeit von echten (newtonschen) Flüssigkeiten. Die Scherfestigkeit von

Bentonit-Suspensionen liegt zwischen 0 und 150 N/m^2 und bestimmt
die Stützwirkung und das Eindringverhalten.

- Fließverhalten

Das Fließverhalten der Suspension beeinflußt die Verarbeitbarkeit,
die Verdrängbarkeit durch den Beton, die Pumpbarkeit und das Eindringungsverhalten. Während aus Gründen der Standsicherheit des
Schlitzes möglichst hohe Scherfestigkeiten gefordert werden, sollen die Suspensionen aus Gründen der Verarbeitbarkeit möglichst
dünnflüssig sein.

- Filtrationsverhalten

Das Filtrationsverhalten beeinflußt die Stabilität der Suspension
und das Eindringungsverhalten.

- Dichte

Die Dichte bestimmt die Größe des hydrostatischen Drucks und die
Verdrängbarkeit durch den Beton. Die Dichten üblicher Suspension
liegen bei 1,03 bis 1,05 t/m^3, durch Verunreinigung während des
Aushubs kann die Dichte bis auf ca. 1,3 t/m^3 ansteigen.

Die Stützwirkung der Suspension läßt sich für feinkörnige und
grobkörnige Böden wie folgt erklären.

Bei feinkörnigen Böden (d_{10} < 0,2 mm) kann davon ausgegangen werden, daß keine Bentonit-Suspension in den Boden eindringt. An der
Grenzfläche Boden/Suspension kommt es durch den Druckunterschied
zwischen der Suspension und dem Porenraum des Bodens zur teilweisen Trennung der festen und flüssigen Suspensionsphasen
(Filtration). Die Tonpartikel werden an der Erdwand abgefiltert.
Das Filtrat fließt in den Boden ab. Der sich bildende "äußere"
Filterkuchen wirkt als Membran, auf die der hydrostatische Stützdruck der Suspension wirkt. Er wird durch die Membran voll auf die
zu stützende Erdwand übertragen.

Bei grobkörnigen Böden sind die Tonteilchen der Suspension wegen der Größe der Poren des Bodens nicht in der Lage, die Poren durch Brückenbildung zu schließen. Die Suspension dringt in den Boden ein, wobei dieser Eindringungsvorgang nach einer bestimmten Strecke zur Ruhe kommt. Er stagniert, wenn der Suspensionsdruck auf das Korngerüst übertragen ist (Bild 6.5). Dieser Vorgang beruht auf der Fähigkeit der Bentonit-Suspension, Schubspannungen übernehmen zu können. Der hydrostatische Stützdruck wird hierbei innerhalb des zu stützenden Erdkörpers und in dem sich bildenden "Filterkuchen" abgebaut. Die Membranwirkung des Filterkuchens wird bei der Berechnung der Stützwirkung vernachlässigt, da sie beim Anschneiden des Bodens noch nicht vorhanden ist, sondern sich erst mit dem Eindringen der Suspension aufbaut.

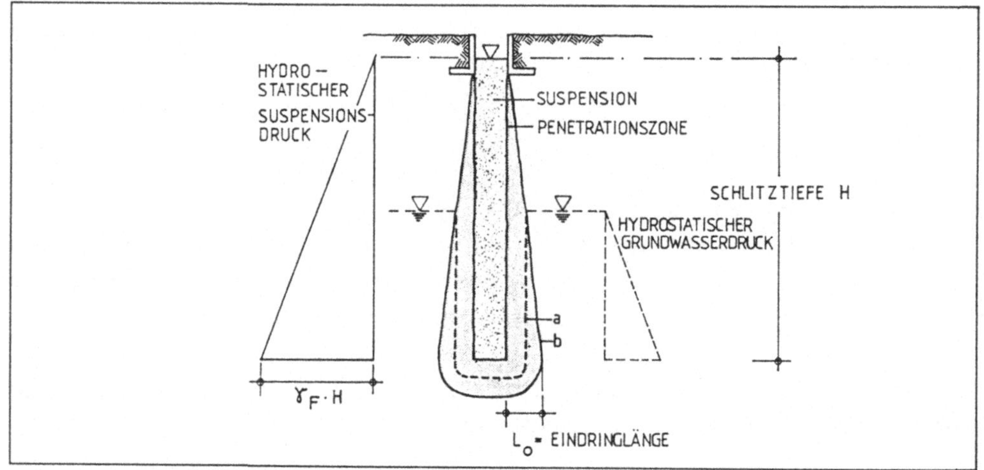

Bild 6.5   Eindringungszone bei homogenen, grobkörnigen Böden
             (aus [71])

Beim rechnerischen Standsicherheitsnachweis des offenen Schlitzes sind zwei voneinander unabhängige Sicherheiten nachzuweisen.

Die schlitznahen Erdbereiche sind dann in ihrer Standsicherheit gefährdet, wenn die resultierende Stützwirkung nicht mehr ausreicht, die Wandbereiche so zu stabilisieren, daß sich weder Einzelkörner noch Korngruppen aus der Erdwand lösen und in die Suspension absinken (innere Sicherheit) (Bild 6.6). Die innere Sicherheit wird im wesentlichen durch die Scherfestigkeit der Suspension bestimmt.

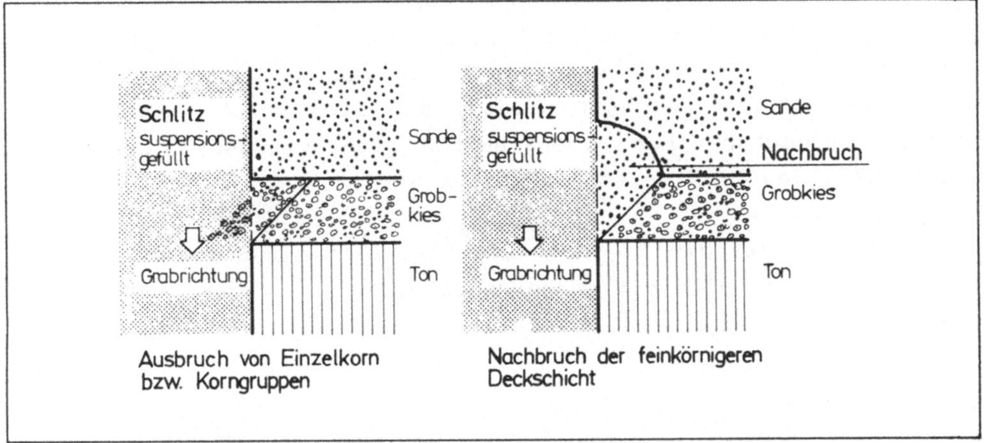

Bild 6.6   Bruchmechanismus bei unzureichender innerer Sicherheit (aus [71])

Als äußere Standsicherheit wird die Sicherheit gegen das Abrutschen von Erdkörpern auf der jeweils ungünstigsten Gleitfläche bezeichnet (Bild 6.7).

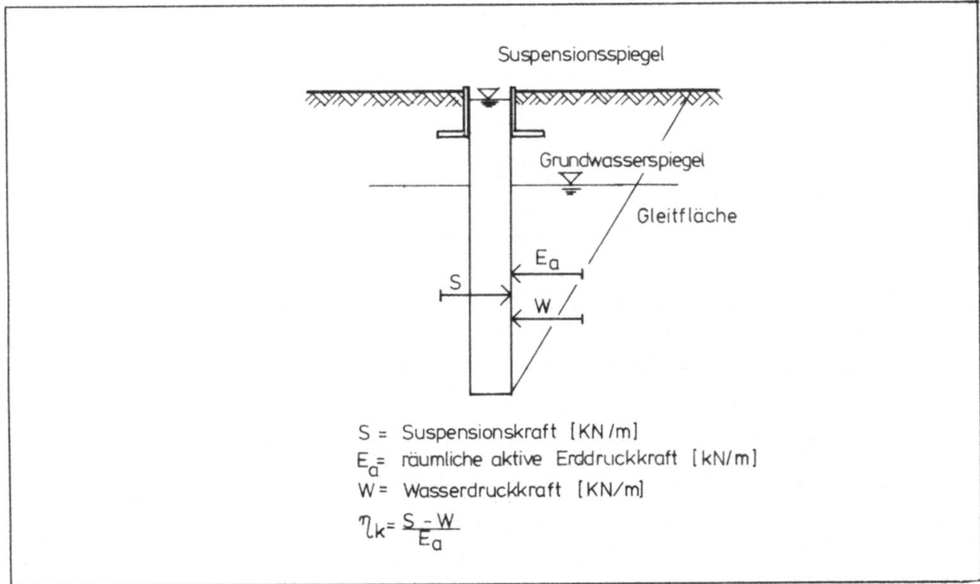

Bild 6.7   Definition der äußeren Standsicherheit nach DIN 4126

Die äußere Standsicherheit läßt sich nur bedingt durch die Eigenschaft der Bentonit-Suspension beeinflussen, da als Stoffkennwert
nur die Wichte in den Suspensionsdruck eingeht. Zwar sieht die DIN
4126 beschwerte stützende Flüssigkeiten vor, deren Dichte durch
Steinmehl, Schwerspatmehl, Eisenerzmehl oder Sand planmäßig erhöht
wird, aber es muß beachtet werden, daß sich durch diese Zugabe-
stoffe die mechanischen Eigenschaften (Stützwirkung, Thixotropie,
Viskosität) deutlich verschlechtern können.

Die Faktoren, die die Eigenschaften der Bentonit-Suspension beeinflussen, sind im Bild 6.8 zusammengestellt.

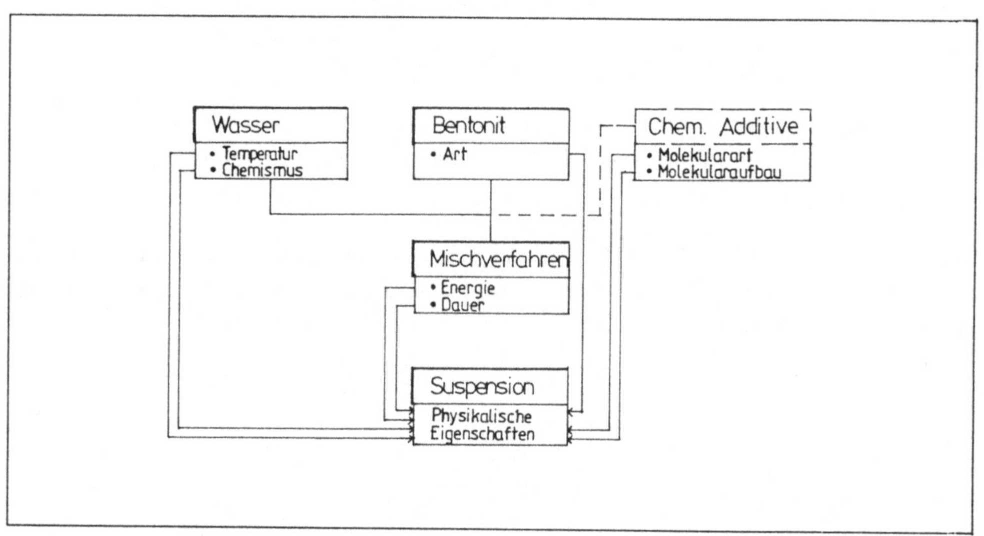

Bild 6.8   Einflußnehmende Faktoren auf die Eigenschaften von
             Bentonit-Suspensionen (aus [115])

Die Stützflüssigkeit wird auf der Baustelle aus Bentonitmehl und
Leitungswasser hergestellt. Der Mischvorgang wird entweder in einem Chargenmischer diskontinuierlich oder z.B. in einer SUPRATON-
Mischanlage kontinuierlich ausgeführt. Die Art des Mischens beeinflußt den anschließend ablaufenden Quellvorgang. Zum Quellen wird
die Suspension in Silos oder Containern zwischengelagert. Auf den
meist engen Baustellen stören diese Quellbehälter häufig wegen
ihres Platzbedarfes.

Die üblichen Quellzeiten betragen zwischen zwei und vier Stunden.
Beim Einsatz im Schlitz wird die Bentonit-Suspension durch das
Aushubmaterial verunreinigt. Während des Betonierens wird die ver-
unreinigte Suspension abgepumpt. Da die Beseitigung der gebrauchten Suspension häufig Schwierigkeiten bereitet, strebt man eine
möglichst häufige Wiederverwendung der Suspension an. Hierzu sind
spezielle Regenerierungsanlagen erforderlich.

Regenerierungsanlagen bestehen aus Vibrationssieben und Schwing-
entwässerungssieben, mit denen die Suspension entsandet wird, sowie mehreren hintereinandergeschalteten Zyklonen, in denen die
feinkörnigeren Verunreinigungen entfernt werden. Bild 6.9 zeigt
den Kreislauf der Bentonit-Suspension bei Schlitzwandarbeiten.

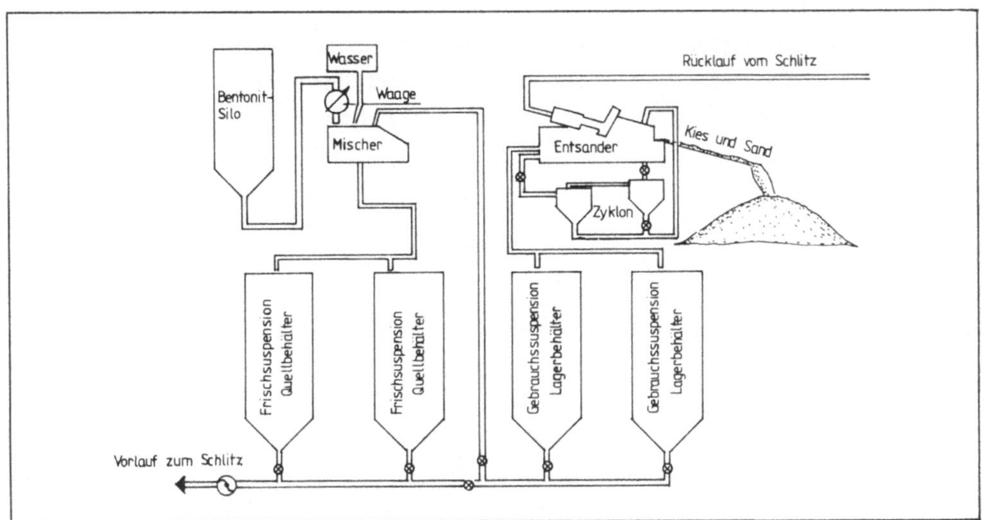

Bild 6.9   System einer Bentonitmisch- und Regenerierungsanlage
            (aus [28])

Die Beseitigung der gebrauchten Suspension bereitet zunehmend Probleme. Zwar ist Bentonit ein Naturprodukt, so daß beim Ablagern
der Suspension keine Beeinträchtigung des Grundwassers befürchtet
werden muß, aber das Material verbleibt in den Schutthalden oder
Deponien für lange Zeit in flüssiger bis breiiger Konsistenz.

Eine Verfestigung und Entwässerung (z.B. durch Flockung oder Schwerkraftschlammentwässerung) ist zwar technisch möglich, ist aber noch nicht wirtschaftlich. Da aber die Möglichkeiten der Deponierung weiter abnehmen und die Deponiegebühren steigen, werden diese Entwässerungsmethoden künftig wirtschaftlich werden.

Die Anforderungen an die Eigenschaften von Schlitzwandtonen sind in DIN 4127 und DIN 4126 geregelt.

Dabei ist zu beachten, daß neben grundsätzlichen Eignungsversuchen ständig Baustellenkontrollen zur Überprüfung

-    der Fließgrenze mit dem Pendelgerät
-    der Sedimentation mit dem Standzylinder
-    der Filtratwasserabgabe mit dem Filterabpreßversuch
-    der Wichte der Suspension mit der Spülungswaage
-    der relativen Viskosität mit dem Marshtrichter

erforderlich sind.

6.3.2   Beton

Im allgemeinen werden die Anforderungen wie an Unterwasserbeton gestellt (DIN 1045 und DIN 4126).

Der Betonzuschlag ist stets nach mindestens drei Korngruppen zu trennen, wobei eine im Bereich von 0 bis 2 mm liegen muß. Zur Verringerung der Neigung zum Entmischen soll die Sieblinie des Zuschlaggemischs im oberen Drittel zwischen den Sieblinien A und B nach DIN 1045 verlaufen und der Zementanteil mindestens 350 kg/m^3 betragen. Der Zementanteil kann verringert werden, falls Traß, Flugasche o.ä. zugegeben wird, ohne daß sich die Eigenschaften des erhärteten Betons unzulässig ändern.

Bei Verwendung von Fließbeton ist auf eine ausreichend lange Wirkung des verflüssigenden Fließmittels zu achten.

Damit der Beton ausreichend fließfähig ist, ist ein Ausbreitmaß von 55 bis 60 cm erforderlich. Das Ausbreitmaß darf 63 cm nicht übersteigen.

Die übliche Betongüte liegt bei B 25.

Zu beachten ist, daß die Qualität des Betons im Kopfbereich schlechter ist als in den übrigen Wandbereichen. Das hat zwei Ursachen:

-   Da die Verdichtung des Betons nicht durch Rütteln erfolgen darf, wird sie nur durch das Eigengewicht des Betons bewirkt. Das Eigengewicht am Schlitzwandkopf reicht nicht für eine hohe Verdichtung aus, so daß dort mit geringeren Festigkeiten gerechnet werden muß.

-   Im oberen Bereich (bis ca. 0,5 m unter der Betonoberfläche) ist der Beton mit Stützflüssigkeit und Aushubmaterial durchsetzt, was zu geringeren Festigkeiten führt. Es empfiehlt sich in jedem Fall, diese oberen 50 cm nach dem Abbinden abzutragen, wenn weitere Bauteile angeschlossen werden sollen.

6.3.3 Bewehrung

Die Bewehrung einer Schlitzwandlamelle wird als gebundener oder geschweißter Korb in die Stützflüssigkeit eingehängt. Die Bewehrungskörbe dürfen nicht auf der Sohle aufstehen, es muß zur Sohle ein Mindestabstand von 20 cm eingehalten werden, der durch Aufhängung der Bewehrung z.B. an der Leitwand garantiert werden muß. Zur Sicherung der Betondeckung sind zwischen der Außenkante der Bewehrung und der Erdwand die in DIN 4126 angegebenen Durchflußweiten und Stababstände einzuhalten

Diese Vorschrift führt bei Schlitzwänden als Bauhilfskonstruktionen (Baugrubenumschließungen) zu einer Betondeckung von ca. 4 bis 8 cm, bei Schlitzwänden als Bestandteil eines fertigen Bauwerks zu Betondeckungen zwischen 7 und 10 cm. Diese Betondeckungen erfüllen stets die Anforderungen der DIN 1045.

Zur Gewährleistung der erforderlichen Durchflußweite des Betons zwischen Erdwand und Bewehrung sind handelsübliche Abstandhalter ungeeignet. Bewährt hingegen haben sich an den Leitwänden aufgehängte Rohre, die spätestens eine Stunde nach Betonierbeginn zu ziehen sind, damit der frische Beton noch in den entstehenden Hohlraum fließen kann.

Häufig ist beim Betonieren ein "Aufschwimmen" oder "Nach-oben-Drücken" des Bewehrungkorbes zu beobachten [70]. Dieses Auftreiben wird durch eine zu dichte Bewehrungsanordnung, eine zu hohe Steiggeschwindigkeit des Betons und eine mangelhafte Justierung des Korbes gefördert. Es gelingt i.a. nicht mehr, aufgeschwommene Körbe wieder auf Solltiefe zu bringen. Daher ist es erforderlich, Bewehrungskörbe während des Betoniervorgangs ausreichend zu sichern.

Aus statischen Gründen wird in den meisten Fällen die Vertikalbewehrung von Bügeln umschlossen. Innenliegende Bügel und außenliegende Vertikalstäbe hingegen begünstigen den Betoniervorgang. Sollten daher die Vertikalstäbe außen liegen, ist zu beachten, daß sie sich beim Aufnehmen des Bewehrungskorbes wegen der dabei auftretenden Durchbiegung lösen können. Sie sind daher sehr sorgfältig zu befestigen.

Die Gefahr des Festsetzens von Bentonit oder von Verunreinigungen an den Bewehrungsstäben wird meist überbewertet [70]. Die Haftung des Betons an der Bewehrung wird durch die Suspension kaum beeinträchtigt. Das hängt nach [166] auch damit zusammen, daß dem Bentonitfilm durch das Erhärten des Betons das Wasser weitgehend entzogen wird.

Allerdings führt der Bentonitfilm dazu, daß in eine erhärtete Stahlbeton-Schlitzwand eingedrungenes Wasser vorzugsweise an den Bewehrungsstäben weitergeleitet wird [166].

Damit der Beton die Bewehrung ausreichend umfließen kann und keine Einschlüsse von Stützflüssigkeit im Beton verbleiben, sollen Bewehrungskonzentrationen vermieden werden. Die erforderlichen Mindestabstände sind in DIN 4126 angegeben.

In vielen Fällen ergibt sich die erforderliche Bewehrung nicht nur aus der Bemessung der Schlitzwandlamelle sondern auch aus der Forderung, den Korb für den Transport, das Aufnehmen und das Einhängen in den Schlitz ausreichend steif auszuführen.

Als Mindestbewehrung empfiehlt die EAU [2]:

auf der Zugseite in lotrechter Richtung
   5 Durchmesser 14 mm/m bei Rippenstahl BSt 420 S oder
  15 Durchmesser 9,5 mm/m bei Baustahlgewebe BSt 500 M

auf der Druckseite in lotrechter und waagerechter Richtung
   3 Durchmesser 14 mm/m bei Rippenstahl BSt 420 S oder
   3 Durchmesser 12 mm/m bei Baustahlgewebe BSt 500 M.

6.4   Geräte und Verfahren
6.4.1   Allgemeines

Die Herstellung einer Schlitzwand besteht aus den folgenden Einzelschritten:

-    Voraushub und Bau einer Leitwand
-    Erdaushub bei gleichzeitiger Stützung des Schlitzes durch eine Bentonit-Suspension
-    Einbau von Fugenkonstruktionen
-    Einbau des Bewehrungskorbes
-    Betonieren
-    Rückbau der Leitwände.

Die üblichen Verfahren und Geräte sollen für jeden einzelnen dieser Arbeitsschritte zusammengestellt und erläutert werden. Abschließend wird auf 2 Sonderkonstruktionen (Betonfertigteile und Spundwände) eingegangen.

6.4.2   Voraushub und Bau einer Leitwand

Leitwände sind vor Ort hergestellte oder aus Fertigteilen bestehende Hilfskonstruktionen, die im oberen Bereich des Schlitzes den Erddruck aufnehmen müssen und dem Schlitzwandgreifer die nötige Führung geben. Der Raum zwischen den Leitwänden kann als Reservoir für die Stützflüssigkeit verwendet werden, um die beim Aushub eines Schlitzes unvermeidbaren Schwankungen des Suspensionsspiegels auszugleichen. Die Höhe der Leitwände liegt zwischen 0,7 m und 1,5 m und hängt von den zu erwartenden Schwankungen des Suspensionsspiegels sowie der seitlichen Belastung ab.

Zum Bau der Leitwände ist ein Voraushub erforderlich, wobei je nach Bodenart und Tiefe eine senkrechte oder geböschte Grabenwand infrage kommt (Bild 6.10).

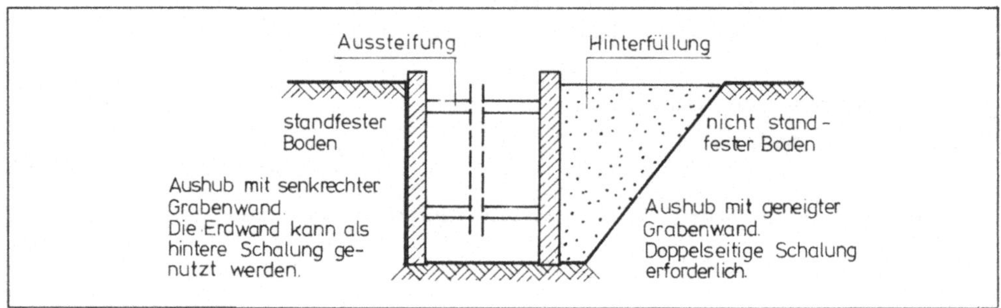

Bild 6.10   Leitwandherstellung in Abhängigkeit von der Bodenart

Der Abstand der Leitwände ergibt sich aus der Dicke der Schlitzwand und einem Toleranzmaß von rd. 5 cm. Durch den gegenüber den Abmessungen des Schlitzwandgreifers vergrößerten Abstand der Leitwände wird verhindert, daß dieser sich bei den Aufwärts- und Abwärtsbewegungen zwischen den Leitwänden verklemmt.

Üblicherweise werden die Leitwände vor Ort betoniert (Bild 6.11). Bei Winkelprofilen kann die Aussteifung häufig entfallen.

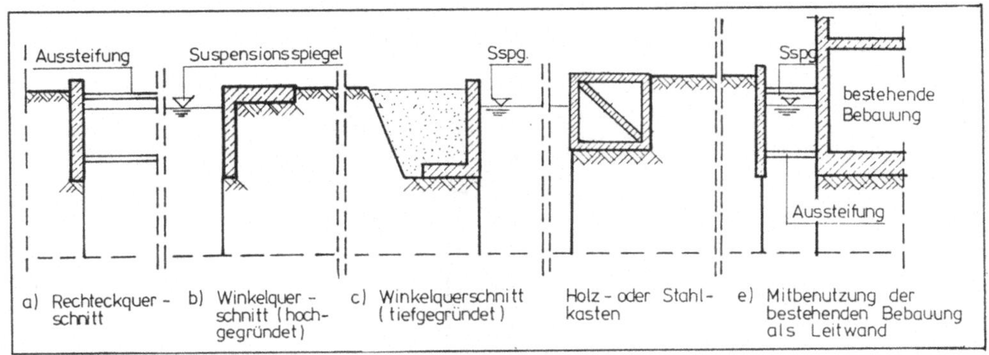

Bild 6.11 Mögliche Ausführungsformen von Leitwänden

6.4.3 Aushub

Gemäß DIN 4126 sind nur Aushubwerkzeugbreiten von 40, 50, 60, 80, 100, 120, 150 und 200 cm bei der Planung zu berücksichtigen.

Der Aushub wird hauptsächlich mit am Seil hängenden Spezialgreifern ausgeführt, die Gewichte zwischen 5 und 25 t aufweisen (Bild 6.12).

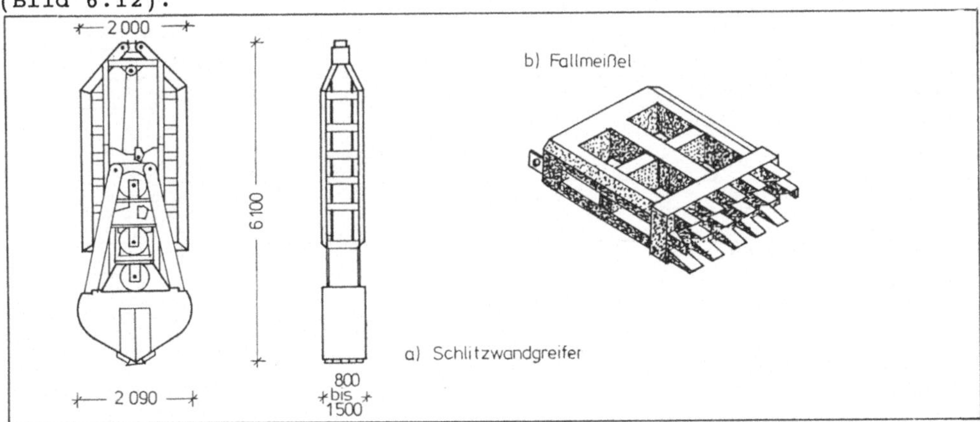

Bild 6.12 Schlitzwandgreifer und Fallmeißel

Es gibt auch Greifer, die an einem Gestänge (Kelly-Stange oder Teleskop-Stange) geführt werden. Vereinzelt werden kontinuierlich arbeitende Aushubgeräte (Schlitzwandfräsen) eingesetzt (Bild 6.13), bei denen die Bentonit-Suspension gleichzeitig als Fördermedium für den gelösten Boden verwendet wird.

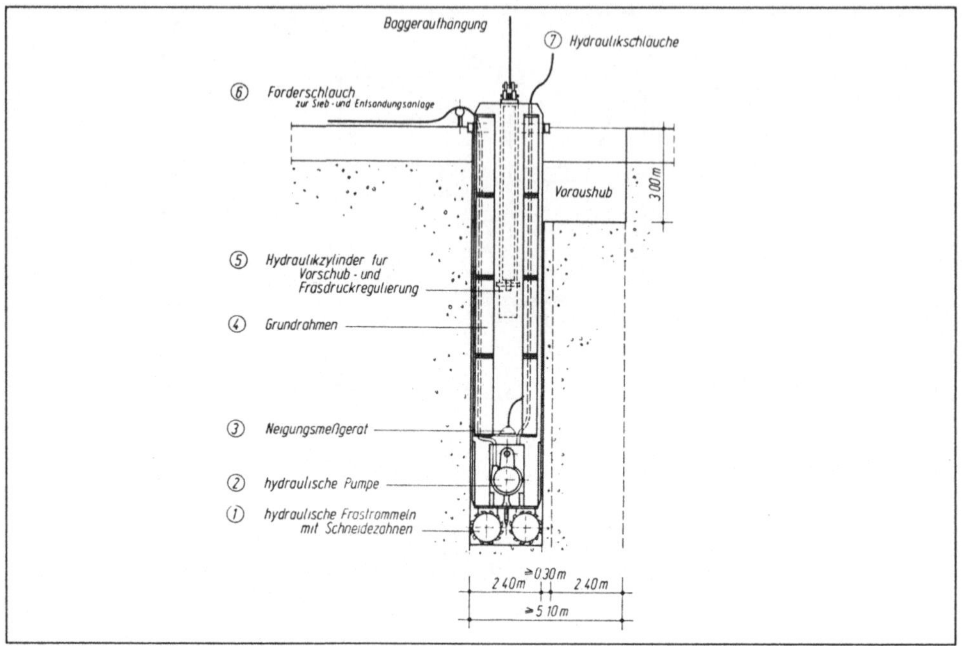

Bild 6.13 Hydrofräse (aus [173])

Tafel 6.1   Übersicht über die üblichen Aushubgeräte (aus [47])

	Seilgreifer	Stangengreifer	Schlitzfräse
Nenndicke	40 -150 cm	50 - 200 cm	40 - 120 cm
Öffnungsweite	2,20 - 5,20 m	2,00 - 4,20 m	2,60 - 3,00 m
Aufhängung	Seil	Monoblock- oder Teleskop-stange	Seil
Grab-/Schließ-Mechanismus	Seil/Seil Seil/hydraulisch	Kelly/hydraulisch	horizontal oder vertikal drehende Bohrwerkzeuge oder Frässcheiben
Gewicht	5 - 25 t	6 - 11 t	10 - 35 t
max. Tiefe	> 50 m Vorbohren > 100 m	40 - 60 m	ca. 100 m
Vorteile	Seil immer senkrecht Gute Kontrolle durch Baggerführer Problemloser Wechsel Meißel-Greifer Fast unbegrenzte Tiefe Bei beschränkter Arbeits-höhe einsetzbar	Hohes Gewicht von Stange und Greifer vorteilhaft bei schweren Böden Hohe Schließkräfte	Kontrolle und Korrektur der Längs- und Querrich-tung Nur ein Gang entlang der Schlitzwandung Gleichbleibende Eigen-schaften der Stütz-flüssigkeit Fräsen auch im Festge-stein
Nachteile	Standplatz sollte immer senkrecht zum Schlitz möglich sein Einsatz nur im Lockerge-stein	Hohe Rüstzeiten Kein Meißeln möglich Beschränkte Tiefe Anpassung des Stangengreifers an die Schlitztiefe	Beschränkt auf Böden mit einem Einzelkorndurch-messer von max. 60 -100 mm Schwierige Hindernisbe-seitigung. Zweites Gerät zum Meißeln erforderlich (Seilbagger).

Für große Baugruben ist zweifellos ein schwerer, am Seil geführter
Schlitzwandgreifer, kombiniert mit einem dafür geeigneten Bagger
das universellste Gerät [89]. Das große Gewicht des Greiferkorbes
ist die Voraussetzung dafür, daß der Schlitz senkrecht hergestellt
wird. Am Verlauf des Seils kann der Baggerführer jeweils kontrollieren, ob sich der Greifer im Lot befindet. Abweichungen von der
Vertikalen muß der Geräteführer - nach Absprache mit der Bauleitung - durch entsprechende Maßnahmen korrigieren, z.B. durch teil-
weises Verfüllen des Schlitzes mit Bodenmaterial und Wiederaushub.

Beim Antreffen härterer Einlagerungen (z.B. Kalksandsteinbänke,
Tonsteinbänke) ist ein Werkzeugwechsel erforderlich. Solche
Schichten werden mit schweren Fallmeißeln (Bild 6.12) durchörtert.

Das durch den Meißel zerschlagene Gestein wird mit dem Greifer gefördert.

Bei bestimmten Aufgaben hat sich der Einsatz von Hydrofräsen bewährt, die gleichermaßen in Fels und in Lockergestein eingesetzt
werden können, und mit denen große Tiefen mit hoher Genauigkeit
erreicht werden.

Die Hydrofräse (Bild 6.13) wird von einem Raupenbagger mit an-
gebautem Hydraulikaggregat getragen. Die Hydrofräse bohrt kontinuierlich einen Schlitz, wobei der gelöste Boden mit der
Bentonit-Suspension, die auch die Stützung des Schlitzes übernimmt, abgepumpt wird.

Die Frästrommeln, an denen Zähne angeordnet sind, deren Form und
Stahlqualität den jeweils zu durchfahrenden Schichten angepaßt
werden können, drehen in entgegengesetzter Richtung und transpor-
tieren den Boden zur Mitte, wo er abgesaugt wird. In einer Regene-
rationsanlage werden Flüssigkeit und Boden getrennt, die Stützflüssigkeit wird zurückgepumpt und erneut eingesetzt.

Die Hydrofräse ist an einem Hydraulikzylinder vertikal ve-
schieblich aufgehängt. Dadurch läßt sich entweder die Vor-
triebsleistung oder die Belastung der Fräsköpfe durch das Ei-

gengewicht der Hydrofräse (10 bis 35 t) regeln. Die Herstellung von Schlitzwänden ist mit Hydrofräsen sowohl im Lockergestein bis zu 100 mm Korngröße als auch im Fels mit einer einaxialen Druckfestigkeit von 50 bis 100 MN/m^2 möglich [173].

Ein großer Vorteil ist die Genauigkeit des ausgehobenen Schlitzes, der beim kontinuierlichen Aushub mit nur einem geringen Überprofil hergestellt wird. Während beim Greiferbetrieb das ausgehobene Schlitzvolumen ca. 15 bis 20 % größer ist als die Sollabmessungen, liegen die Überprofile bei gefrästen Schlitzen bei nur ca. 10% [117].

Da die Lage der Fräse durch Neigungsmessungen dauernd kontrolliert wird, lassen sich die Horizontalabweichungen auf 0,1 bis 0,2 % der Wandhöhe reduzieren ([173], [117]). Die beim Greiferbetrieb üblichen Abweichungen liegen bei ca. 1 %.
Im folgenden sei auf Schadensursachen bei Schlitzwänden eingegangen, die durch sorgfältiges Arbeiten vermieden werden können.

Unzulässiges Absinken des Suspensionsspiegels (Greifer- und Fräsbetrieb)

Beim Aushub treten immer Spiegelschwankungen der Suspension auf; dies ist sowohl auf das Schlitzen wie auch auf die Baugrundverhältnisse zurückzuführen. Der Suspensionsspiegel sollte aber nicht um mehr als 30 cm unter die Leitwandoberkante absinken, da es sonst zum Einsturz des Schlitzes kommen kann.

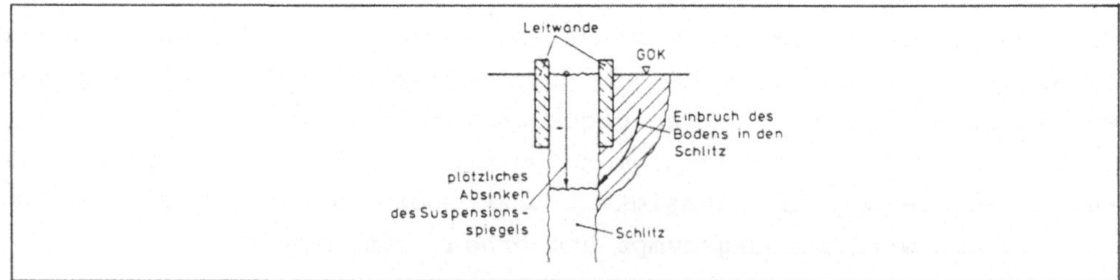

Bild 6.14   Einbruch des Bodens bei plötzlichem Absinken des Suspensionsspiegels (aus [70])

Der Suspensionsspiegel kann plötzlich absinken, wenn unterirdische Hohlräume, wie Kanäle o.ä. angeschnitten werden. Deswegen muß immer eine ausreichende Menge Ersatzsuspension vorrätig sein, wobei der Raum zwischen den Leitwänden als Reservoir dienen kann. Zum Schließen angeschnittener Hohlräume ist geeignetes Material (versandete Tonsuspension, Zement und Ton in Säcken, Aushubmaterial o.ä.) vorzuhalten, das zum Abdichten in den Schlitz geworfen werden kann. Manchmal ist das rasche Ausfüllen des ganzen Schlitzes mit Magerbeton die einzige Möglichkeit, das Einstürzen des Schlitzes zu verhindern.

Unsachgemäßes Beseitigen von Hindernissen

Mit einer guten Geräteausstattung lassen sich die meisten der im Baugrund vorkommenden Hindernisse wie Findlinge, alte Bauwerksreste, Pfähle, Injektionsanker, Festgesteinseinlagerungen u.ä. beseitigen.

Bei der dabei erforderlichen verstärkten Greifertätigkeit oder den zusätzlichen Meißel- und Bohrarbeiten muß darauf geachtet werden, daß durch die dabei auftretenden Erschütterungen die Erdwand nicht einstürzt [70]. Häufig werden die Hindernisse (z.B. Findlinge) während der Beseitigung verschoben, was zu Unebenheiten der Erdwand führt, die später beim Aushub der Baugrube als Überbeton erkennbar sind.

Den Baugrundverhältnissen unangepaßtes Arbeitstempo

Die Aushubgeschwindigkeit muß den jeweiligen Bodenverhältnissen angepaßt werden. Insbesondere in grobkörnigen Schichten muß der Bentonit-Suspension ausreichend Zeit zur Filterkuchenbildung gelassen werden. Auch ist ein zu plötzliches Hochziehen des gefüllten Greifers zu vermeiden, da durch die Kolbenwirkung im Schlitz der Filterkuchen beschädigt werden kann.

6.4.4 Einbau von Fugenkonstruktionen

Als Abstellkonstruktionen haben sich nur Fugenrohre aus Stahl und
Fertigteile aus Stahlbeton bewährt (Bild 6.15).

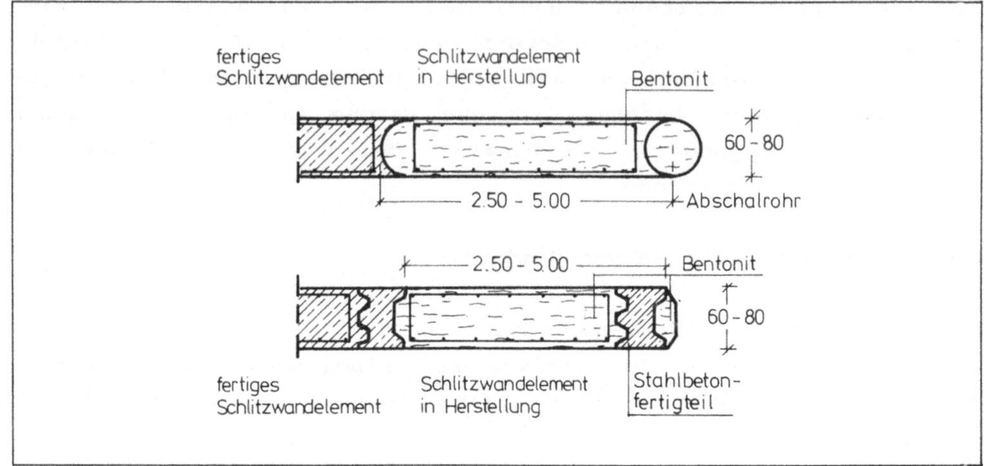

Bild 6.15   Fugenbildung mit Abschalrohren und Stahlbetonfertig-
             teilen (aus [89])

Fugenrohre aus Stahl

Im allgemeinen werden runde Stahlrohre mit Wanddicken von ca. 10
bis 20 mm verwendet, deren Durchmesser der Sollbreite der Schlitzwand entspricht. Die Rohre werden in den mit Suspension gefüllten
Schlitz gestellt, wobei sie sich mit Stützflüssigkeit füllen. Häufig werden sie ein wenig in die Schlitzsohle eingerammt, um zu
verhindern, daß beim Betonieren Beton im Rohr hochsteigt.

Nach dem Erstarren des Betons werden die Rohre gezogen, und der
entstandene Hohlraum bleibt mit Suspension gefüllt. Beim Aushub
des Nachbarschlitzes muß die Fuge von evtl. anhaftenden Boden- und
Betonteilen gereinigt werden. Da die Form und Ausbildung der Fugen
maßgebend für die Wasserdichtigkeit der Wand ist, muß auf einen
sauberen Abschluß benachbarter Elemente unbedingt geachtet werden.
Schwierigkeiten bei der Fugenausbildung treten häufig durch den
sogenannten Umlaufbeton auf, der bei Abweichung des Querschnittes
der Lamelle vom Soll-Maß entsteht (Bild 6.16).

Tafel 6.2   Vor- und Nachteile verschiedener Abstellkonstruktionen (aus [115])

Abstellkonstruktion	Vorteil	Nachteil
Fugenrohr aus Stahl	umläufiger Beton läßt sich sicher entfernen anpassungsfähig an jede Schlitztiefe (schußweise Verlängerung) gute Verzahnung der Schlitzwandelemente durch die Kreisform der Fugen Greifer hat beim Aushub des Sekundärschlitzes gute Führung	erheblicher Kraftaufwand beim Ziehen der Rohre hohes Einfühlungsvermögen des Personals erforderlich, um den richtigen Zeitpunkt zum Ziehen der Rohre abzupassen
Fugenrohr aus Pappe	bis auf die Standfestigkeit: gleiche Vorteile wie beim Fugenrohr aus Stahl Zieheinrichtung entfällt	geringe Standfestigkeit durch geringes Eigengewicht Pappe löst sich in der Suspension auf, was zu Schwierigkeiten bei der Regeneration führt
Fertigteile aus Stahlbeton	Zieheinrichtung entfällt durch hohes Eigengewicht standfest gute Verzahnung der Schlitzwandelemente durch die Formgebung der Fertigteile	Umlaufbeton nicht sicher vollständig zu entfernen aufwendige Stoßkonstruktion bei größeren Schlitztiefen

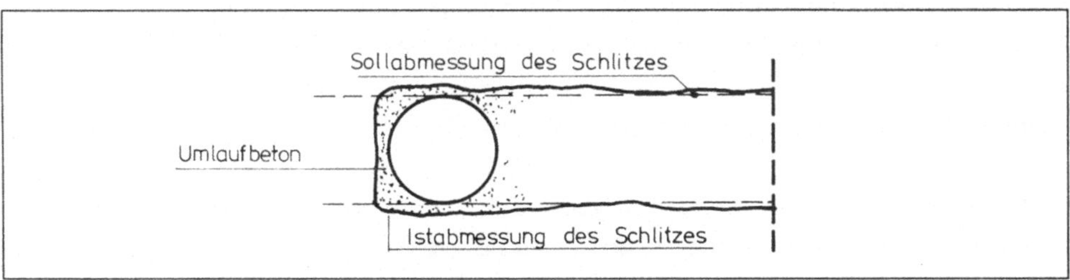

Bild 6.16   Bildung von Umlaufbeton

Der Umlaufbeton muß entfernt werden, da sonst beim Aushub des Nachbarschlitzes der Greifer horizontal und vertikal abgelenkt werden kann, wodurch es später zu Undichtigkeiten im Fugenbereich kommt. Für den Abbau des Umlaufbetons eignen sich am besten tonnenschwere Exzentermeißel[160].

Fertigteile aus Stahlbeton

Auch bei Fertigteilen aus Stahlbeton als Abstellkonstruktion bleibt das Problem des Umlaufbetons. Dieser Umlaufbeton bildet bei Fertigteilen relativ stumpfe Wülste, die wesentlich schwieriger zu entfernen sind als die viel scharfkantigeren Betonreste, die nach dem Ziehen eines Abschalrohres verbleiben [160].

Wenn das Fertigteil in trockenem Zustand in den mit Bentonit-Suspension gefüllten Schlitz versenkt wird, saugt der trockene Beton Wasser aus der Suspension, und es bildet sich ein Filterkuchen an der Oberfläche des Fertigteils, der beim Betonieren nicht immer vollständig verdrängt wird, so daß diese Bereiche undicht werden können.

Der Einsatz von Fertigteilen verdoppelt die Zahl der Fugen gegenüber der Verwendung von Fugenrohren, da zwischen jedem Fertigteil und den benachbarten Schlitzwandlamellen je eine Fuge entsteht.

Neben den geschilderten Nachteilen besitzen Stahlbetonfertigteile auch Vorteile, die ihren Einsatz rechtfertigen:

-   Fertigteile brauchen nicht wieder gezogen zu werden, sie verbleiben in der Wand
-   Die Bewehrung kann auf die Wand-Bewehrung angerechnet werden. Die unbewehrte Fläche der Wand wird geringer.

Fugenausbildung beim Aushub mit Hydrofräsen

Bei Arbeiten mit der Schlitzwandfräse kann die Verwendung von Abstellkonstruktionen entfallen. Nach dem Betonieren der Primärlamellen wird abgewartet, bis der Beton ausreichend erhärtet

ist. Beim Aushub der Sekundärlamellen wird die Primärlamelle ange-
fräst, so daß eine Verzahnung beider Lamellen beim Betonieren der
Sekundärlamellen eintritt.

6.4.5   Einbau der Bewehrungskörbe

Vor dem Einbau der Bewehrungskörbe muß die Bentonit-Suspension ho-
mogenisiert werden. Dazu wird der Schlitzwandgreifer mindestens 5
mal über die gesamte Schlitztiefe auf- und abbewegt. Eine andere
Möglichkeit besteht darin, Druckluft in der Nähe der Schlitzsohle
einzuleiten.

Beim Schlitzwandfräsen muß vor dem Einbau der Bewehrung das Lösen
des Gesteins durch die rotierenden Fräsköpfe eingestellt werden
und das Abpumpen des Gemenges aus Stützflüssigkeit und Aushub so
lange fortgesetzt werden, bis nur noch Stützflüssigkeit aus der
Leitung austritt.

Der Bewehrungskorb kann entweder mit dem Bagger, an dem der
Schlitzwandgreifer hing, oder mit einem Autokran eingehängt werden
(Bild 6.1). Zu beachten ist die große erforderliche Arbeitshöhe
(z.B. im U-Bahn-Bau bis ca. 30 m), so daß gegebenenfalls Oberlei-
tungen stillgelegt oder abgebaut werden müssen.

Die Gefahr bleibender Verformungen besteht beim Transport mit
Großfahrzeugen und beim Aufnehmen der Körbe. Es muß daher stets
kontrolliert werden, ob die Bewehrungseisen fest miteinander verbunden bzw. verschweißt sind. Die Höhenlage der Bewehrungskörbe
muß eingemessen werden.

6.4.6   Betonieren

Die Schlitzwandlamellen werden im Kontraktorverfahren betoniert.
Dazu werden Betonierrohre bei Betonierbeginn bis knapp über die
Schlitzsohle in den Bewehrungskörben hinuntergelassen. Um ein Ver-
mischen von Bentonit-Suspension und Beton im Rohr zu vermeiden,
müssen die Rohre beim Herablassen mit einem Schaumgummiball o.ä.
verschlossen sein, der dann beim Einbringen des Betons herausge-

drückt wird. An der Geländeoberkante sitzt auf dem Rohr ein Trichter, in den der Beton eingefüllt wird.

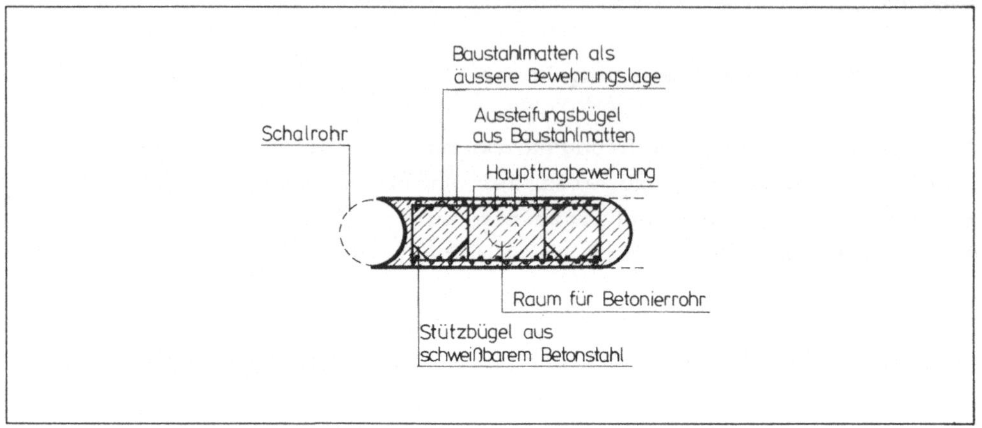

Bild 6.17   Typischer Aufbau einer Lamellenbewehrung im Querschnitt (aus [166])

Grundsätzlich müssen in einer Lamelle so viele Betonierrohre vorhanden sein, daß der Beton gleichmäßig ansteigen kann. Bei Eckschlitzen sind 2 Rohre zu verwenden. Die Betonierrohre müssen während des Betonierens mindestens so tief in den Beton eintauchen, wie der versorgte Schlitzabschnitt lang ist.

Die Betonkonsistenz muß so groß sein (Ausbreitmaß a = 55 bis 60 cm), daß der Beton im Schlitz mindestens 5 bis 6 m über die Ausflußöffnung der Betonierrohre hochfließen kann.

Da der Schlitzwandbeton Wasser an den umgebenden Boden abgibt, verliert er rasch seine Fließfähigkeit. Betonierunterbrechungen sind daher zu vermeiden. Bei Unterbrechungen von mehr als 30 min besteht bereits die Gefahr von Qualitäts- bzw. Standsicherheitseinbußen.

Da die Differenz der Fließwiderstände von Beton und Bentonit-Suspension mit größerer Geschwindigkeit wächst, und eine möglichst große Differenz Voraussetzung für einen reibungslosen Betoniervorgang und eine gute Oberflächenqualität ist, wird nach DIN 4126 eine Steigeschwindigkeit von mindestens 3 m/h gefordert.

Eine Rüttelverdichtung des Schlitzwandbetons ist nicht zulässig, die Verdichtung erfolgt nur durch das Eigengewicht des Betons.

6.4.7 Fertigteilbauweise

Vorwiegend im Ausland, aber vereinzelt auch in der Bundesrepublik Deutschland, wurden Schlitzwände nicht im Ortbetonverfahren sondern aus Fertigteilen hergestellt [59]. Derartige Fertigteil-Konstruktionen werden vorwiegend dann angewendet, wenn die Schlitzwand nicht nur Baugrubenverbau sondern dauerhafter Bestandteil eines Gebäudes ist, da sich mit Fertigteilen praktisch wasserundurchlässige Wände herstellen lassen.

Nachteil der Fertigteilwände ist das hohe Gewicht der Teile, so daß der Einsatz auf Tiefen bis zu ca. 12 m beschränkt bleibt [127]. Die Dicke der Elemente beträgt ca. 0,2 bis 0,5 m, die Breite liegt bei ca. 2 bis 3 m.

Beim Herstellen einer Fertigteil-Wand muß beachtet werden, daß die Breite des ausgehobenen Schlitzes nicht gleich der Breite des Fertigteiles sein kann, sondern ein Mehraushub von 10 bis 20 cm Breite in Kauf genommen werden muß, um die Fertigteile fluchtgenau und zwängungsfrei einbauen zu können. Um den Raum zwischen dem Fertigteil und dem anstehenden Boden auszufüllen, damit der Erd- und Wasserdruck kraftschlüssig auf das Fertigteil übertragen werden kann, wird bei der Fertigteil-Bauweise eine selbstaushärtende Bentonit-Zement-Suspension als Stützflüssigkeit verwendet. Die Anforderungen und Zusammensetzungen solcher Stützflüssigkeiten sind in Tafel 6.3 zusammengestellt.

Die Fertigteil-Bauweise, bei der die Fertigteile kontinuierlich in den ausgebaggerten Schlitz gestellt werden, erlaubt den Einsatz von Fugenbändern. Da außerdem die erhärtete Bentonit-Zement-Suspension zusätzlich als Dichtungsschicht wirkt, lassen sich diese Schlitzwände praktisch wasserundurchlässig herstellen (Tafel 6.4).

Tafel 6.3   Anforderungen und Zusammensetzungen von Stützflüssig-
             keiten für Schlitzwände aus Fertigteilen (aus[166])

| Stützflüssigkeiten für Schlitzwände aus Fertigteilen | |
Anforderungen	Zusammensetzungen
Dauerhaft Plastizität Später Beginn der Hydra- tation des Zementes Wasser-Zementfaktor ≥ 5 Hohe Stabilität Quellzeit 2 bis 4 Stunden Erosionssicherheit im ver- festigten Zustand	Bentonit 25 bis 45 kg/m^3 Zement 150 bis 250 kg/m^3 Wasser 900 bis 950 kg/m^3 ggfs. Abbindeverzögerer Sand-Aufnahme aus dem ge- schlitzten Boden $\leq$ 50 bis 150 kg/m3

Tafel 6.4   Vor- und Nachteile der Fertigteil-Bauweise

| Fertigteilbauweise | |
Vorteile	Nachteile

- Gleichbleibende Betonqualität
- Keine Fehlstellen möglich
- Durch Fugenkonstruktion prak-
  tisch wasserdicht
- Keine Nacharbeiten
  (Abstemmen von Überbeton)
  erforderlich
- Kein Abstemmen des Betons im
  Kopfbereich erforderlich
- Reduzierung der Betonüber-
  deckung und damit der Gesamt-
  wandstärke
	- Durch hohes Gewicht in der
	  Tiefe begrenzt
	- Als Bauhilfsmaßnahme häufig
	  zu teuer und zu wenig flexi-
	  bel (Anpassung an unter-
	  schiedliche Schlitzlängen,
	  Ecken, Versprünge u.ä.)

6.4.8   Spundwandbauweise

Vereinzelt werden statt Stahlbetonfertigteilen auch Spundbohlen
als Wandbaumaterial verwendet. Ausgeführt werden Wände im Einpha-
sen- und im Zweiphasen-Verfahren. Beim Einphasen-Verfahren wird
der Schlitz im Schutz einer selbstaushärtenden Bentonit-Zement-
Suspension ausgehoben und anschließend die Spundwand in die Suspension gestellt.

Beim Zweiphasen-Verfahren wird der Erdschlitz beim Aushub durch
eine Bentonit-Suspension gestützt, die nach Einstellen der Spundwand durch Beton ersetzt wird (Bild 6.18).

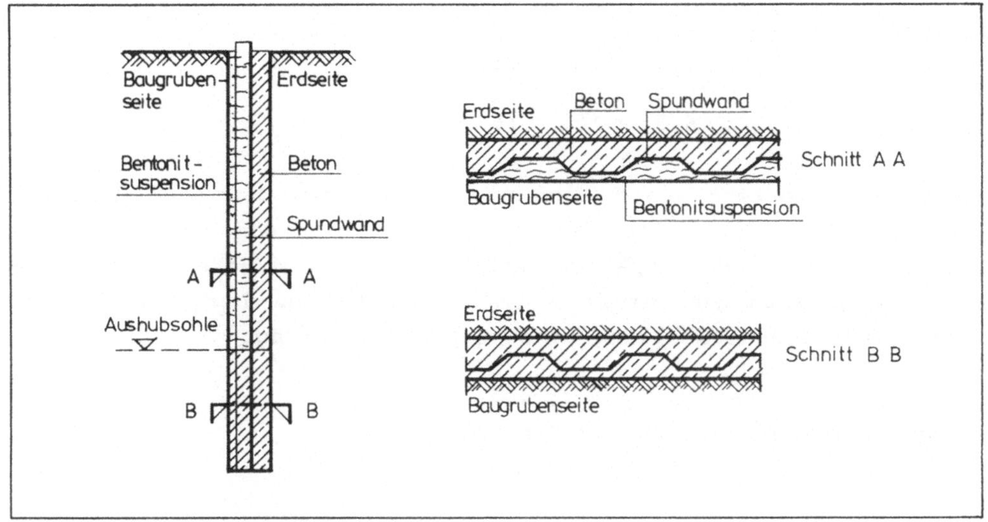

Bild 6.18   In den Schlitz gestellte Spundbohlen als Baugruben-
              umschließung (nach [65])

Wenn die Spundwände in das fertige Bauwerk integriert werden sollen, läßt sich eine dauerhafte Wasserdichtigkeit durch Verschweißen der Schlösser erreichen.

Das Verfahren, die Spundwände in einen suspensionsgestützten
Schlitz zu stellen, kann zur Anwendung kommen, wenn die Bohlen
nicht in den anstehenden Boden eingerammt werden können, da z.B.
Rammhindernisse wie dichtgelagerte Geröllschichten oder Kalksteinbänke vorhanden sind.

6.5   Leistung und Kosten

Als Beispiel wird eine 10 m tiefe Baugrube gewählt, die durch eine
13 m tiefe, 60 cm starke Schlitzwand mit Lamellenlängen von 2,8 m
gesichert wird. Die sichtbare Verbaufläche pro Lamelle beträgt
2,8m x 10 m = 28 m^2. Zunächst wird eine 1,5 m hohe und 0,2 m
breite Leitwand hergestellt, für deren Kostenermittlung folgende
Aufwandswerte gewählt werden:

Schalen   : 0,8 h/m^2
Einbau Bewehrung :   15 h/t
Einbau Beton   : 1,5 h/m^3

Erforderliche Stoffe:
Beton   : 0,7 m^3/m (130 DM/m^3)
Bewehrung   : 0,04 t/m^3 (1.150 DM/t)
Schalung   : 6,7 m^2/m (8 DM/m^2)

Die Kolonne besteht aus 3 Mann und leistet ca. 5 m pro 10 h. Bei
der Ermittlung der Kosten der Leitwand werden die erforderlichen
Erdarbeiten und der spätere Abbruch nicht berücksichtigt. Die
Schlitzwand wird von einer Kolonne von 4 Mann hergestellt. Die
Bauzeit für die Herstellung eines Schlitzes beträgt:

Schlitzen   : 5,0 h
Einhängen Bewehrungskorb: 0,5 h
Einbau Beton   : <u>2,0 h</u>
                           7,5 h

Aufwandswert   : $7,5 \text{ h} \times 4 \times \dfrac{1}{28 \text{ m}^2} = 1,07 \text{ h/m}^2$

Aushubvolumen pro Lamelle: 0,6 m x 2,8 m x 13 m = 21,8 m^3

Für die Beseitigung des Aushubs fallen folgende Kosten an:

Abfuhr   : 25 DM/m^3
Kippgebühr: 30 DM/t

Als Stützflüssigkeit wird eine 4%-ige Bentonit-Suspension verwendet, die ohne Regenerierung zweimal einsetzbar ist. Es wird ein
Verlust von 15 % (Eindringen in den Boden) kalkuliert.

Stoffkosten: Bentonit 40 kg/m^3 x 0,38 DM/kg = 15,20 DM/m^3
             Wasser ≈   1 m^3 x 2,50 DM/m^3 = <u>2,50 DM/m^3</u>
                                                  17,70 DM/m^3

Die Beseitigung der Bentonit-Suspension kostet:

Abfuhr   : 30 DM/m^3
Kippgebühr: 50 DM/t

Die Bewehrungskörbe werden von einer eigenen Bewehrungskolonne erstellt. Der Bewehrungsanteil liegt bei 0,07 t/m^3.

$$\text{Aufwandswert: } 21,8 \text{ m}^3 \times 0,07 \frac{t}{m^3} \times 12 \frac{h}{t} \times \frac{1}{28 \text{ m}^2} = 0,65 \text{ h/m}^2$$

Die Betonmenge wird um 10 % gegenüber den Schlitzabmessungen vergrößert (Überbeton durch Unebenheiten der Erdwände).

Zum Ziehen des Abschalrohrs (2 h) wird ein Autokran angefordert.
Zusätzliche Lohnkosten entstehen nicht, da die für die Schlitzwandarbeiten eingesetzte Kolonne diese Arbeiten mit erledigen
kann. Da die Schlitzwand kontinuierlich hergestellt wird, ist pro
Lamelle nur 1 Abschalrohr erforderlich.

In Tafel 6.5 sind die Gerätekosten/m^2 sichtbare Verbaufläche und
in Tafel 6.6 die Einzelkosten der Teilleistungen zusammengestellt.

Tafel 6.5   Ermittlung der Vorhalte- und Betriebskosten / m^2
             sichtbare Verbaufläche

Bezeichnung	Neuwert	Abschreibung + Verzinsung je Monat		Reparatur je Monat		Reparatur je Monat einschl. Lohnfaktor
	DM	%	DM	%	DM	DM
Seilbagger (149kW) einschl. Zubehör	641.000	1,8	11.538,00	1,1	7.051,00	10.625,86
Greifer d= 60cm 8t	71.200	4,5	3.204,00	4,2	2.990,40	4.506,53
Meißel 4,5t	16.200	4,5	729,00	4,2	680,40	1.025,36
Betonmischanlage (10kW) einschl. Schnellkupplungs- rohre und aller erforderl.Behälter	75.000	2,5	1.875,00	1,4	1.050,00	1.582,35
Abschalrohr	15.000	3,8	570,00	3,3	495,00	745,97
Zieheinheit	65.000	2,5	1.625,00	2,1	1.365,00	2.057,06
Gerätevorhaltekosten / Monat			**19.541,00**			**20.543,13**

Gerätekosten/m² sichtbare Verbaufläche	Betriebsstoffe DM/m²	Vorhaltekosten DM/m²
$\dfrac{40.084,13 \text{ DM/Mon}}{175 \text{ h/Mon}} \times \dfrac{7,5 \text{ h}}{28m^2}$		61,35
Betriebsstoffe Bagger (durchschnittliche Auslastung 80%) $149 \text{ kW} \times 7,5h \times 0,8 \times 0,2 \dfrac{1}{kWh} \times 1DM \times \dfrac{1}{28m^2}$	6,39	
Ziehpresse (durchschn.Auslastung 90%) $9,5 \text{ kW} \times 2h \times 0,9 \times 0,2 \dfrac{1}{kWh} \times \dfrac{1}{28m^2}$	0,12	
Bentonit-Mischer (durchschn.Auslastung 60%) $10 \text{ kW} \times 7,5h \times 0,6 \times 0,35 \dfrac{DM}{kWh} \times \dfrac{1}{28m^2}$	0,56	
Schmierstoffe $0,2 \times (6,39 + 0,12 + 0,56)$	1,41	
Summe: **69,83 DM/m²**	**8,48**	**61,35**

Tafel 6.6   Ermittlung der Einzelkosten der Teilleistungen

Ermittlung der Einzelkosten/m² sichtbare Verbaufläche	Lohn-stunden h/m²	Lohn DM/m²	Sonstige Kosten DM/m²	Gerät DM/m²
1.Lohn 44,02 DM/h Herstellung Leitwand Schalen $0,8 \ \dfrac{h}{m^2} \times 6,7 \ \dfrac{m^2}{m} \times \dfrac{1m}{10m^2}$	0,54			
Bewehren $15 \ \dfrac{h}{t} \times 0,7 \ \dfrac{m^3}{m} \times 0,04 \ \dfrac{t}{m^3} \times \dfrac{1m}{10m^2}$	0,04			
Betonieren $1,5 \ \dfrac{h}{m^3} \times 0,7 \ \dfrac{m^3}{m} \times \dfrac{1m}{10m^2}$	0,11			
Herstellung Schlitzwand (Aushub, Einhängen Bewehrungskorb, Einbau Beton, Ziehen des Abschalrohres)	1,07			
Herstellung Bewehrungskorb	0,65			
2.Material **Leitwand** Schalung $6,7 \ \dfrac{m^2}{m} \times 8 \ \dfrac{DM}{m^2} \times \dfrac{1m}{10m^2}$			5,36	
Bewehrung $0,04 \ \dfrac{t}{m^3} \times 0,7 \ \dfrac{m^3}{m} \times 1150 \ \dfrac{DM}{t} \times \dfrac{1m}{10m^2}$			3,22	
Beton $0,7 \ \dfrac{m^3}{m} \times 130 \ \dfrac{DM}{m^3} \times \dfrac{1m}{10m^2}$			9,10	
Schlitzwand Abfuhr Aushub $21,8 \ m^3 \times 25 \ \dfrac{DM}{m^3} \times \dfrac{1}{28m^2}$			19,46	
Kippgebühr $21,8 \ m^3 \times 1,8 \ \dfrac{t}{m^3} \times 30 \ \dfrac{DM}{t} \times \dfrac{1}{28m^2}$			42,04	

Fortsetzung siehe nächste Seite

Fortsetzung Tafel 6.6   Ermittlung der Einzelkosten der Teilleistungen

Ermittlung der Einzelkosten/m² sichtbare Verbaufläche	Lohn-stunden h/m²	Lohn DM/m²	Sonstige Kosten DM/m²	Gerät DM/m²
Bentonitsuspension $17{,}70\ \dfrac{DM}{m^3}\ \times\ 21{,}8\ m^3\ \times\ 1{,}15\ \times\ 0{,}5\ \times\ \dfrac{1}{28m^2}$			7,92	
Beseitigung Bentonitsuspension Abfuhr $21{,}8\ m^3\ \times\ 30\ \dfrac{DM}{m^3}\ \times\ 0{,}5\ \times\ \dfrac{1}{28m^2}$			11,68	
Kippgebühr $21{,}8m^3\ \times\ 1{,}2\ \dfrac{t}{m^3}\ \times\ 0{,}5\ \times\ 50\ \dfrac{DM}{t}\ \times\ \dfrac{1}{28m^2}$			23,36	
Bewehrung $21{,}8m^3\ \times\ 0{,}07\ \dfrac{t}{m^3}\ \times\ 1150\ \dfrac{DM}{t}\ \times\ \dfrac{1}{28m^2}$			62,68	
Beton $21{,}8m^3\ \times\ 1{,}1\ \times\ 130\ \dfrac{DM}{t}\ \times\ \dfrac{1}{28m^2}$			111,34	
3.Geräte (siehe Tafel 6.5) Autokran zum Ziehen des Abschalrohres				69,83
$250\ \dfrac{DM}{h}\ \times\ 2h\ \times\ \dfrac{1}{28m^2}$				17,86
Summe: 489,94 DM/m²	**2,41**	**106,09**	**296,16**	**87,69**

6.6   Sicherheitstechnik

Bei der Herstellung von Schlitzwänden kann es bei den einzelnen Arbeitsschritten

-    Einbau der Leitwand
-    Aushub
-    Setzen der Abschalrohre
-    Einhängen des Bewehrungskorbes
-    Betonieren

-	Ziehen der Abschalrohre

zu einer Gefährdung für Beschäftigte und Passanten kommen.

Bei der Herstellung der Leitwände sind insbesondere alle Sicherheitsregeln zu beachten, die für das Arbeiten in Gräben gelten (DIN 4124 und UVV "Bauarbeiten" [143]).

Speziell beim Aushub treten einige schlitzwandspezifische Sicherheitsprobleme auf:

-	Beim Aushub und Transport verlorene Stützflüssigkeit macht die Wege und Straßen glatt und schlüpfrig. Das Aushubmaterial muß daher in wasserdichten Containern abgefahren werden.
-	Suspensiongestützte Schlitze müssen bei Arbeitsunterbrechung unbedingt abgedeckt werden, da Lebewesen, die in die Suspension fallen, sich nicht schwimmend retten können. Bewegungen führen zu einer Verflüssigung der Suspension und damit zu einem sofortigen Absinken des Hineingestürzten.

-	Alle Verkehrswege, die an der Schlitzwandbaustelle entlangführen, sind gegen Verschlammen zu sichern und mit einem Spritzschutz (z.B. aus Planen) zu versehen.

-	Die Suspension darf keinesfalls in die Kanalisation geleitet werden, da das zu Verstopfungen der Abwasserleitungen führt.

-	Beim Setzen der Abschalrohre (Länge bis ca. 30 m) ist auf Freileitungen zu achten und auf die möglichen Pendelbewegungen beim Aufnehmen und Aufrichten, die auch durch Wind verursacht werden können.

Eine hohe Unfallgefahr besteht beim Aufnehmen und Einbringen des Bewehrungskorbes, der als Ganzes in den Schlitz eingehängt werden muß (s. auch Kap. 6.4.5). Hierbei ist insbesondere die Unfallverhütungsvorschrift "Lastaufnahmeeinrichtungen im Hebezeugetrieb" [149] zu beachten. Um der Forderung des § 32 dieser UVV "Lasten sind so aufzunehmen und abzusetzen, daß ein unbeabsichtigtes Um-

fallen, Auseinanderfallen, Abgleiten oder Abrollen der Lasten vermieden wird", ist es erforderlich, am Bewehrungskorb spezielle An-
schlagpunkte für die Hakengeschirre vorzusehen und den Korb in
sich so stabil auszubilden, daß sich beim Anheben einzelne Bewehrungseisen oder ganze Teile des Korbes nicht lösen können.

Für den Betoniervorgang gelten die in Kap. 5.6 gegebenen Hinweise.

7 Sonderverfahren

7.1 Injektionswände

7.1.1 Allgemeines

Stehen unmittelbar neben einer Baugrube Gebäude und liegt deren
Gründungshorizont oberhalb der Baugrubensohle, so müssen die Fundamente vor dem Aushub gesichert werden. Das kann durch einen verformungsarmen, vor den Fundamenten hergestellten Verbau (Schlitz-
oder Bohrpfahlwand) geschehen oder auch durch eine Bodenverbesserung unterhalb der Gründungskörper. Dazu wird in· die
Poren des anstehenden Bodens ein Injektionsmittel verpreßt, das im
Baugrund aushärtet und damit die Belastbarkeit des Bodens
vergrößert (Bild 7.1).

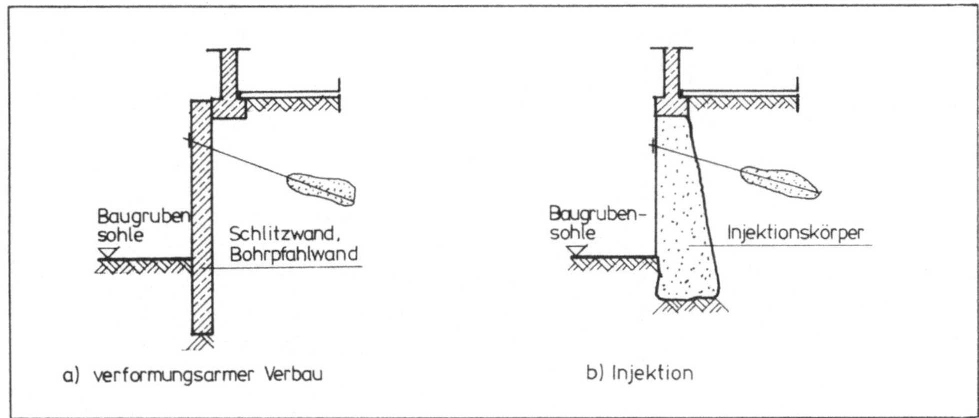

Bild 7.1   Verschiedene Methoden zur Sicherung von Fundamenten
neben Baugruben

Im Fall b) des Bildes 7.1 wird die Gebäudelast durch den Injektionskörper auf den Boden unterhalb der Baugrubensohle übertragen.
Dazu muß wegen der Gefahr eines Grund- oder Geländebruchs der
Injektionskörper ausreichend tief in den Untergrund einbinden. Bei
freien Standhöhen bis zu ca. 2,5 m wird der Injektionskörper als
Stützkörper ausgebildet, der die Beanspruchung wie eine Schwergewichtsmauer aufnimmt. Bei größeren Standhöhen ist es technisch und
wirtschaftlich sinnvoller, die Horizontalbeanspruchung des Stützkörpers aus Erddruck und evtl. Wasserdruck teilweise über eine
Verankerung oder Aussteifung aufzunehmen (Bild 7.2).

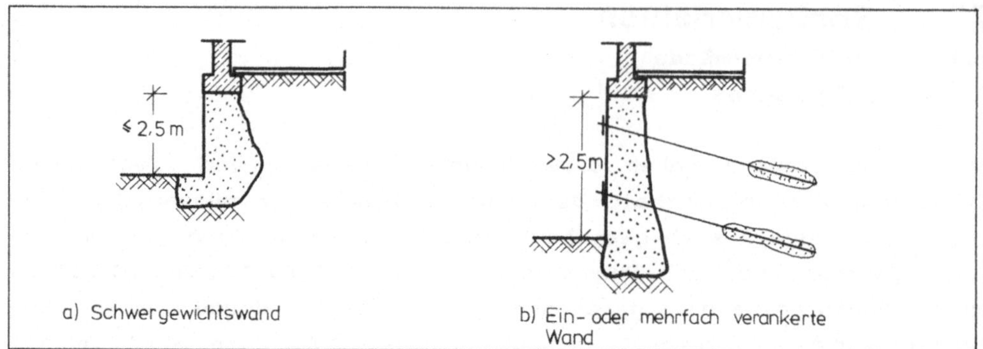

Bild 7.2   Unterschiedliche Ausbildung von Injektionskörpern

Außer bei Gebäudeunterfangungen werden Injektionswände als Baugrubenumschließung dort verwendet, wo andere Verfahren wegen Hindernissen im Baugrund (z.B. vorhandene Leitungen o.ä.) nicht eingesetzt werden können (Bild 7.3).

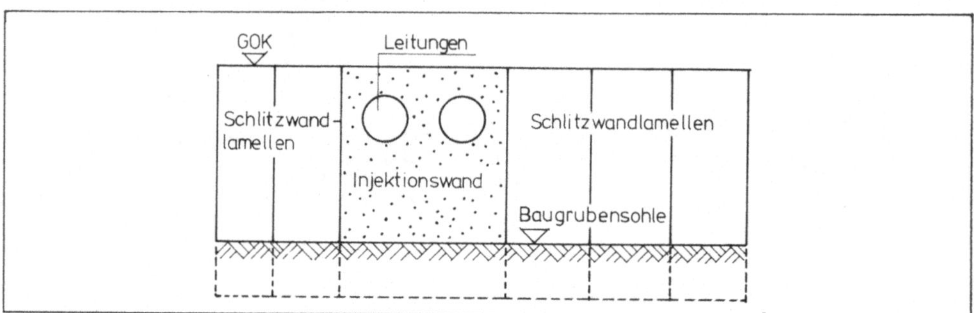

Bild 7.3 Bereichsweiser Ersatz der Schlitzwand durch eine In-
          jektionswand

Voraussetzung für die Herstellung einer Injektionswand ist eine
ausreichende Baugrunderkundung, wobei die folgenden Parameter für
alle zu injizierenden Schichten bekannt sein müssen:

-    Kornverteilung
-    Porenanteil
-    Durchlässigkeit.

Anhand dieser Parameter ist das jeweilige Injektionsmittel und -
verfahren auszuwählen.

In Tafel 7.1 sind die Vor- und Nachteile von Injektionswänden gegenüber den üblichen verformungsarmen Verbauarten zusammengestellt.

Tafel 7.1   Vor- und Nachteile von Injektionswänden gegenüber ver-
            formungsarmen Verbauarten (Schlitzwände, Bohrpfahl-
            wände)

Injektionswände	
Vorteile	**Nachteile**
- direkte Lastübertragung vom Fundament auf Injektionskörper - geringere Setzungsgefahr - erschütterungs- und auflockerungsfreie Herstellung - geräuscharmes Verfahren - geringerer Platzbedarf - das Grundstück kann vollständig für die Bebauung genutzt werden	- i.a. teuer - nicht bis in beliebige Tiefen anwendbar - nicht in allen Böden anwendbar - da ein größerer Bereich als der Sollquerschnitt injiziert wird, müssen Auswüchse bzw. Überbreiten beim Aushub beseitigt werden

7.1.2   Technische Grundlagen

Bei Injektionsarbeiten muß grundsätzlich unterschieden werden, ob
das Ziel der Baugrundverbesserung eine Verfestigung des Bodens
oder eine Abdichtung des Untergrundes ist. Da bei Injektionswänden
die Verfestigung im Vordergrund steht, werden in diesem Kapitel
nur diese Verfahren beschrieben.

Die Abdichtung des Untergrundes ist z.B. bei Injektionssohlen entscheidend, daher werden die Dichtungsverfahren in Kap. 9.2
ausführlich beschrieben.

Die Injektionstechnik ist ca. 190 Jahre alt und geht auf Berigny
zurück, der 1802 in Frankreich die Sanierung einer unterspülten
Schleuse ausführte [76]. Das Prinzip dieser ersten "Verfestigungs-
injektionen" bestand darin, Steingerüste mit einem pumpfähigen
hydraulischen Bindemittel zu verpressen. Vor der Erfindung des Zements als Bindemittel durch Aspdin im Jahre 1821 verwendete man
Puzzolan, das sind vulkanische Aschen, die mit Kalkhydrat und Wasser gemischt wurden.

In der weiteren Entwicklung der Injektionstechnik standen zunächst
Zementverpressungen im Vordergrund, die im Tunnel- und Dammbau zu
Verfestigungs- und Abdichtungszwecken eingesetzt wurden. Wie in
den Anfängen der Injektionstechnik dient die Zementinjektion auch
heute noch vorwiegend zur Behandlung klüftigen Gebirges und grob-
körniger Lockergesteine.

Die Erweiterung der Injektionsverfahren auf Sande gelang Joosten
1926, der statt einer Suspension echte Flüssigkeiten (Silikat- und
Chlorkalzium-Lösungen) verpreßte, die im Boden aushärteten.

Mit den in den fünfziger Jahren entwickelten Kunststofflösungen
läßt sich der Anwendungsbereich von Injektionen bis in den Fein-
sand- und Grobschluffbereich erweitern.

Unter Injektionen wird das Einpressen von Verpreßgut (Injektionsmittel) in Hohlräume (Poren, Klüfte o.ä.) verstanden. Da Injektionswände als Baugrubenverbau nur im Lockergestein eingesetzt
werden, seien hier die Mittel und Verfahren angesprochen, die auf
eine Ausfüllung von Poren im anstehenden Boden abzielen. Tafel 7.2
gibt einen Überblick über die allgemein verwendeten
Injektionsmittel.

Grundsätzlich werden bei der Verfestigung von Böden 3 Injektionsmittel verwendet:

- Zementsuspensionen
- Chemikalien (Wasserglaslösungen)
- Kunststofflösungen.

Die Wahl eines geeigneten Injektionsmittels hängt von den oben genannten Baugrundeigenschaften ab. Erste Hinweise für die Auswahl
eines verwendbaren Injektionsmittels können Bild 7.4 und Bild 7.5
entnommen werden.

Tafel 7.2 Gliederung der Injektionsmittel (aus [14])

Injektionsmittel für die Abdichtung und Verfestigung von Fels- und Lockergestein		
Suspensionen	**Emulsionen**	**Lösungen**
Mischungen aus: a) Wasser und Zement b) Wasser, Zement und Zusätzen c) Wasser, Ton und Zement	Mischungen aus: a) Wasser, Wasserglas und wasserunlöslichen Härtern b) Wasser, Bitumen, Emulgator und Koagulationsmittel	Mischungen aus: a) Wasser, Wasserglas und wasserlöslichen Härtern b) Wasser, Resorcin, Formaldehyd und einem Katalysator
Anwendungsbeispiele:		
Dichtungsschleier im Tunnel- und Talsperrenbau Injektionsbeton, Unterwasserbeton, Colcrete Injektionen im Kies	Injektionen in Sand und Kies Fundamentverstärkungen und Vertiefungen Sohlenabdichtungen	Injektionen im Sand Fundamentverstärkungen und Vertiefungen Sohlenabdichtungen

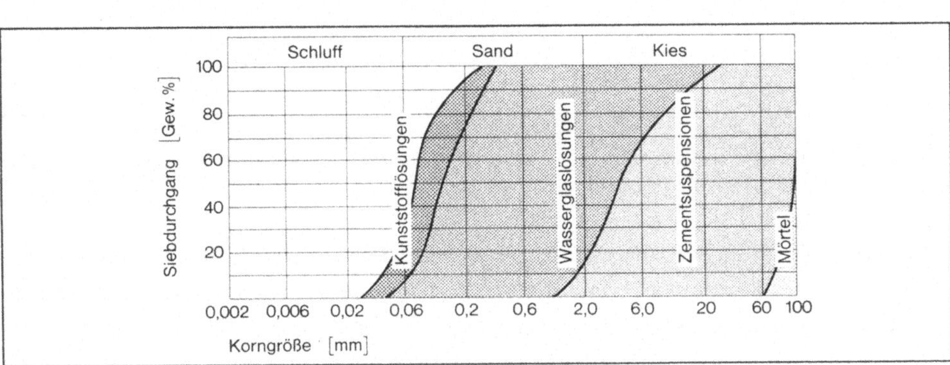

Bild 7.4 Injektionsgrenzen (aus [72])

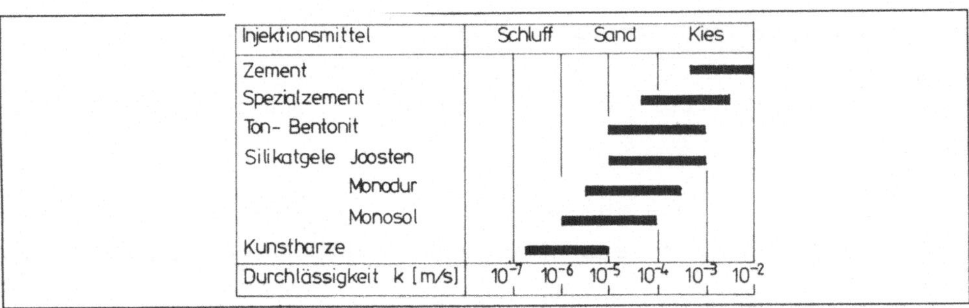

Bild 7.5 Anwendungsbereiche von Injektionsmitteln (aus [14])

Neben dem geeigneten Injektionsmittel ist das passende Verpreß-
verfahren zu wählen, wobei sich die einzelnen Verfahren in der
Bohrtechnik für die Verpreßrohre, in der Art der Verpreßrohre, in
der Verpreßrichtung u.ä. unterscheiden.

Die Verpreßmittel werden im Normalfall über Schrägbohrungen von
außen unter die Gebäude eingebracht (Bild 7.6).

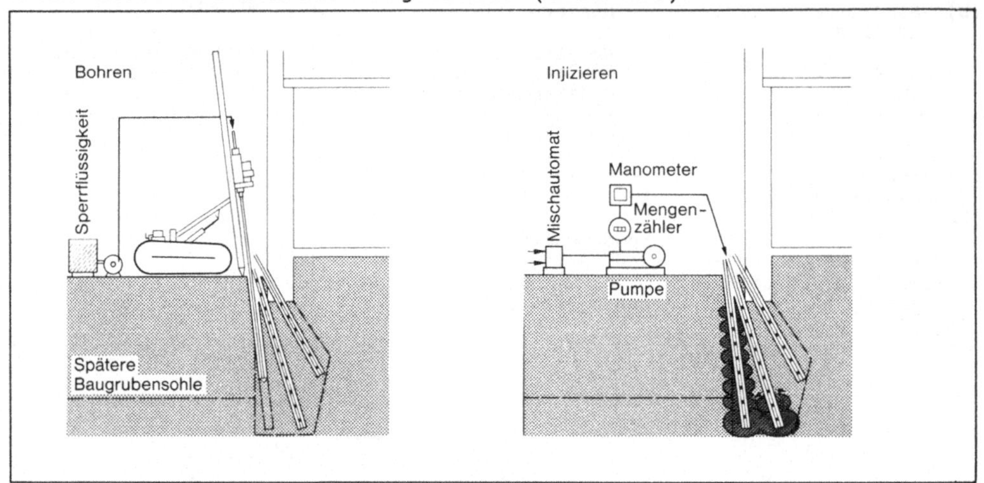

Bild 7.6   Bodenverbesserung   unter   einem   Gebäudefundament   (aus
            [72])

Wenn die Abmessungen oder die Lage des Injektionskörpers es erfordern und die Konstruktion des abzufangenden Gebäudes es zuläßt,
können Injektionen auch aus dem Innern des Gebäudes heraus durchgeführt werden. Die erforderliche freie Arbeitshöhe beträgt ca. 2
bis 3 m.

7.1.3   Erforderliche Stoffe und Materialien

Jedes Injektionsmittel muß die folgenden Bedingungen erfüllen
(nach [54]):

-   es muß während des Eindringens in den Boden stabil bleiben,
    d.h. daß Flockungs- und Absetzungserscheinungen ausgeschlossen
    sind
-   es darf kein vorzeitiges Abbinden vorkommen

- die ursprüngliche Viskosität darf während des Einpressens nicht zunehmen, damit ein gutes Eindringen in den Boden gewährleistet bleibt
- das Injektionsgut muß die gewünschte Festigkeit erreichen
- das injizierte Verpreßgut darf seine physikalischen Eigenschaften (z.B. Festigkeit) im Laufe der Zeit nicht verlieren.

Tafel 7.3   Einsatzmöglichkeiten von Einpreßgut in Lockergestein (aus DIN 4093)

		1	2	3	4
	Hohlräume in	Bodenarten nach DIN 4022 Teil 1	Durchlässigkeitsbeiwert k [m/s]	Einpreßgut	Einpreßzweck (Abdichtung A Verfestigung V)
1	Kies	G	$> 5 \times 10^{-3}$	Zementsuspension	V
				Tonzementsuspension	A,V
	Grobsand	gS		Tonsuspension	A
	Kies sandig	Gs		Tonzementsuspension und Silikatgel	A,V
2	Sand	S	5×10^{-3} bis 5×10^{-6}	Tonsuspension	A
	Sand schluffig	Su		Silikatgel	A,V
				Kunstharz	A,V
3	Feinsand	fS	5×10^{-4} bis 1×10^{-7}	Silikatgel	A,V
	Grobschluff	gU		Kunstharz	A,V

Zementsuspension

Zementsuspensionen und Tonzementsuspensionen zählen zu den am häufigsten verwendeten Injektionsmitteln. Sie sind, wie aus Bild 7.4 und Tafel 7.3 zu ersehen, im Kies anwendbar, solange der Sandanteil (Korndurchmesser < 2 mm) nicht mehr als 15 bis 20 % beträgt.

In der einfachsten Form bestehen die Suspensionen aus Wasser und Zement mit einem W/Z-Faktor von 0,5 bis 5. Zementmischungen sind instabile Suspensionen, da die Zementkörner nur durch die Bewegung in Schwebe gehalten werden. Grundsätzlich sind alle Normzemente für Einpressungen verwendbar. Da Hochofenzement eine höhere Beständigkeit gegen aggressive Wässer aufweist, wird er häufig bevorzugt [69].

In Abhängigkeit von der Korngröße ergeben sich unterschiedliche Sedimentationsgeschwindigkeiten. Allgemein gilt, daß stark angereicherte Suspensionen stärker als dünne sedimentieren, und daß

die Suspension umso weniger sedimentiert, je höher die Mahlfeinheit des Zements ist. Für die Fließfähigkeit der Suspension gilt
ähnliches: je höher der W/Z-Faktor und je höher die Mahlfeinheit
des Zements, desto fließfähiger wird die Suspension. Bei W/Z-Fak-
toren von 1 bis 1,5 ergeben sich für instabile Suspensionen opti-
male Bedingungen, nämlich eine geringe Sedimentationsgeschwindig-
keit bei niedriger Viskosität. Wasser-Zement-Werte über 2 verbessern das Fließverhalten kaum, setzen aber die erreichbare Festigkeit deutlich herab.

Der Zementanteil in der Mischung bestimmt weitgehend die nach der
Erhärtung erreichte Druckfestigkeit, die in der Größenordnung von
10 MN/m^2 liegt.

Eine Zugabe von ca. 2 bis 5 % Ton (z.B. Bentonit), bezogen auf den
Zementanteil, bewirkt eine Stabilisierung der Suspension, wobei
allerdings ein Rückgang der Festigkeiten in Kauf genommen werden
muß. Tafel 7.4 zeigt typische Mischungsverhältnisse von Bentonit-
Zement-Suspensionen, wobei die Suspensionen mit geringen Zementge-
halten vorwiegend für Abdichtungszwecke verwendet werden.

Tafel 7.4   Übliche Bentonit-Zement-Suspensionen (aus [75])

Mischung	1	2	3	4	5	6	7
Wasser $[\text{m}^3]$	1	1	1	1	1	1	1
Bentonit [kg] Aktiv-Bentonit	50	50	30	30	30	30	20
Zement [kg] HOZ	200	300	300	400	500	600	600
Ergiebigkeit $[\text{m}^3]$	1,09	1,12	1,11	1,14	1,18	1,21	1,21
Rohdichte $\left[\dfrac{\text{kg}}{\text{dm}^3}\right]$	1,15	1,21	1,22	1,25	1,30	1,35	1,34
Druckfestigkeit $[\text{MN/m}^2]$ nach 28 Tagen	0,2	0,5	1	2	3	4	5

Ganz allgemein verbessert der Bentonitgehalt das Sedimentati-
onsverhalten und damit die Stabilität einer Suspension. Bild 7.7

zeigt, daß z.B. bei einer Verdoppelung des Bentonitgehalts von 20
auf 40 kg/m^3 der Absetzwert auf ca. 10 % absinkt.

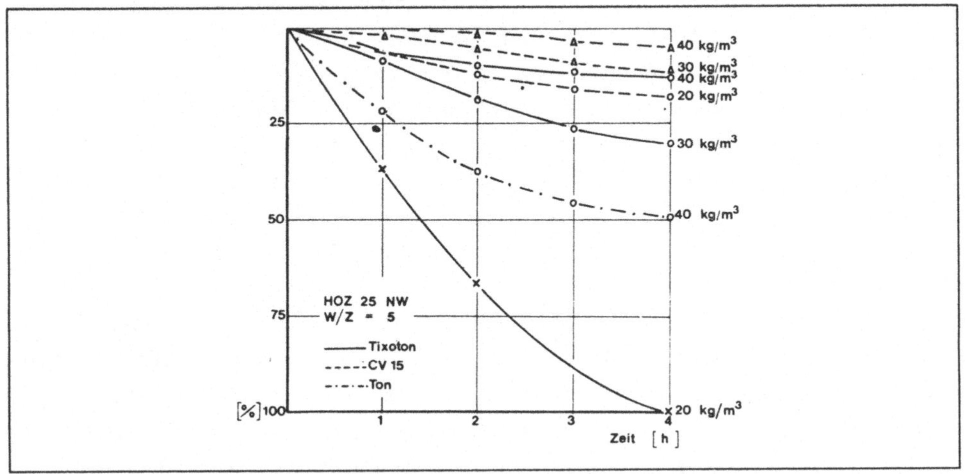

Bild 7.7   Bezogene Sedimentation von Bentonit-Zementsuspensionen
             (aus [45])

Bei Böden mit sehr großen Durchlässigkeiten können den Zementsuspensionen auch Füllstoffe wie Sand, Flugasche o.ä. zugegeben werden, um auch größere Poren wirtschaftlich ausfüllen zu
können. Die Änderungen der physikalischen Eigenschaften durch den
Füller sind dabei zu beachten.

Chemikalinjektion

Nach Bild 7.4 und Tafel 7.3 ist das Haupteinsatzgebiet von
Chemikalieninjektionen (Silikatgel, Wasserglas) das Verpressen von
Sandböden, deren Grobschluffanteil (Korngröße < 0,06 mm) 10 %
nicht übersteigen darf. Bei den Chemikalinjektionen sind grundsätzlich zwei Arten zu unterscheiden

- es werden zwei Flüssigkeiten nacheinander im Boden verpreßt,
  die bei Berührung spontan zu einer Verfestigung und Verkittung
  führen (z.B. JOOSTEN-VERFAHREN)
- es wird eine Flüssigkeit mit mehreren Komponenten eingepreßt,
  die nach einer gewissen Zeit in ein Gel umgewandelt wird (z.B.
  MONODUR-VERFAHREN).

Das älteste chemische Injektionsverfahren wurde 1926 von Joosten
entwickelt. Bei diesem Verfahren wird zunächst unverdünntes Wasserglas, das als eine Lösung von Quarzsand in Natronlauge angesehen werden kann, in den Boden gepreßt. Diese Flüssigkeit ist
sirupartig und hat eine Viskosität von 50 - 100 cP. Sie wird aus
der Schmelze von Soda und Sand und anschließendem Lösen des festen
Glases in Wasser hergestellt [76]. In einem zweiten Arbeitsgang
wird eine konzentrierte Chlorkalziumlösung verpreßt. Beim Zusam-
mentreffen beider Lösungen entsteht sofort eine feste Masse, wel-
che den Boden verfestigt und die Poren abdichtet.

Der nach Joosten verfestigte Boden hat je nach Bodenart Festigkeiten von 3 bis 8 MN/m^2. Wegen der schnellen Reaktion zwischen Wasserglas und Kalziumchlorid hat sich das Verfahren auch
bei Abdichtungsarbeiten gegen strömendes Grundwasser bewährt. Wegen der hohen Viskosität hat das Verpreßmittel nur eine geringe
Reichweite. Es ist aber weitgehend unempfindlich gegen aggressives
Wasser.

Vor ca. 30 Jahren wurde das sogenannte Monodur-Verfahren entwik-
kelt, das den Anwendungsbereich der chemischen Injektion erwei-
terte und große technische und wirtschaftliche Vorteile brachte
(Bild 7.5). Beim Monodurverfahren wird dem mit Wasser verdünnten
Wasserglas ein Härter (z.B. Ester, eine Verbindung von anorgani-
schen oder organischen Säuren mit Alkohol) zugegeben (Mischung
z.B. Wasserglas/Härter/Wasser = 70/10/20 Vol %). Die niedrigvis-
kosen Mischungen (3 - 5 cP) werden vor dem Injizieren hergestellt
und in einem Arbeitsgang ("One-shot-Verfahren") verpreßt. Nach einer zeit- und temperaturabhängigen Reaktion setzt der Härter eine
Säure frei, die eine Kieselsäuregel-Ausscheidung bewirkt. Es entsteht eine Verkittung mit dem Boden.

Die Zeit vom Anmischen der Chemikalien bis zu dem Zeitpunkt, zu
dem die Grenze der Pumpbarkeit erreicht wird (Viskosität >
100 cP), wird als Kippzeit bezeichnet. Sie ist von der Temperatur
(Bild 7.8) und von der Mischung abhängig. Der Wasserglasanteil
liegt i.a. zwischen 35 und 80 Vol%. Die Kippzeiten liegen zwischen
20 und 60 Minuten.

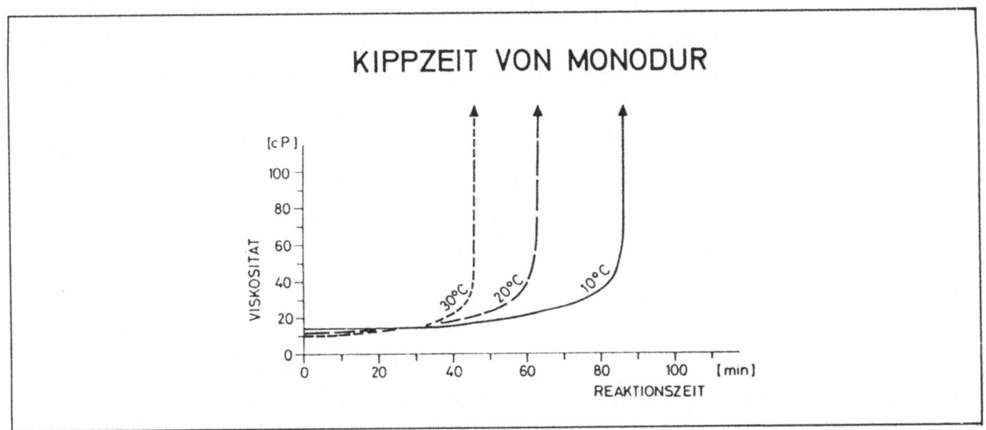

Bild 7.8   Abhängigkeit der Kippzeit von der Temperatur (aus [105])

Die erreichbaren Festigkeiten hängen u.a. vom Grad der Porenfüllung, dem Ungleichförmigkeitsgrad des Bodens und der Anfangsviskosität des Injektionsmittels ab. Bild 7.9 zeigt diese Einflüsse. Übliche Festigkeiten von Chemikalinjektionen liegen zwischen 2 und 8 MN/m^2.

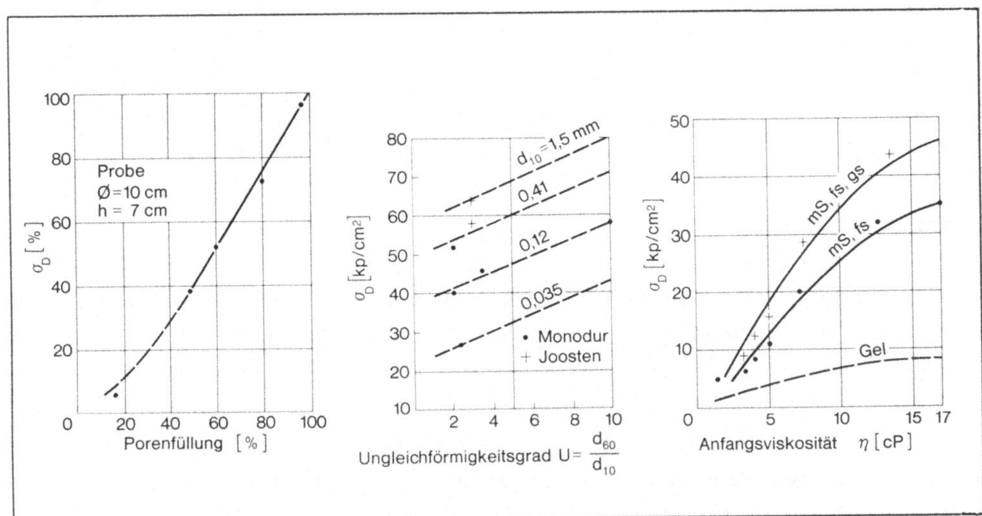

Bild 7.9   Abhängigkeit der Druckfestigkeit des injizierten Bodens von der Porenfüllung, dem Ungleichförmigkeitsgrad und der Anfangsviskosität (aus [72])

Bei chemischen Injektionen muß beachtet werden, daß zeitabhängige Verformungen des Injektionskörpers auftreten (Kriecherscheinungen)

In der DIN 4093 werden daher Kriterien genannt, mit denen unter Zugrundelegung von einaxialen Kriechversuchen abgeschätzt werden kann, ob sich eine Probe im stabilen Bereich, d.h. in einem Bereich mit nicht überproportional zunehmenden Verformungen bei konstanter Belastung befindet.

Gerade bei Chemikalinjektionen ist eine Kontrolle der Eigenschaften des Einpreßgutes und des verfestigten Bodens unerläßlich. Folgende Parameter sollten daher untersucht bzw. festgestellt werden (DIN 4093):

- Chemische Verunreinigungen im Anmachwasser
- Dichte und Alkaligehalt des Wasserglases
- Dichte und Wirksamkeit des Härters
- Mischungsverhältnis
- Viskosität der Mischung im Temperaturbereich von 5 bis 40°C
- Volumenänderung der Mischung bzw. Bildung von Synäresewasser
  (Synärese ist die zeitabhängige Volumenabnahme des Gels bei
  gleichzeitiger Wasserabgabe)
- Beständigkeit des erhärteten Einpreßguts bei Wasserlagerung
- Festigkeitseigenschaften des verpreßten Lockergesteins durch
  einaxiale Druckversuche.

Kunstharzinjektion

Die Anwendung von Kunstharzinjektionen bleibt wegen der hohen Kosten (ca. 5 - 30mal so teuer wie Silikatgelinjektionen [69]) auf wenige Sonderfälle beschränkt. Wegen der sehr niedrigen Viskosität von η = 5 cP (zum Vergleich: Wasser η = 1 cP) lassen sich mit Kunstharz noch schluffige Sande injizieren. Kunstharzinjektionen werden vor dem Einpressen angemischt und zählen zu den Einkomponenten - Verpreßmitteln.

Tafel 7.5 Übliche Kunststofflösungen (aus [80])

Kunstharz	Anwendung	Festigkeit (kN/m²)	Preis (zu Monodur)
AM 9	Abdichtung	300	400 %
Phenoplaste } Aminoplaste	Abdichtung, Verfestigung	1000 - 5000	600 %
Polythixone	Abdichtung	100 - 400	400 - 1200 %

Die ersten Kunststoffe dieser Art wurden unter dem Namen AM 9 bekannt und stammen aus den USA. Es handelt sich hierbei um Acrylamide, die als Katalysator Salz auf Ammonium-Persulfat-Basis benötigen. Im Rohzustand ist AM 9 sehr giftig. Es ist nur als Abdichtungsmittel wirksam.

Für Verfestigungsaufgaben kommen praktisch nur Phenoplaste (Resorcin) und Aminoplaste (Harnstoff) infrage.

Bei Zugabe verschiedener Härter lassen sich die physikalischen Eigenschaften in weiten Grenzen regeln.

Vor und während der Verpreßarbeiten sollten die folgenden Eigenschaften des Einpreßgutes bekannt sein bzw. überprüft werden (DIN 4093):

- Mischungsverhältnis
- Viskosität und Kippzeit in Abhängigkeit von der Temperatur im Bereich 5 - 40° C
- Volumenänderung der Mischung bzw. Bildung von Synäresewasser
- Verträglichkeit der Mischung mit Anmachwasser bzw. Porenwasser
- Beständigkeit des erhärteten Einpreßguts bei Wasserlagerung
- Haftung der erhärteten Mischung auf mineralischen Flächen (Gestein, Baustoff)
- Festigkeitseigenschaften des injizierten Bodens.

7.1.4   Geräte und Verfahren

Beim Durchführen von Injektionsarbeiten sind folgende Einzel-
schritte zu beachten, für die besondere Verfahren entwickelt wurden und für die Geräte vorgehalten werden müssen:

-       Herstellung eines Bohrloches
-       Einbau von Injektionsrohren
-       Anmischen eines Verpreßmittels
-       Einpressen.

Die Wahl der Verfahren und Geräte richtet sich nach den Baugrundverhältnissen und den Verpreßmitteln.

Herstellung des Bohrlochs

Bohrungen können je nach Baugrundverhältnissen unverrohrt (mit
oder ohne Stützflüssigkeit) oder verrohrt hergestellt werden. Das
eigentliche Bohrwerkzeug kann schlagend (Rammen), drehschlagend
oder nur drehend eingebracht werden. Häufigstes Verfahren ist das
Herstellen der Löcher mit rotierendem Bohrmeißel am Gestänge und
umlaufender Spülung [76]. Die Spülflüssigkeit (Bentonitsuspension
oder Bentonit-Zement-Suspension) stützt die Bohrlochwandung und
dient als Fördermedium für das Bohrgut. Es ist sinnvoll, als Spülflüssigkeit Bentonit-Zementsuspension zu verwenden, da nach dem
Einsetzen der Verpreßrohre ohnehin ein erhärtendes Sperrmittel
zwischen Bohrlochwandung und Verpreßrohr vorhanden sein muß.

Die verwendeten Bohrgeräte müssen mobil und schnell umsetzbar
sein, außerdem müssen Bohrungen praktisch unter jedem Neigungswin-
kel ausgeführt werden können. Üblich sind Drehbohrgeräte und
Schlagbohrgeräte auf Raupenfahrwerk.

Als Kraftquelle für den Antrieb kommen Diesel- oder Elektromotore
infrage, die entweder Druckluft erzeugen oder einen Hydraulikmotor
antreiben. Hydraulische Antriebe sind wegen der guten Regelbarkeit
und des geringen Energieverbrauchs am günstigsten.

Einbau der Injektionsrohre

Zum Herstellen von injizierten Erdwänden und Gebäudeunterfangungen wird üblicherweise das Manschettenrohrverfahren verwendet. Hierbei werden in die Bohrlöcher Manschettenrohre, das sind Kunststoffrohre mit Durchmessern von ca. 30 - 60 mm (1" bis 2"), eingebracht, die in Abständen von 33 bis 50 cm ringförmig gelocht sind. Die Öffnungen sind durch eine Gummihülle (Manschette) abgedichtet. Diese Gummihülle wirkt wie ein Ventil, das sich beim Verpressen öffnet.

Bei unverrohrten Bohrungen wird das Manschettenrohr in die Stützflüssigkeit eingestellt. Wird als Stützflüssigkeit Bentonitsuspension verwendet, so muß sie gegen eine erhärtende Mantelmischung ausgetauscht werden (Bentonit-Zement-Suspension), deren Festigkeit durch entsprechende Mischungsverhältnisse der jeweiligen Aufgabe angepaßt wird.

Bei verrohrten Bohrungen wird nach dem Erreichen der Endtiefe das Manschettenrohr eingebaut und beim Ziehen der Verrohrung die erhärtende Bentonit-Zement-Suspension eingefüllt (Bild 7.10).

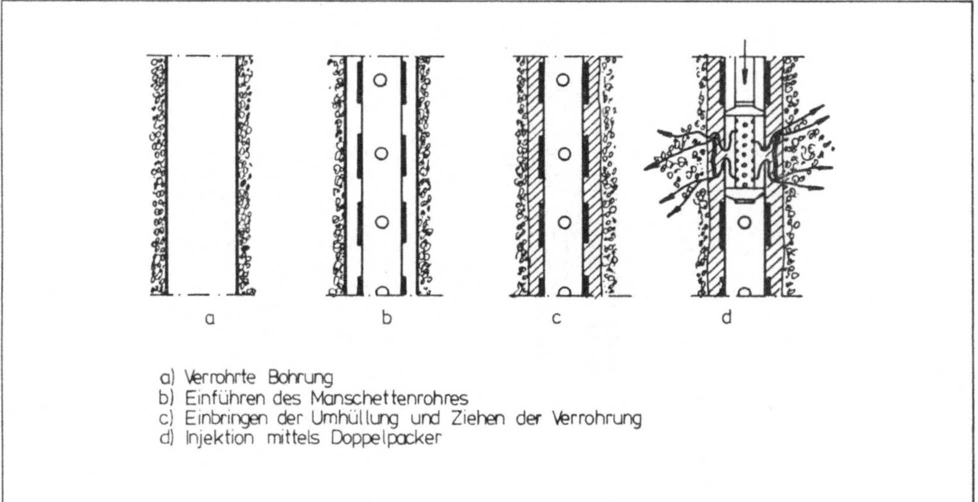

Bild 7.10   Einbau von Manschettenrohren in verrohrte Bohrungen
            (nach [54])

Anmischen des Verpreßmittels

Insbesondere bei Zement- und Bentonit-Zementmischungen als Injektionsmittel ist eine gute Vermischung der einzelnen Komponenten mit Wasser erforderlich, damit die Fließfähigkeit möglichst groß ist und sich nur wenig Material absetzt. Das erreicht man durch den Einsatz hochtouriger Spezialmischer. Die Aufbereitung erfolgt meist in zentralen Mischerstationen, die in Injektionscontainern installiert sind.

Die Bilder 7.11 bis 7.13 zeigen Prinzipskizzen zur Lagerung, Mischung und Einpressung der üblichen Injektionsmittel.

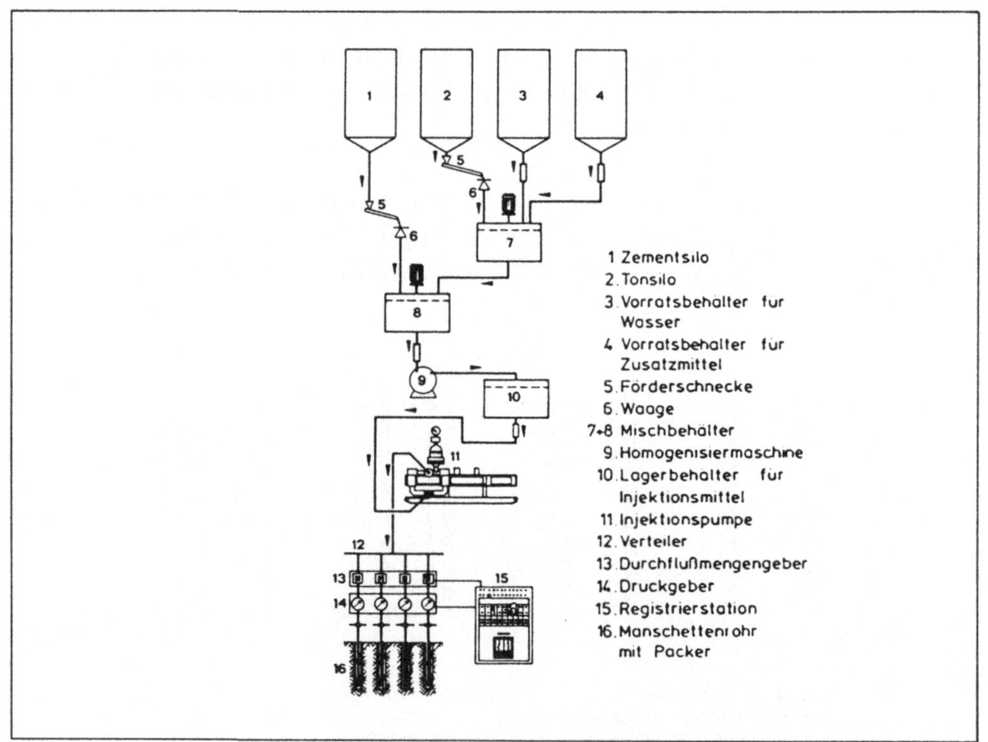

Bild 7.11   Injektionsanlage für Zementsuspensionen (aus [92])

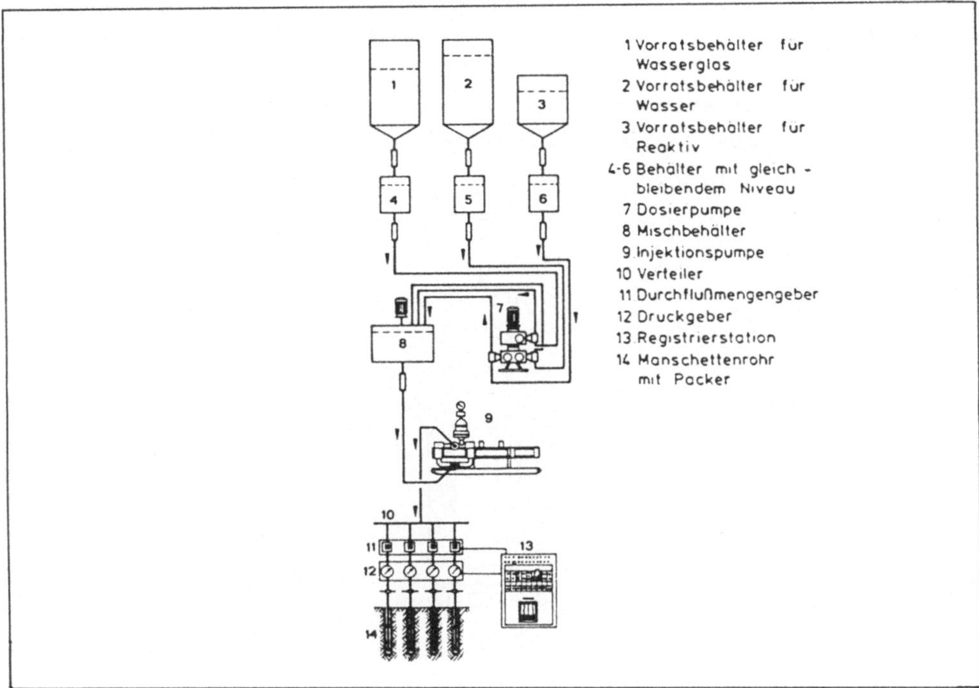

Bild 7.12   Injektionsanlage für Silikatinjektionen (aus [92])

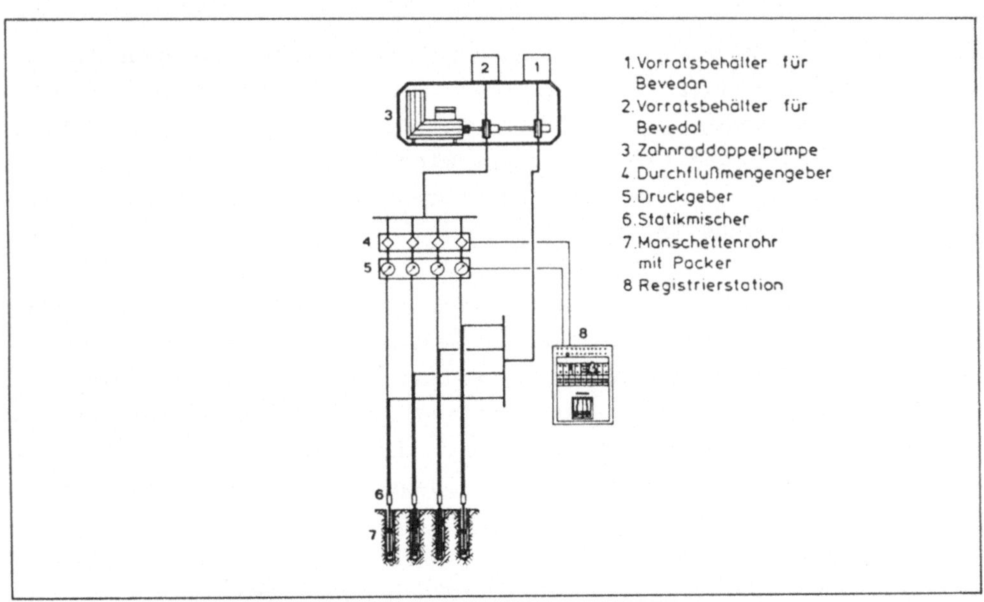

Bild 7.13   Injektionsanlage für Kunststoffinjektionen (aus [92])

Einpressen

Innerhalb der Manschettenrohre werden Doppelpacker verfahren, die
es erlauben, jede einzelne Gummimanschette getrennt mit Verpreßmittel zu beaufschlagen (Bild 7.14).

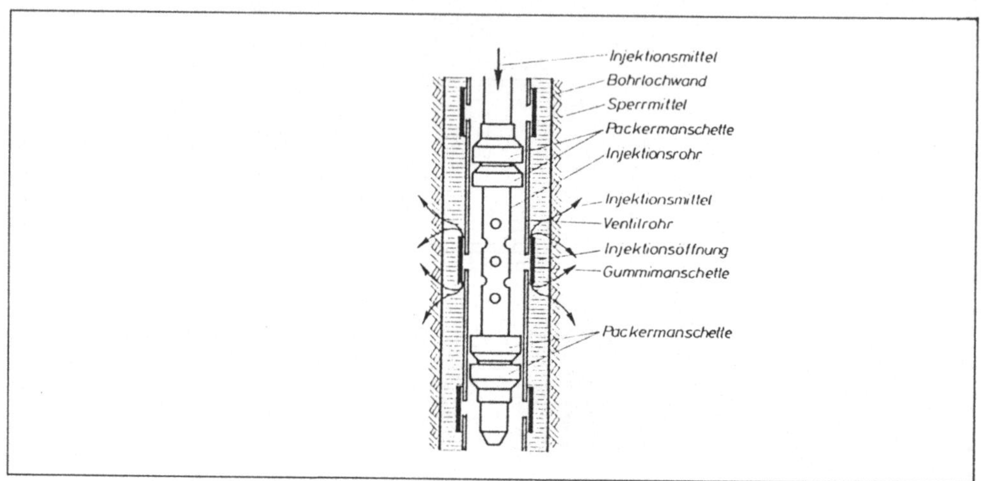

Bild 7.14   Doppelpacker (aus [128])

Unter dem Druck des Verpreßmittels öffnen sich die Manschetten,
die erhärtete Stützflüssigkeit wird aufgesprengt und das Injektionsgut in den Boden gepreßt. Wird der Druck vermindert, verschlie-
ßen die Manschetten die Öffnungen wieder. Dieser Vorgang ist beliebig wiederholbar. Um die Injektionsöffnung bilden sich Wulste
verfestigten Bodens (Bild 7.15).

Die Injektion erfolgt von unten nach oben. Bei inhomogenen Böden
kann es erforderlich sein, durch Zementsuspensionen zunächst die
Bereiche großer Porenräume zu verfestigen und anschließend mit
Chemikalinjektionen die feinkörnigeren Schichten zu stabilisieren.
Der Abstand der Injektionsrohre, er liegt zwischen 0,5 und 2 m,
hängt von der Durchlässigkeit des Bodens und den Eigenschaften des
Verpreßmittels ab(Tafel 7.6).

Die Verpreßdrücke liegen in der Größenordnung von 2 - 5 bar, die
Verpreßleistungen bei ca. 5 - 15 l/min [76]. Die Drücke werden

durch Hydrostatik-Pumpen (häufigste Art), Membranpumpen (besonders geeignet für Feststoff-Injektionen) und Verdrängerpumpen (für große Mengen/Zeit bei geringen Injektionsdrücken) erzeugt.

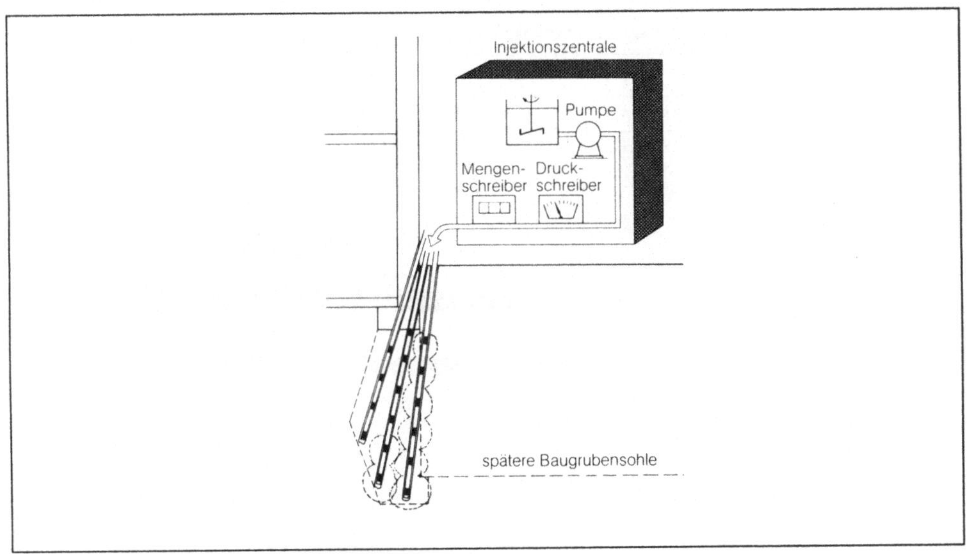

Bild 7.15   Aufbau des Injektionskörpers (aus [11])

Tafel 7.6   Abstand der Injektionslanzen bei Chemikalinjektion (aus [38])

	Reichweite (m)	seitlicher Abstand der Injektions- rohre (m)	vertikaler Abstand der Injektions- elemente (m)
Bodenverfestigung	0,3 - 0,6	0,6 - 1,2	0,33
Abdicht-Injektion	0,4 - 0,9	0,8 - 1,8	0,33 - 0,5

Die Vorteile des Manschettenrohrverfahrens, bei dem die Rohre im Baugrund verbleiben, sind

-   bei Wechsellagerung von Schichten mit unterschiedlichen Durchlässigkeiten können nacheinander verschiedene Injektionsmittel verpreßt werden (Homogenisieren)
-   Nachinjektionen sind möglich
-   Bohren und Verpressen sind getrennte Arbeitsgänge.

Hochdruckinjektion

Erdwände können auch nach dem Verfahren der Hochdruckinjektion
hergestellt werden , das die Einsatzgrenzen der Injektionen bis in
den Ton- und Schluffbereich erweitert (Bild 7.16).

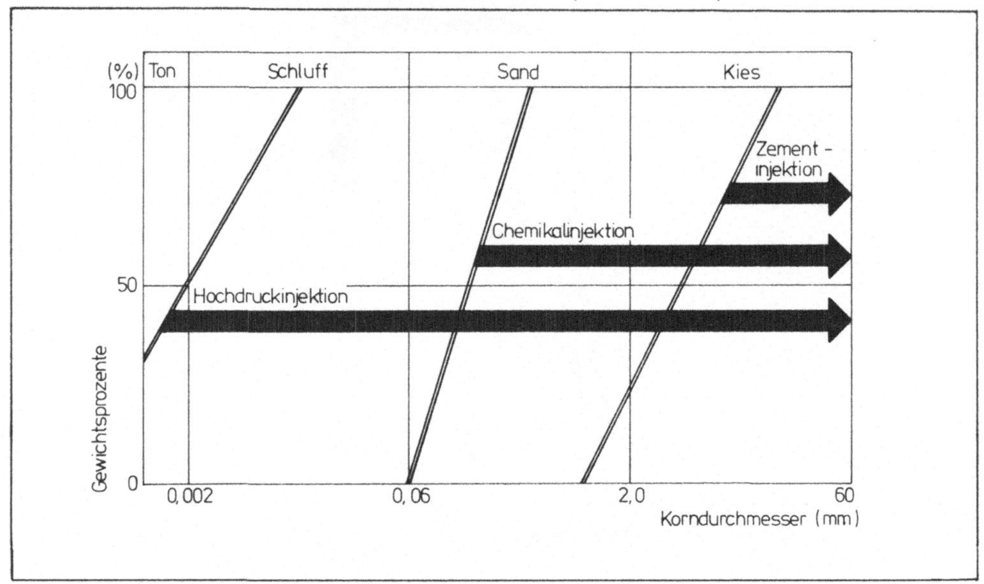

Bild 7.16   Einsatzgrenzen   verschiedener   Injektionsverfahren   (aus
            [10]).

Bei diesem Verfahren wird aber nicht wie bei konventionellen Injektionen ein Verpreßmittel in die Poren und Hohlräume eingepreßt,
sondern der Boden wird unter der Einwirkung eines Schneidstrahles
aus Wasser bei einem Pumpendruck von 100 bis 400 bar aufgeschnitten und aufgefräst. Der gelöste Boden wird teilweise ausgespült,
teilweise mit einer zugegebenen Zement- oder Bentonit-Zement-Suspension vermischt, die dann aushärtet (Bild 7.17 und 7.18).

Für die Herstellung von verfestigten Bodensäulen wird zunächst ein
Bohrloch von ca. 40 - 90 mm Durchmesser erstellt. Üblich ist eine
Drehbohrung mit Außenspülung. Einsetzbar sind hierzu alle ge-
bräuchlichen Bohrgeräte.

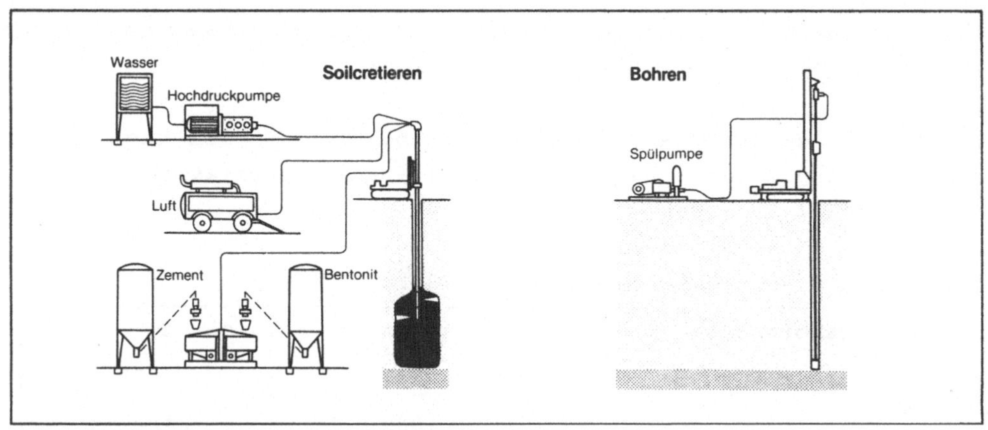

Bild 7.17   Baustelleneinrichtung für Hochdruckinjektion (aus [73])

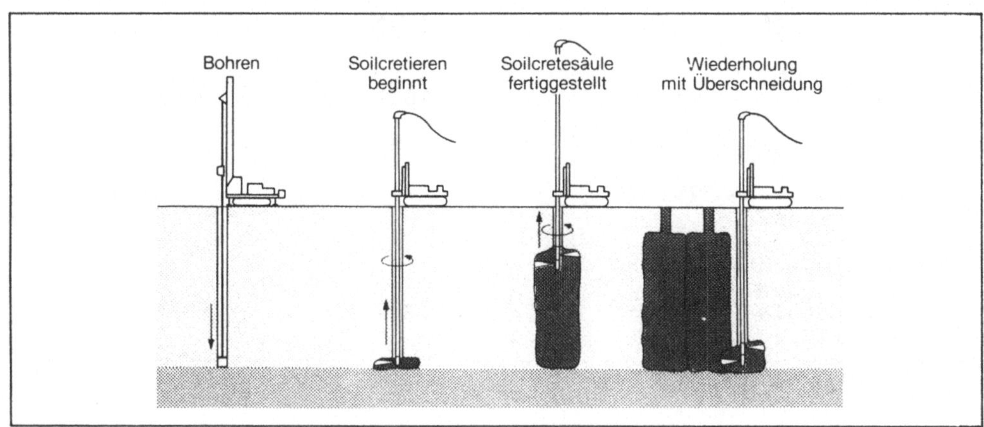

Bild 7.18   Herstellung von verfestigten Bodensäulen (aus [73])

Nach Erreichen der Endtiefe wird durch ein im Düsenhalter be-
findliches Ventil von Bohrspülen auf Düseninjektion umgeschaltet,
und mit einem horizontalen Schneidstrahl aus Wasser, Zement-Suspension oder Bentonit-Zement-Suspension wird der Boden mit oder
ohne Luftzusatz aufgeschnitten und aufgefräst. Der aufgefräste Boden wird teilweise wie bei einer Bohrung mit Dickspülung über den
Bohrlochringraum nach oben gespült.

Gleichzeitig mit dem Fräsen wird der Boden mit der Suspension
(meist Zement-Suspension) vermischt. Es entsteht dabei ein mehr
oder minder homogener verfestigter Bodenkörper in Säulenform. Der

Säulendurchmesser ist außer von den anstehenden Bodenarten von der Ziehgeschwindigkeit des Gestänges abhängig.

Tafel 7.7 zeigt Beispiele für Mischungsverhältnisse von Wasser-Zement-Suspensionen und die zugehörigen physikalischen Eigenschaften.

Tafel 7.7 Mischungsbeispiele (aus [73])

Mischungsbeispiele		**A**	**B**
Wasser	[l]	670	1000
Zement	[kg]	1000	1000
Eigenschaften der Suspension			
Ergiebigkeit	$[m^3]$	1,00	1,30
Rohwichte der Suspension	$[kN/m^3]$	16,7	15,0
Druckfestigkeit	$[MN/m^2]$	> 5	2 - 6
k-Wert der Suspensionsmasse	[m/s]	$< 1 \times 10^{-8}$	$< 1 \times 10^{-8}$
Soilcretewichte je nach Boden und Suspensionsanteil	$[kN/m^3]$	18 - 21	16 - 19

Die erzielten Druckfestigkeiten liegen je nach Bodenart und Mischung zwischen 2 und 20 MN/m^2 [172] (Tafel 7.8).

Tafel 7.8 Bodenarten und erzielte Druckfestigkeiten (nach [10])

Bodenart	**erzielte Druckfestigkeit** $[MN/m^2]$
Kies	< 20
Sand	< 15
Schluff/Ton	< 12
organische Böden	< 3

Bei der Injektion von Erdwänden werden die Säulen entweder einreihig oder mehrreihig (Bild 7.19) hergestellt.

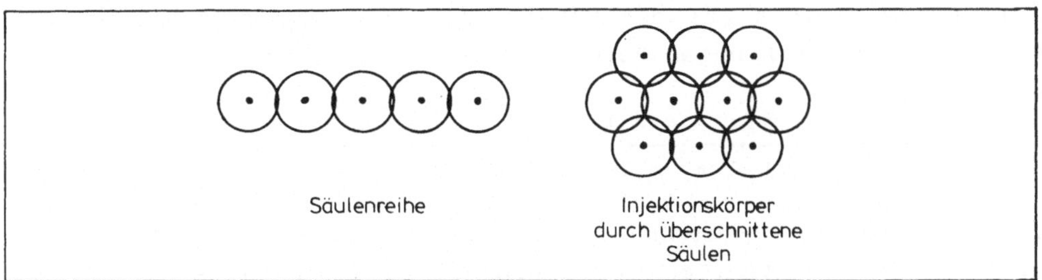

Bild 7.19   Grundrißanordnung von Hochdruckinjektionskörpern

Auch zum Verbau von Lücken zwischen Schlitzwandlamellen oder Bohrpfählen sind Hochdruckinjektionssäulen geeignet. Solche Lücken
sind häufig beim Durchführen von Leitungen erforderlich.

7.1.5 Leistung und Kosten

Die Leistungen und die Kosten werden im wesentlichen durch den anstehenden Boden und das gewählte Verfahren bestimmt.

Als Beispiel soll die Kostenermittlung für eine Chemikalinjektion
gezeigt werden. Die Injektionswand ist 3 m hoch, an ihrer Oberkante 80 cm und an ihrem Fuß 1,2 m breit. Der anstehende Boden ist
Grobsand, der mit dem Manschettenrohrverfahren verfestigt werden
soll. Die Anordnung der Manschettenrohre ist Bild 7.20 zu entnehmen.

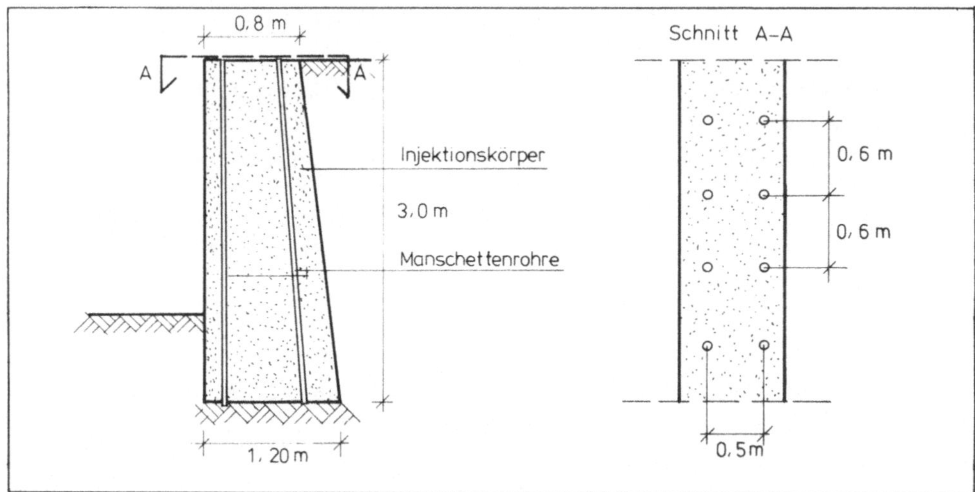

Bild 7.20   Anordnung der Manschettenrohre

Alle Kosten werden auf den Kubikmeter verfestigten Boden bezogen.
Der Anteil der Bohrungen beträgt:

$$\frac{2 \times 3 \text{ m}}{(0,8 \text{ m} + 1,2 \text{ m}) \times 1/2 \times 3 \text{ m} \times 0,6 \text{ m}} = 3,3 \text{ m/m}^3$$

Die Leistung der Bohrmannschaft, die aus 3 Mann besteht (1 Bohrgeräteführer, 1 Mann an der Spülpumpe, 1 Mann am Gestänge), beträgt - einschließlich Einbau der Manschettenrohre - 10 m/h.

Der Aufwandswert für das Bohren errechnet sich zu:

$$\frac{3,3 \text{ m/m}^3}{10 \text{ m/h}} \times 3 = 1,0 \text{ h/m}^3 \qquad \text{Bohrzeit:} \quad \frac{3,3 \text{ m/m}^3}{10 \text{ m/h}} = 0,33 \text{ h/m}^3$$

Als Bohrspülung wird eine Bentonit-Zement-Suspension verwendet,
die 90 DM/m^3 kostet. Der Verbrauch pro lfdm Bohrung liegt bei 15
Liter, sie dient gleichzeitig als erhärtendes Sperrmittel. Für die
Beseitigung des verunreinigten Bohrgutes fallen ca. 5 DM/m an. Die
Kosten der Manschettenrohre liegen bei 8 DM/m. Sie verbleiben im
Baugrund.

Für die Verpreßarbeiten ist eine Kolonne von 4 Mann erforderlich.
(1 Mann am Mischer, 1 Mann im Injektionscontainer, 2 Mann an den
Packern).

Für die Herstellung von 1 m^3 Verpreßmittel benötigt man:

0,810 t	Wasserglas	à	260,00 DM/t	=	210,60 DM
0,300 t	Wasser	à	2,50 DM/t	=	0,75 DM
0,100 t	Härter	à	3000,00 DM/t	=	300,00 DM
					511,35 DM/m^3

Die erforderliche Verpreßmenge ergibt sich aus dem Porenanteil des
Bodens (n = 0,4) und einem Verlust (Annahme: 20 %) der dadurch
entsteht, daß Verpreßmittel auch in Bodenbereiche außerhalb des
Injektionskörpers fließt , der der statischen Berechnung und der
Abrechnung zugrundegelegt wird.

Der Materialanteil pro Kubikmeter verpreßten Bodens beträgt daher:

$$0,4 \times 1 \ \frac{m^3}{m^3} \times 1,20 \times 511,35 \ DM/m^3 \ = \ 245,45 \ DM/m^3$$

und die erforderliche Menge: $0,48 \ m^3$ Verpreßmittel pro m^3 Boden

Als Injektionsleistung können einschließlich der Pausen für Umsetzen u.ä. $0,5 \ m^3/h$ für jede Pumpe angesetzt werden. Mit der angegebenen Mannschaft ist das gleichzeitige Bedienen von 5 Pumpen möglich.

$$\text{Verpreßzeit/m}^3 \text{ Boden:} \quad \frac{0,48 \ \dfrac{m^3 \text{ Verpreßmittel}}{m^3 \text{ Boden}}}{0,5 \ \dfrac{m^3 \text{ Verpreßmittel}}{h} \times 5} = 0,19 \ h/m^3 \text{ Boden}$$

Aufwandswert für das Verpressen:
$0,19 \times 4 \ h/m^3$ Boden $= 0,76 \ h/m^3$ Boden

Für die Kalkulation wird angenommen, daß die Geräte zum Injizieren im Mittel 50 % ihrer möglichen Einsatzzeit je Vorhaltemonat tatsächlich eingesetzt werden.

Für die Ermittlung der Energiekosten wird von einer installierten Leistung von 70 kW ausgegangen, die im Mittel zu 80 % ausgelastet ist.

Tafel 7.9 zeigt die Vorhalte- und Betriebskosten der Geräte, Tafel 7.10 die Einzelkosten der Teilleistungen je m^3 verpreßten Bodens.

Tafel 7.9   Ermittlung der Vorhalte- und Betriebskosten / m^3 verfestigter Boden

Bezeichnung	Neuwert DM	Abschreibung + Verzinsung je Monat		Reparatur je Monat		Reparatur je Monat einschl. Lohnfaktor
		%	DM	%	DM	DM
Bohren Hydraulische Drehbohranlage (60 kW)	300.000	2,8	8.400,00	2,1	6.300,00	9.494,10
Schnellmischer (5001), (10kW)	10.000	4,3	430,00	3,5	350,00	527,45
Zementschnecke	3.500	2,7	94,50	1,8	63,00	94,94
Zementwaage	7.600	3,0	228,00	1,8	136,80	206,16
Aufbereitungs- anlage für Bohrspülung	12.000	3,2	384,00	1,8	216,00	325,51
Gerätevorhaltekosten / Monat			**9.536,50**			**10.648,16**
Injizieren 5 Hyrostatik- pumpen	93.300	4,0	3.732,00	2,0	1.866,00	2.812,06
Schnellmischer (1000 l)	15.000	4,3	645,00	3,5	525,00	791,18
Dosierpumpe	8.500	4,0	340,00	3,0	255,00	384,29
Wasserglaspumpe	6.500	4,0	260,00	3,0	195,00	293,87
Wasserglastanks	2.500	3,5	87,50	1,0	25,00	37,68
2 Rührwerke	6.500	3,0	195,00	2,1	136,50	205,71
1 Laser-Nivel- liergerät	15.000	3,3	495,00	2,1	315,00	474,71
Gerätevorhaltekosten/Monat			**5.754,50**			**4.999,50**

Gerätekosten/m^3 verfestigter Boden	Betriebsstoffe DM/m^3	Vorhaltekosten DM/m^3
Bohren $$\frac{20.184,66 \text{ DM/Mon}}{175\text{h/Mon}} \times 0,33 \ \frac{h}{m^3}$$		38,06
Betriebsstoffe $$70 \text{ kW} \times 0,2 \ \frac{l}{kWh} \times 0,33 \ \frac{h}{m^3} \times 1 \ \frac{DM}{l}$$	4,62	
Schmierstoffe $0,2 \times 4,62$ DM/m^3	0,92	
Injizieren $$\frac{10.754 \text{ DM/Mon}}{87,5 \text{ h/Mon}} \times 0,19 \ \frac{h}{m^3}$$		23,35

Fortsetzung Tafel 7.9   Ermittlung der Vorhalte- und Betriebs-
                         kosten pro m^3 verfestigter Boden

Gerätekosten/m^3 verfestigter Boden	Betriebsstoffe DM/m^3	Vorhaltekosten DM/m^3
Betriebsstoffe $$70 \text{ kW} \times 0,2 \frac{l}{kWh} \times 0,19 \frac{h}{m^3} \times 0,8 \times 1 \frac{DM}{l}$$	2,13	
Schmierstoffe $$0,2 \times 2,13 \frac{DM}{m^3}$$	0,43	
Summe: 69,51 DM/m^3	**8,10**	**61,41**

Tafel 7.10   Ermittlung der Einzelkosten der Teilleistungen

Ermittlung der Einzelkosten/ m^3 verfestigter Boden	Lohn-stunden h/m^3	Lohn DM/m^3	Sonstige Kosten DM/m^3	Gerät DM/m^3
1.Lohn 44,02 DM/h Bohren Injizieren	1,00 0,76			
2.Material Bohrspülung $$0,015 \frac{m^3}{m} \times 3,3 \frac{m}{m^3 Boden} \times 90 \frac{DM}{m^3}$$			4,46	
Verschleiß Bohrkronen und Gestänge (pauschal)			10,00	
Beseitigung Bohrgut $$5 \frac{DM}{m} \times 3,3 \frac{m}{m^3}$$			16,50	
Manschettenrohre $$8 \frac{DM}{m} \times 3,3 \frac{m}{m^3}$$			26,40	
Verpreßmittel			245,45	
3.Geräte				69,51
Summe: 449,80 DM/m^3	**1,76**	**77,48**	**302,81**	**69,51**

7.1.6 Sicherheitstechnik

Neben den allgemeinen Unfallverhütungsvorschriften (UVV "Allgemeine Vorschriften" [142], UVV "Bauarbeiten" [143]) sind bei den einzelnen Arbeitsschritten einer Injektion (Herstellen der Bohrung, Einbau der Verpreßlanzen und Einpressen des Verpreßmittels), die folgenden Vorschriften bzw. Hinweise zu beachten:

Wird das Rammlanzenverfahren verwendet, bei dem Stahlrohre mit einem Durchmesser von ca. 40 mm und aufgesetzter Spitze eingetrieben, und beim Ziehen derselben stufenweise Injektionsgut verpreßt wird, so ist darauf zu achten, daß das Rohr auch bei den oberen Stufen fest am Erdreich anliegt und die Chemikalien nicht am Rohr oben austreten. Gegebenenfalls muß im Bereich des Arbeitsplanums nachgestopft, d.h. abgedämmt werden [105].

Wegen der beim Rammverfahren auftretenden Geräuschbelastung (UVV "Lärm" [148]) sollten Bohrverfahren bevorzugt werden.

Soweit der Baugrund es zuläßt, sollte aus sicherheitstechnischen Überlegungen das Trockenbohrverfahren gewählt werden (Schnekkenbohrung). Bei Bohrverfahren mit Dickspülung besteht die Gefahr der Verschmutzung und Verschlammung des Arbeitsplanums, so daß für die Beschäftigten ohne Zusatzmaßnahmen kein sicherer Stand gewährleistet ist.

Am Bohrgerät selbst entstehen Unfälle häufig beim An- und Abschrauben des Bohrgestänges [57]. Um insbesondere bei Schrägbohrungen zu verhindern, daß Arbeiter in den Spalt zwischen drehender Bohrschnecke und Lafette geraten, müssen seit 31.03.1989 alle Bohrgeräte mit praxisgerechten Schutzeinrichtungen ausgestattet sein. Solche Schutzeinrichtungen müssen den Forderungen der Unfallverhütungsvorschrift "Kraftbetriebene Arbeitsmittel" [146] genügen (insbesondere § 4, Absatz 3) und können z.B. aus Schaltleisten bestehen, die bei Berührung den Strom abschalten [94] oder aus Lichtschranken-Sensoren, die beim Gestängewechsel nur ein Arbeiten der Bohreinrichtung im Kriechgang zulassen [81]. Auch

Kapselungen der Bohrschnecke in aufklappbaren Rohren werden eingesetzt.

Beim Umgang mit Verpreßmitteln ist zu beachten, daß einige ätzend wirken und wegen ihres niedrigen Flammpunktes feuergefährlich sind.

Bestimmte Injektionsmittel entwickeln bei der chemischen Reaktion Ammoniak in Form von NH_3 oder NH_4OH oder andere Substanzen, die gesundheitsschädigend sein können. So fällt z.B. beim Monodur-Verfahren, bei dem Formamid als Härter verwendet wird, Ammoniak an [130].

Alle Verfahren, bei denen Ammoniak entsteht, sollten nur in offener Baugrube angewendet werden. Muß mit ammoniakhaltigen Stoffen jeoch in engen, nicht belüfteten Bereichen (Schächten, Stollen etc.) gearbeitet werden, so muß der Bereich künstlich bewettert werden. Um eine Gesundheitsgefährdung auszuschließen, darf der MAK-Wert (Maximale-Arbeitsplatz-Konzentration) von 50 ppm, das entspricht 35 mg/m^3 Atemluft laut MAK-Liste vom 1.09.1978 nicht überschritten werden [130].

Beim Hochdruckinjektionsverfahren muß darauf geachtet werden, daß der Druck an den Düsen vor Erreichen der Geländeoberfläche stark vermindert wird, da der unter 100 bis 400 bar austretende Düsenstrahl sonst bei Beschäftigten und Passanten Verletzungen verursachen bzw. an Fahrzeugen und Gebäuden Schäden anrichten kann.

7.2   Frostwände
7.2.1   Allgemeines

Das Gefrierverfahren als Bauhilfsmaßnahme zur zeitweiligen Stabilisierung von Lockergestein geht auf Poetsch (1883) zurück, der es zunächst im Bergbau zur Schachtabteufung verwendete. Bis 1914 wurden nach diesem Verfahren ca. 150 Gefrierschächte hergestellt.

Seit 1950 wird das Verfahren der Bodenvereisung vorwiegend im Tunnel- und Stollenbau als Ausbruchsicherung angewendet, die Sta-

bilisierung von Baugrubenwänden blieb bis heute auf wenige Fälle
beschränkt. Ursache dafür sind die hohen Energiekosten, die sich
als Nachteil gegenüber konkurrierenden Verfahren wie z.B. Injektionen ergeben.

Ziel des Verfahrens ist die Erhöhung der Festigkeit von Lok-
kergestein durch das Gefrieren des Porenwassers, wobei neben der
Festigkeitserhöhung auch eine Abdichtungswirkung erzielt wird.
Voraussetzungen hierzu sind ein ausreichender Wassergehalt des Bo-
dens und eine nur geringe Fließgeschwindigkeit des anstehenden
Grundwassers.

Frostwände können ähnlich wie Injektionswände als Schwergewichtsmauer oder als ein- oder mehrfach verankerte oder ausgesteifte Stützwand ausgebildet werden (Bild 7.21). Bei anstehendem
Grundwasser ist stets eine Einbindung in eine natürlich dichte Bodenschicht oder eine künstlich hergestellte Dichtungssohle erforderlich.

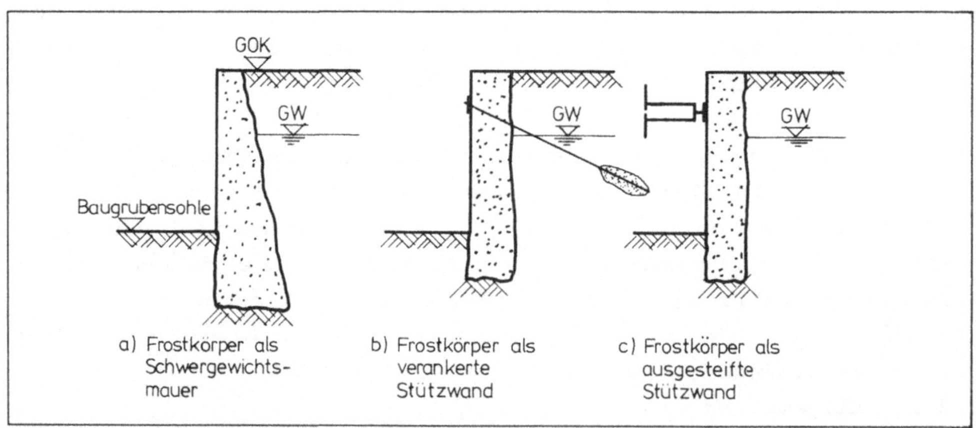

Bild 7.21 Ausführungsformen von Frostwänden

Im Grundriß können die Baugruben rechteckig, elliptisch oder
kreisförmig sein. Bei vielen ausgeführten Baugruben wurde den el-
liptischen und kreisförmigen Grundrissen wegen der günstigeren
statischen Beanspruchung des Frostkörpers der Vorzug gegeben. Außer bei durchgehenden Frostwänden wird das Gefrierverfahren zur
Sanierung von Fehlstellen in Schlitz-, Bohrpfahl- oder Spundwänden

eingesetzt (Bild 7.22), sowie zur zeitweiligen Stabilisierung von Bodenbereichen, die nach Herstellung des Bauwerks wieder für den Grundwasserstrom geöffnet werden müssen.

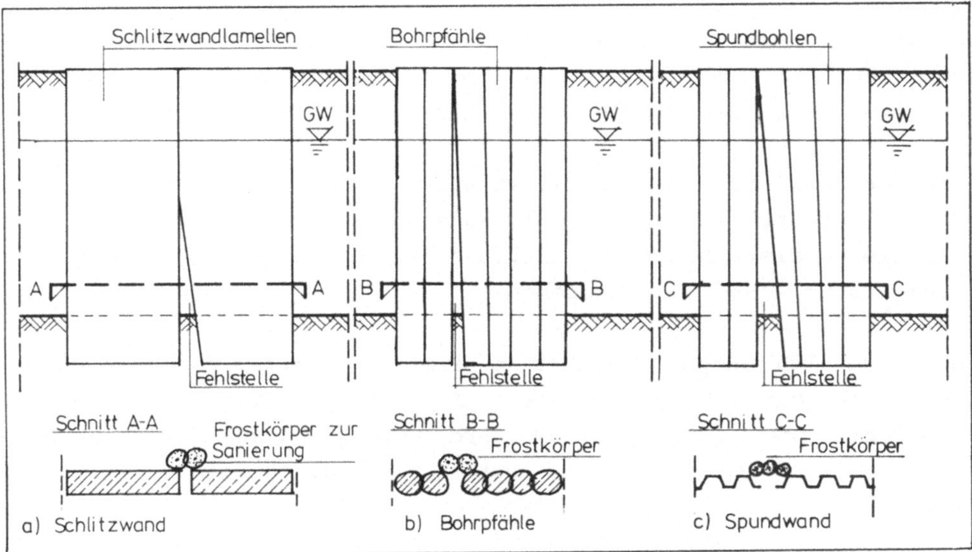

Bild 7.22   Sanierung von Fehlstellen durch Vereisung

Tafel 7.11 Vor- und Nachteile von Frostwänden

Vorteile	Nachteile
Herstellung geräuscharm, erschütterungfrei	Hohe Energiekosten
Bauteile (Gefrierrohre) wiedergewinnbar	Vorlaufzeit für Gefrierkörperherstellung erforderlich
Kein Einbringen von Fremdstoffen in den Baugrund	Konstruktive Probleme beim Einleiten von Anker- bzw. Steifenkräften
Der Verbau löst sich nach Beendigung der Baumaßnahme auf In praktisch allen Böden anwendbar	Keine großen Biegezugfestigkeiten, daher große Querschnitte bzw, geringe Abstände von Steifen oder Ankern erforderlich
Auch bei großen Baugrubentiefen anwendbar Keine Beeinflussung des Grundwasserspiegels	Probleme für Nachbarbebauung - Hebungen beim Gefrieren - Setzungen beim Auftauen

7.2.2   Technische Grundlagen

Für die Herstellung von Frostwänden muß dem Boden solange über Gefrierrohre Wärme entzogen werden, bis das in den Poren befindliche Wasser gefroren ist, wodurch der Boden eine größere Festigkeit bekommt und praktisch wasserdicht wird. Der Entzug von Wärme kann nach zwei Verfahren erfolgen:

- in den Gefrierrohren zirkuliert eine auf ca. -20 bis -40° C abgekühlte Kühlsole (i.a. Chlorkalziumsole)
- in die Gefrierrohre wird ein flüssiges Gas (Stickstoff, Temperatur -196° C) eingegeben.

Bei beiden Verfahren entstehen um die Gefrierrohre verfestigte zylindrische Bodenkörper. Durch die Wahl des Abstandes der Gefrierrohre (ca. 0,8 - 1,2 m) wird eine Überschneidung der einzelnen Frostkörper erreicht, wobei eine durchgehende Wand entsteht.

Die Herstellung des Frostkörpers bedarf einer gewissen Zeit, die zwischen mehren Wochen und Monaten bei dem Verfahren mit Kühlsole und zwischen mehreren Stunden bis Tagen bei dem Verfahren mit Stickstoff liegt. Der erforderliche Energieaufwand ist in der Gefrierzeit höher (ca. 2 - 4mal) als in der Frosterhaltungszeit, in der nur die Wärmezufuhr aus dem Boden und der Luft ausgeglichen werden muß. Die Festigkeitseigenschaften von Frostkörpern werden durch die folgenden Parameter beeinflußt:

Temperatur

Mit sinkender Temperatur nimmt die Festigkeit deutlich zu.

Wassergehalt

Eine Erhöhung des Wassergehalts bewirkt eine Festigkeitssteigerung. Als untere Grenze für die Anwendbarkeit des Verfahrens kann eine Wassergehalt von ca. 6 - 8 % angesehen werden [15].

Korngrößenverteilung

Eine gut abgestufte Körnungskurve eines Kies-Sandes ergibt Druckfestigkeiten von ca. 5 - 15 MN/m^2 [77], [100], [164]. Bei Tonen liegen die Druckfestigkeiten bei ca. 2 - 7 MN/m^2 [77], [164].

Lagerungsdichte

Mit zunehmender Lagerungsdichte erhöht sich die Belastbarkeit des gefrorenen Bodens, da sich die Übertragung der Kräfte bei geringerem Porenanteil verbessert.

Die Frostausbreitung im Boden wird durch folgende Bodenkennwerte und technische Parameter beeinflußt:

- Wassergehalt des Bodens
- Wärmeleitzahl
- Strömungsgeschwindigkeit des Grundwassers
  (In der Literatur wird über Beispiele berichtet, bei denen auch bei Fließgeschwindigkeiten des Grundwassers von 10 - 15 m/Tag geschlossene Frostkröper erstellt werden konnten [164],[162].)
- Gefrierrohrabstand und -durchmesser
- Kälteträgertemperatur
- Gefrierzeit.

Um das Auftauen von Frostwänden, die beim Baugrubenaushub freigelegt werden, zu verhindern, wird empfohlen, Planen und Isoliermatten vorzuhängen.

7.2.3   Erforderliche Stoffe und Materialien

"Baustoff" für die Frostwände ist der anstehende Boden, der mit seinen physikalischen Eigenschaften maßgeblich die Festigkeit und Dichtigkeit der Verbauwand beeinflußt. Weitere erforderliche Stoffe sind die Kältemittel (Kap 7.2.4).

Der Boden wird durch das Eis in den Poren praktisch verkittet. Im bodenmechanischen Sinn entsteht dadurch eine Art Kohäsion, während die Reibung im Korngerüst nicht verändert wird (Tafel 7.12).

Tafel 7.12 Festigkeitseigenschaften gefrorener Böden (aus [77])

Festigkeitseigenschaften gefrorener Böden in Abhängigkeit von der Standzeit [*]							
	Kurzzeiteigenschaften				Langzeiteigenschaften		
Bodenart	σ_D	φ'	c'	E-Modul	σ_D	φ'	c'	E-Modul
	MN/m^2	°	MN/m^2	MN/m^2	MN/m^2	°	MN/m^2	MN/m^2
nichtbindig mitteldicht	4,5	20 - 25	1,5	500	3,6	20 - 25	1,2	250
bindig steif	2,2	15 - 20	0,8	300	1,6	15 - 20	0,6	120

[*]) nach Prof.Dr. H.L. Jessberger, Ruhr-Universität Bochum

Die erreichbare Druckfestigkeit hängt von mehreren Parametern ab
(Bild 7.23 und 7.24).

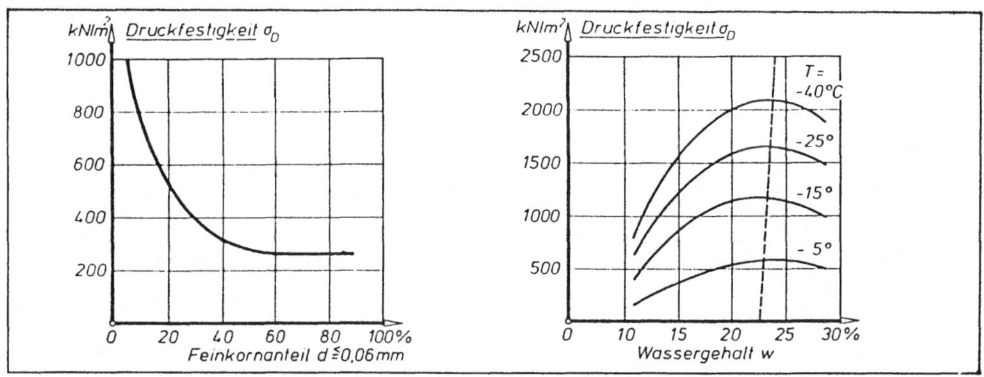

Bild 7.23   Abhängigkeit der Druckfestigkeit von Kornverteilung
            bzw. Wassergehalt (aus [113])

Die Gefrierzeiten sind u.a. abhängig vom Gefrierrohrabstand, dem
Wassergehalt, der Bodenart und der Kühlmitteltemperatur (Bild
7.25).

Bei der Bemessung von Frostkörpern ist zu beachten, daß die Zugfestigkeit nur ca. 25 % der Druckfestigkeit beträgt und die Biege-
zugfestigkeit ca. 50 % - 75 % der Druckfestigkeit. Die üblichen
Frostwanddicken liegen je nach Baugrundverhältnissen und statischer Beanspruchung zwischen 1 und 3 m.

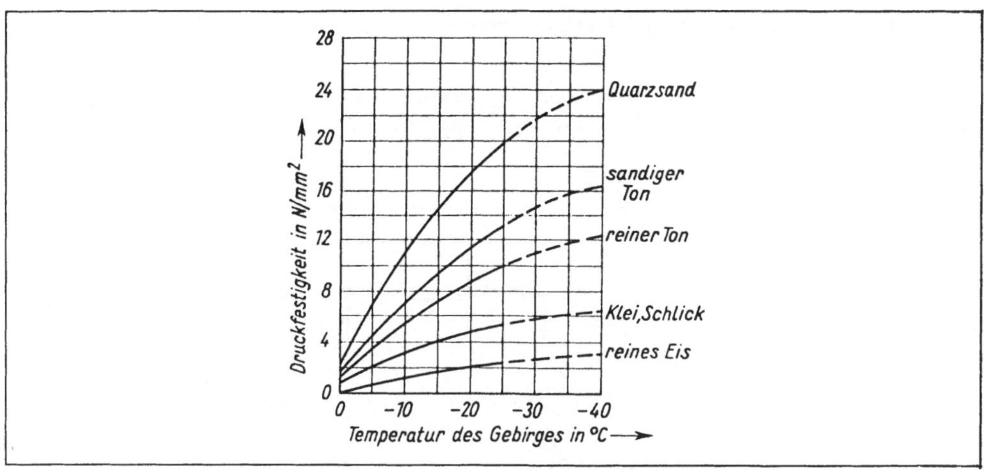

Bild 7.24   Einfluß der Bodentemperatur auf die Festigkeit
                 (aus [129])

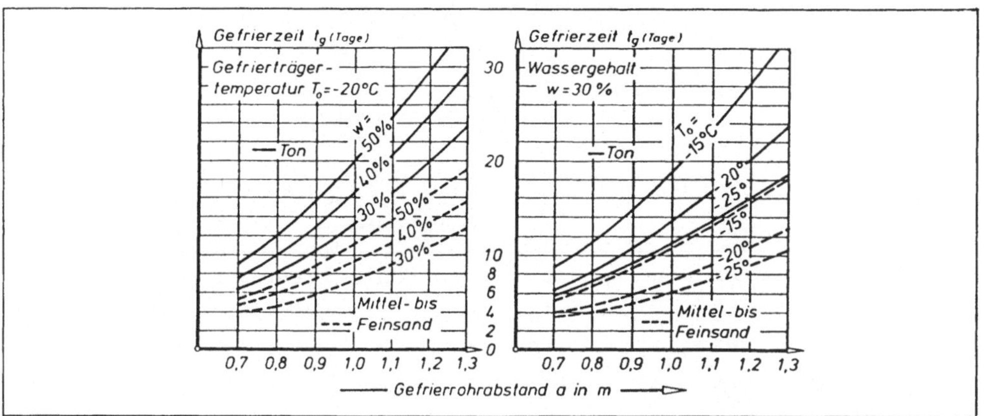

Bild 7.25   Abhängigkeit der Gefrierzeit von verschiedenen
                 Parametern (aus [113])

7.2.4   Geräte und Verfahren

Zum Aufbau von Frostkörpern werden im Bauwesen zwei Arten von Kälteträgern verwendet:

-    Solen mit Temperaturen von ca. -20 bis -40° C
-    flüssiger Stickstoff mit einer Temperatur von -196° C

Vereisung mit Solen als Kälteträger

Die Kälte wird mit einem Kühlaggregat erzeugt, in dem ein Kältemittel (z.B. Frigen, CHF_2Cl) folgenden Kreislauf durchläuft
(Bild 7.26).

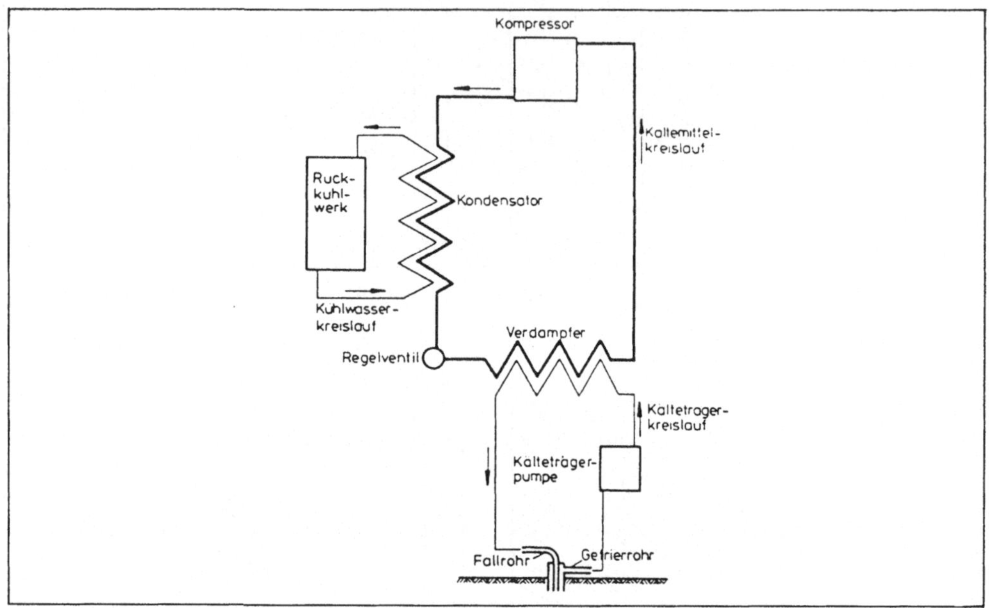

Bild 7.26   Schematischer Aufbau eines Kühlaggregates (aus [69])

Das gasförmige Kältemittel wird in einem Schraubenverdichter kom-
primiert, wobei es sich erwärmt. In einem Verdunstungskondensator
verflüssigt sich das Kältemittel durch Wärmeabgabe an die Umluft.
Im Verdampfer entspannt sich das verflüssigte Gas unter Aufnahme
von Wärme. Diese Wärme wird dem Kälteträger (meist Chlorkalziumsole ($CaCl_2$)) entzogen, der den Verdampfer umgibt. Die
Chlorkalziumsole wird hierbei auf ca. -20° bis -40° C abgekühlt
und in die Gefrierrohre eingeleitet.

Auf Baustellen haben sich Kompaktanlagen bewährt, die auf LKW's
oder Sattelschleppern transportiert werden können. Die Leistung
der Aggregate liegt zwischen 100.000 kcal/h und 600.000 kcal/h,
wobei sich ein Gerät mit einer Kälteleistung von ca. 250.000
Kcal/h als besonders günstig herausgestellt hat [100]. Ist eine

höhere Kühlleistung erforderlich, verwendet man mehrere parallel
geschaltete Kühlaggregate. Die hohe Kühlleistung aller vorgehalte-
ner Aggregate ist meist nur beim Aufbau des Frostkörpers erforderlich (Vorgefrierzeit). Zur Aufrechterhaltung des Frostkörpers
(Frosterhaltungszeit) genügen meist 30 - 50% der Kühlleistung, so
daß einige Aggregate abgeschaltet werden können und nur für Not-
fälle vorgehalten werden müssen.

Vereisung mit flüssigem Stickstoff

Insbesondere wenn es auf einen schnellen Aufbau des Frostkörpers
ankommt (z.B. Sanierung von Fehlstellen) oder wenn Grundwasser mit
großen Fließgeschwindigkeiten vereist werden soll, ist das soge-
annte Schockgefrieren mit flüssigem Stickstoff (LN_2) dem Verfahren
mit Chlorkalziumsole überlegen. Die Zeiten zum Aufbau des Frostkörpers betragen dann nur ca. 1/10 der Zeiten beim Vereisen mit
Sole.

Bei diesem Verfahren wird flüssiger Stickstoff aus Tankwagen oder
Baustellentanks in die Gefrierrohre gedrückt. Der flüssige Stick-
stoff wird hierbei durch den Druck einer im Tank dosiert vergasten
Flüssigkeitsmenge ohne Pumpenhilfe in die Gefrierrohre gepreßt
(Bild 7.27).

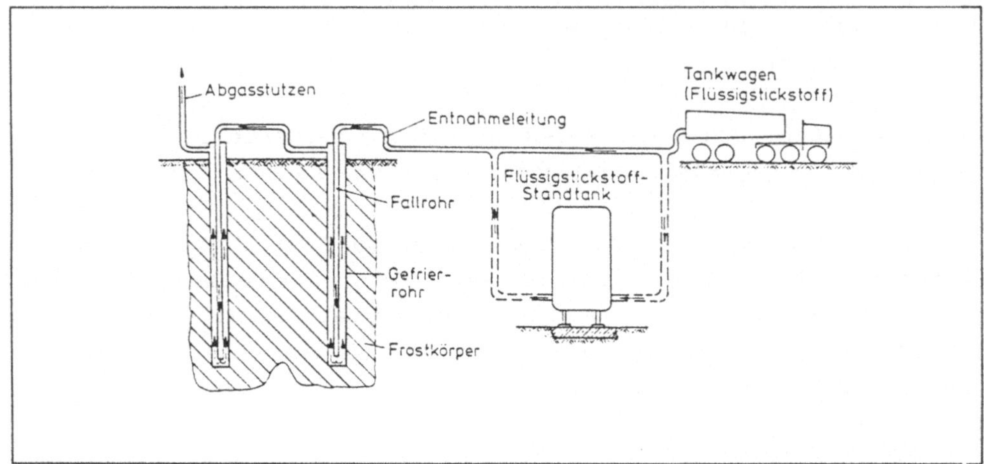

Bild 7.27   Vereisung mit flüssigem Stickstoff; Prinzipskizze
             (aus [69])

Dem Nachteil, daß flüssiger Stickstoff sehr teuer ist, stehen folgende Vorteile gegenüber (nach [79]):

- Wirtschaftliche Gasversorgung durch geringes Speicher- und Transportvolumen der verflüssigten Gase. Das Fassungsvermögen üblicher Tanks liegt zwischen 600 l und 75.000 l
- Verlustlose Speicherung durch hochwertige Wärmeisolierung der Tanks
- Vermietung und Wartung der Tankanlage durch den Hersteller, so daß keine Investitions- und Reparaturkosten für den Nutzer entstehen
- geringer Stellplatzbedarf der Tanks.

Gefrierrohre

Gefrierrohre sind üblicherweise Stahlrohre, die in Bohrungen eingestellt werden (Bohrdurchmesser ca. 150 mm). In den Spalt zwischen Gefrierrohr und Bohrlochwandung wird eine Bentonitsuspension eingefüllt, die die Kälteübertragung vom Gefrierrohr auf den anstehenden Boden gewährleistet.

Die Gefrierrohre bestehen aus zwei konzentrisch angeordneten Rohren, wobei durch das innere Rohr der Kälteträger zuläuft und zwischen innerem und äußerem Rohr aufsteigt. Dabei entzieht er dem Boden Wärme (Bild 7.28). Der Durchmesser der Gefrierrohre liegt bei 30 - 100 mm.

Im allgemeinen werden geschlossene Systeme verwendet, d.h. daß der Kälteträger rückgekühlt und erneut durch die Lanzen gepumpt wird.

Bei der Vereisung mit flüssigem Stickstoff wird vereinzelt der Kälteträger über perforierte Lanzen direkt in den Baugrund eingegeben, wobei der höchste Wirkungsgrad erzielt wird. Voraussetzung für dieses Verfahren ist allerdings ein ausreichend poröser Baugrund, damit der flüssige Stickstoff eindringen und vergasen kann (Bild 7.28).

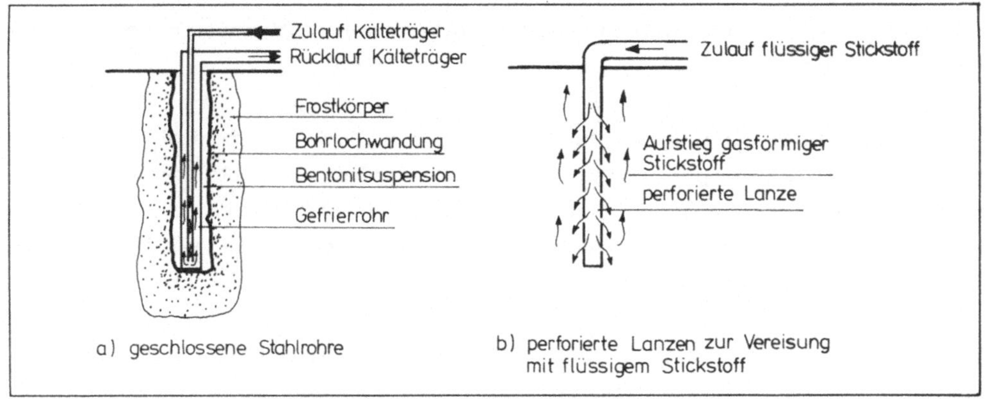

Bild 7.28   Vereisungsverfahren

Kontrollen

Während der gesamten Vereisungszeit müssen die Vorlauf- und Rück-
lauftemperatur der Sole bzw. des Stickstoffs überprüft werden.
Außerdem ist der Aufbau des Frostkörpers durch Messungen der Bodentemperatur (z.B. mit Thermoelementen in speziellen Bohrlöchern)
erforderlich. Hierbei genügt es nicht, Bodentemperaturen von knapp
unter 0° C nachzuweisen [100], sondern erst Temperaturen von -5°
[118] bis -10° [165] werden als Richtwert für einen sicheren
Frostkörperaufbau angesehen.

Die Abmessungen von Frostkörpern lassen sich auch mit Ultra-
schallmessungen nachweisen, wobei dieses Verfahren auf der unterschiedlichen Ausbreitungsgeschwindigkeit von Schallwellen im
Baugrund vor (v = 400 - 1.600 m/s) und nach dem Gefrieren (v =
1.200 - 4.800 m/s) beruht. Mit diesem Prüfverfahren lassen sich
auch Lücken im Frostkörper gut aufspüren [15].

7.2.5 Leistung und Kosten

Kosten für eine Gefrierwand entstehen durch den Einbau der Gefrierrohre und den Aufbau und Unterhalt des Frostkörpers. Als Beispiel wird eine Baugrube von 15 m Länge gewählt, die beidseits mit
13 m tiefen Frostwänden von 1 m Dicke gesichert wird. Das Gesamt-
volumen des Frostkörpers beträgt:

$$2 \times 15 \text{ m} \times 13 \text{ m} \times 1 \text{ m} = 390 \text{ m}^3$$

Alle Leistungen und Kosten werden auf einen Kubikmeter gefrorenen Bodens bezogen.

Die Gefrierrohre haben einen Abstand von 0,8 m, so daß mit jedem Rohr 0,8 m^3 Boden pro Meter gefroren werden. Die Rohre werden in vorbereitete Bohrlöcher (Durchmesser 133 mm) gestellt, und der Ringspalt wird mit einer Bentonit-Zement-Suspension verfüllt. Die Bohrkolonne besteht aus 3 Mann.

Das Abteufen der Bohrung bis in 13 m Tiefe dauert 1,5 h. Der Arbeitsaufwand für das Bohren beträgt:

$$\frac{1,5 \text{ h}}{13 \text{ m}} \times 3 \times \frac{1 \text{ m}}{0,8 \text{ m}^3} = 0,43 \text{ h/m}^3$$

Für den Einbau der Rohre, die Ringspaltverfüllung und das Ziehen der Bohrrohre werden weitere 1,5 h benötigt.

$$\text{Aufwandswert:} \quad \frac{1,5 \text{ h}}{13 \text{ m}} \times 3 \times \frac{1 \text{ m}}{0,8 \text{ m}^3} = 0,43 \text{ h/m}^3$$

Folgende Stoffkosten entstehen beim Bohren und beim Einbau der Gefrierrohre:

Bohrgutbeseitigung	5,00 DM/m
Verschleißteile des Bohrgerätes und Bohrkronen	5,00 DM/m
ca. 10 l Bentonit - Zement-Suspension für die Ringspalt-verfüllung	1,00 DM/m
Gefrierrohre (Durchmesser 88,9 mm)	50,00 DM/m
	61,00 DM/m

In den Kosten nicht enthalten sind die Lieferung und der Einbau der Tauchrohre, der Gefrierköpfe, der Gefrierleitungen, das Füllen der Leitungen und Rohre mit Sole und die spätere Entleerung. Für den Aufbau des Frostkörpers werden 15 Tage veranschlagt. Die Unterhaltungszeit soll 4 Monate betragen. In der Gefrierphase wird die Gefrieranlage zu 100 % ausgelastet. Zur Aufrechterhaltung des Frostkörpers ist nur noch eine Leistung von 40 % erforderlich.

Die Stoffkosten für die Sole als Kälteträger betragen 300 DM/m^3. Die Entsorgung der Sole nach Abschalten der Anlage kostet weitere 150 DM/m^3. Für das Betreiben sind in diesem Beispiel ca. 10 m^3 Sole erforderlich.

Tafel 7.13 zeigt die Gefrierkosten / m^3 gefrorenen Bodens und Tafel 7.14 die Einzelkosten der Teilleistungen.

Tafel 7.13   Ermittlung der Vorhalte- und Betriebskosten / m^3 gefrorener Boden

Bezeichnung	Neuwert DM	Abschreibung + Verzinsung je Monat %	Abschreibung + Verzinsung je Monat DM	Reparatur je Monat %	Reparatur je Monat DM	Reparatur je Monat einschl. Lohnfaktor DM
Vereisungsanlage (165kW)	565.000	2,7	15.255,00	1,8	10.170,00	15.326,19
2 Sole-Umwälzpumpen	10.000	3,2	320,00	2,3	230,00	346,61
2 Durchfluß-Meßgeräte	14.000	3,7	518,00	2,4	336,00	506,35
6 Keil-Flach-schieber ϕ 250 mm	4.000					
200m Flanschenrohr ϕ 250 mm	11.000	2,1	483,00	1,4	322,00	485,25
Solebehälter	2.000					
Zu- und Abluftein-richtung	6.000					
Notstromaggregat (300 kVA) einschl. Zubehör	120.000	2,1	2.520,00	1,4	1.680,00	2.531,76
Gerätevorhaltekosten / Monat			**19.096,00**			**19.196,16**
Drehbohranlage (35 kW) vollhydrau-lisch mit Raupen-fahrwerk incl. Bohrrohr	350.000	2,8	9.800,00	2,1	7.350,00	11.076,45
Kombiniertes Misch- und Verpreßgerät (3kW)	20.000	2,5	500,00	1,4	280,00	421,96
Gerätevorhaltekosten / Monat			**10.300,00**			**11.498,41**

Fortsetzung Tafel 7.13   Ermittlung der Vorhalte- und Betriebskosten / m^3 gefrorener Boden

Gerätekosten/m^3 gefrorener Boden	Betriebsstoffe DM/m^3	Vorhaltekosten DM/m^3
Bohren und Einbau der Gefrierrohre $$\frac{21.798,41 \text{ DM/Mon}}{175 \text{ h/Mon}} \times \frac{3 \text{ h}}{13m \times 0,8m^3/m}$$		35,93
Betriebsstoffe - Drehbohranlage (Auslastung 60%) $$35 \text{ kW} \times 0,2 \frac{1}{kWh} \times \frac{3 \text{ h}}{13m \times 0,8m^3/m} \times 1 \frac{DM}{l}$$	2,02	
- Misch- und Verpreßgerät (Auslastung 40%) $$3 \text{ kW} \times 0,35 \frac{DM}{kWh} \times \frac{3 \text{ h}}{13m \times 0,8 \ m^3/m}$$	0,30	
Schmierstoffe 0,2 x (2,02 + 0,3)	0,46	
Gefrieren und Aufrechterhaltung des Frost-körpers $$38.292,16 \frac{DM}{Mon} \times 4,5 \text{ Mon} \times \frac{1}{390m^3}$$		441,83
Betriebsstoffe - Gefrierphase, Leistung 100 % $$15 \text{ Tage} \times 165 \text{ kW} \times 24 \frac{h}{Tag} \times 0,35 \frac{DM}{kWh} \times \frac{1}{390m^3}$$	53,31	
- Aufrechterhaltung , Leistung 40% $$4\times30\text{Tage} \times 165kW \times 0,4 \times 24 \frac{h}{Tag} \times 0,35\frac{DM}{kWh} \times \frac{1}{390m^3}$$	170,58	
Summe: 704,43 DM/m^3	226,67	477,76

7.2.6 Sicherheitstechnik

Das Gefrierverfahren gehört zu den arbeitstechnisch sichersten
Verfahren zur Baugrubensicherung. Es ist weder mit einer Beeinträchtigung des Grundwassers noch mit störenden Lärmemissionen
verbunden.

Beim Herstellen der Bohrungen für die Gefrierrohre sind die gleichen Überlegungen anzustellen wie bei Bohrungen für Injektionslanzen (Kap. 7.1.6).

Tafel 7.14   Ermittlung der Einzelkosten der Teilleistungen

Ermittlung der Einzelkosten/ m^3 gefrorener Boden	Lohnst. h/m^3	Lohn DM/m^3	Sonst.Kosten DM/m^3	Geräte DM/m^3
1.Lohn 44,02 DM/h Bohren Einbau der Rohre u.s.w	0,43 0,43			
2.Material 61,00 DM/m x $\dfrac{1}{0,8\ m^3}$			76,25	
Sole $\dfrac{10\ m^3}{390\ m^3}$ x 300 $\dfrac{DM}{m^3}$			7,69	
Entsorgung $\dfrac{10\ m^3}{390\ m^3}$ x 150 $\dfrac{DM}{m^3}$			3,85	
3.Geräte				704,43
Summe: 830,08 DM/m^3	0,86	37,86	87,79	704,43

Wird Stickstoff, der in Drucktanks geliefert und gelagert wird,
als Kälteträger verwendet, so sind die besonderen Si-
cherheitsvorschriften für Drucktanks zu beachten. Stickstoff ist
unbrennbar, ungiftig und verhält sich gegenüber anderen Stoffen
chemisch neutral bzw. reaktionsträge [79].

Bei der Verwendung von Kühlmitteln (z.B. Frigen) und Kälteträgern
(Calziumchloridsole) ist darauf zu achten, daß stets in geschlossenen Kreisläufen gearbeitet wird und keine chemischen Bestandteile in Boden oder Luft austreten. Das Kühlmittel Frigen (CHF_2CL)
ist ungiftig und geruchlos.

Die Gefrieranlage sollte in schallgedämpften Räumen oder Containern untergebracht sein und aus mehreren Kälteaggregaten bestehen,
damit bei Ausfall eines Aggregates der Gefrierkörper nicht auf-
taut.

Beim Gefrierverfahren kann es wegen der Volumenausdehnung von Wasser zu Hebungen der Geländeoberfläche kommen, was zu Schäden an
der Baustelleneinrichtung (z.B. Kranbahn o.ä.) und der Nachbarbebauung führen kann.

7.3   Elementwände
7.3.1 Allgemeines

Als Elementwand wird eine Verbauart bezeichnet, die aus einzelnen
Stahlbetonelementen besteht, die entweder vor Ort betoniert oder
als Fertigteile auf die Baustelle gebracht werden. Es wird zwischen geschlossenen und aufgelösten Elementwänden unterschieden
(Bild 7.29).

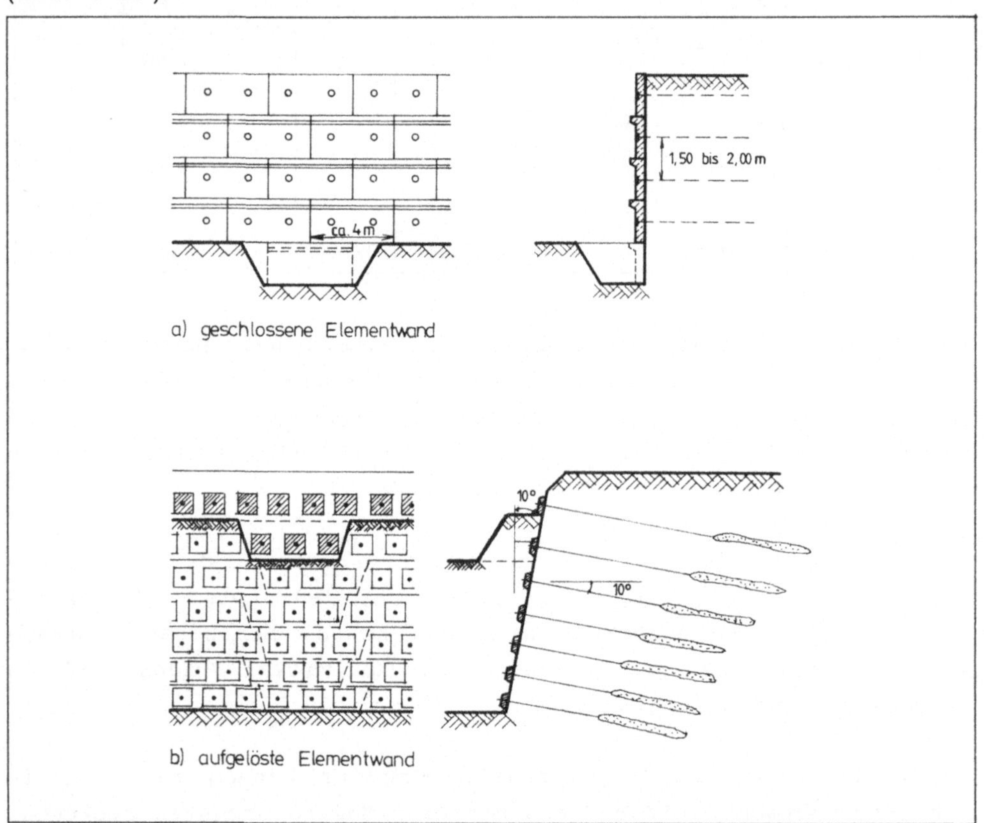

Bild 7.29 Elementwände (nach [162] und [126])

Geschlossene Elementwände sind massive Wände, die als verformungsarmer Verbau anzusehen und damit eine Alternative zu Schlitz-
oder Bohrpfahlwänden sind (Tafel 7.15).

Tafel 7.15 Vor- und Nachteile geschlossener Elementwände gegenüber
          Bohrpfahl- und Schlitzwänden

Vorteile	Nachteile
Schneller Baufortschritt	Bei anstehendem Grundwasser nur mit Zusatzmaßnahmen anwendbar
Herstellen des Verbaus kontinuierlich mit dem Aushub	Nur in standfesten bindigen Böden anzuwenden
Lärmarm	Abtrag von Vertikalkräften problematisch
Kein Einsatz von Großgeräten erforderlich	
Durchgehende Bewehrung auch in Längsrichtung der Wand möglich	

Aufgelöste Elementwände unterscheiden sich in ihrem Tragverhalten
kaum von Trägerbohlwänden und konkurrieren mit diesen (Tafel
7.16).

Tafel 7.16 Vor- und Nachteile aufgelöster Elementwände gegenüber
          Trägerbohlwänden

Vorteile	Nachteile
Bohren, Einbau und Vorhalten von Verbauträgern entfällt	Nur in standfesten bindigen Böden herstellbar
Ausbau der Verbohlung und Ziehen der Träger entfällt	Erhöhter Platzbedarf, da i.a. mindestens 5 - 10 ° geneigt
Schneller Baufortschritt, Herstellen des Verbaus kontinuierlich mit dem Aushub	
Kein Einsatz von Großgeräten erforderlich	
Lärmarm	
Da Spritzbeton unmittelbar auf den anstehenden Boden aufgebracht wird, keine Auflockerung wie beim Holzverbau	

7.3.2   Technische Grundlagen

Voraussetzung für die Herstellung von Elementwänden ist ein Boden, der zumindestens kurzzeitig über eine Höhe von ca. 1,5 - 2 m frei steht. Es kommen daher nur bindige Böden infrage, deren Konsistenz mindestens steif sein sollte.

Der Bau einer Elementwand erfolgt stets von oben nach unten, wobei je nach Standfestigkeit des Bodens entweder bis zur Unterkante der gesamten Elementreihe ausgehoben wird oder im Taktverfahren nur der Bereich einzelner Elemente tiefer ausgehoben wird, um die stützende Wirkung der dazwischen stehenden Erdkeile auszunutzen (Bild 7.30).

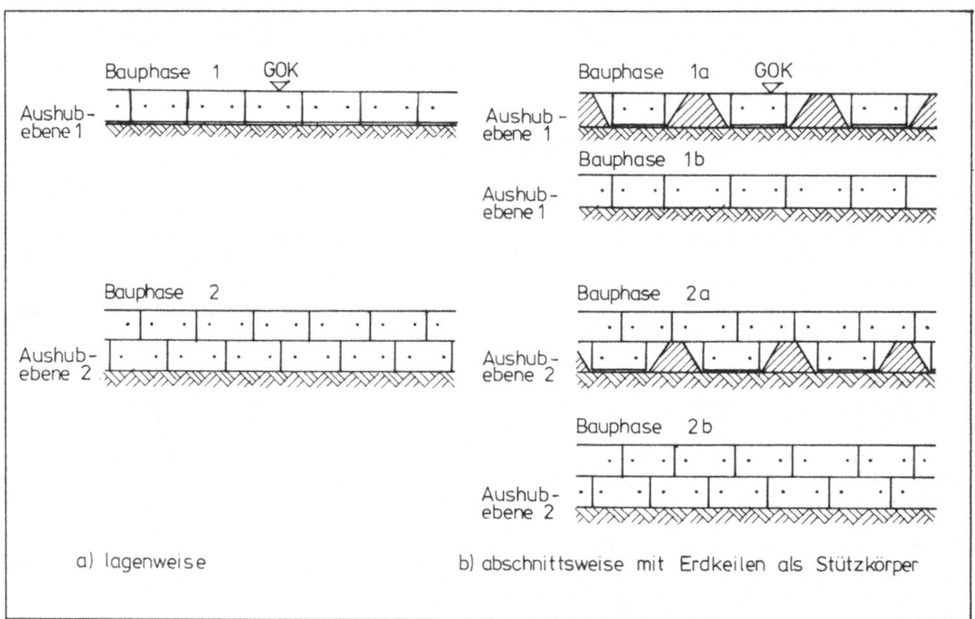

Bild 7.30   Herstellungsverfahren für Elementwände

Die einzelnen Elemente werden durch einen oder mehrere Injektionsanker gehalten. Die Injektionsanker werden nach Herstellung der Elemente eingebaut, verpreßt und vorgespannt. Erst nach Verankerung einer Lage kann mit dem Aushub für die nächste Lage begonnen werden.

Bei Schichtenwasser ist hinter der Wand eine Drainage anzuordnen, die das Wasser faßt und ableitet.

7.3.3   Stoffe und Materialien

Vollflächige Elementwände bestehen aus Ortbetonplatten mit Abmessungen von 1 - 3 m Höhe und 2 - 4 m Breite. Die Dicke der Platten liegt zwischen 20 und 30 cm. Die Stahlbetonplatten enthalten eine zweilagige Bewehrung, die im Bereich der Einleitung der Ankerkräfte verstärkt wird. Die bevorzugte Betongüte ist B 25.

Die Platten werden durch Injektionsanker mit Ankerkräften von 300 bis 400 kN gehalten. Während man aus baubetrieblichen Gründen die Größe der Stahlbetonplatten bei einer Baugrube nur in besonderen Fällen variiert, kann die Anordnung der Anker den jeweiligen Baugrundverhältnissen und den daraus resultierenden Beanspruchungen bei gleichen Plattenabmessungen angepaßt werden [102].

Beim Bau **aufgelöster** Elementwände wird die freigelegte Baugrubenwand zunächst mit einer Spritzbetonschale von ca. 5 - 15 cm Stärke versiegelt. In diese Spritzbetonschicht wird eine einlagige Bewehrung eingelegt.

Die Abstützung der Wand erfolgt ebenfalls durch Injektionsanker, über deren Kopf eine Stahlbetonplatte (meist Fertigteile, Dicke ca. 20 cm, Höhe 1,5 m, Breite 1,5 m) geschoben wird, die auf dem Spritzbeton aufliegt und durch den Anker gegen den Boden vorgespannt wird.

7.3.4 Geräte und Verfahren

Vollflächige Elementwand

Vollflächige Elementwände können vertikal oder geneigt hergestellt werden. Die Elemente einer Lage werden i.a. im Pilgerschrittverfahren hergestellt, unabhängig davon, ob der dazwischenliegende Bereich schon ausgehoben ist oder nicht.

Die Elemente 1, 2 und 3 (Bild 7.31) erhalten je 2 seitliche Stirn-
schalungen, durch die Bewehrungseisen als Anschlußbewehrung für
die Elemente 4 und 5 hindurchgehen. Damit auch ein vertikaler Verbund der Elemente der einzelnen Lagen vorhanden ist, werden die
Vertikalstäbe entweder in den Boden geschlagen oder umgebogen.
Nach Aushub des nächsten Abschnittes wird dann auch die Anschlußbewehrung freigelegt und mit der Bewehrung des darunter liegenden
Elementes verbunden.

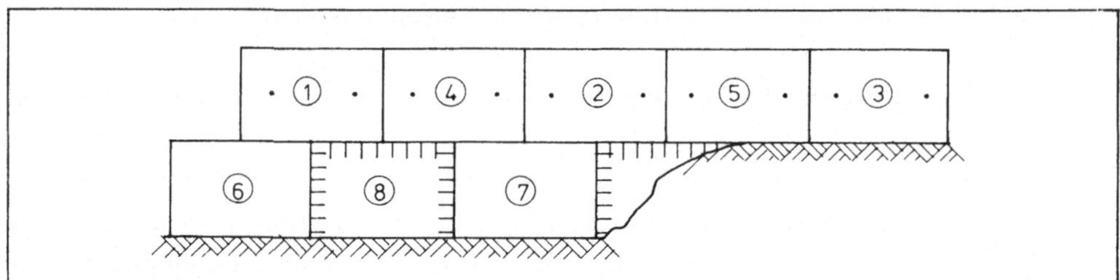

Bild 7.31   Vorhandene Anschlußbewehrung vor Herstellung von Ele-
            ment 8

Um durchgehende Vertikalfugen zu vermeiden, werden die Elemente in
den einzelnen Lagen versetzt angeordnet.

Beim Betonieren entstehen an der Oberkante der Elemente durch die
Einfüllöffnungen für den Beton Konsolen, die entweder als Auflager
für Decken verwendet werden oder gleich nach dem Erstarren des Betons abgestemmt werden können [102] (Bild 7.32).

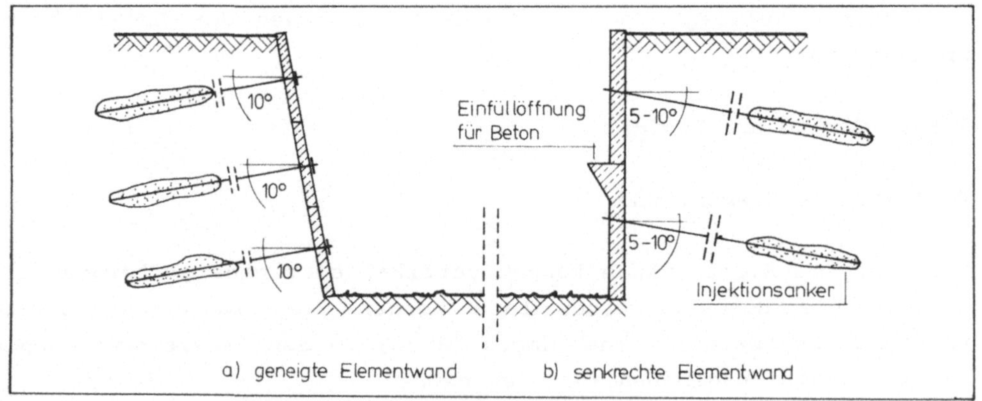

Bild 7.32   Querschnitte vom Elementwänden

Nach dem Erhärten des Betons werden die Bohrungen für die Injektionsanker hergestellt. Da das Verpreßgut nur eingebracht werden kann, wenn der Anker geneigt ist, wird unter einem Winkel von 5° - 10° gebohrt. Die Winkel sind im Gegensatz zu den Winkeln bei anderen Verbauarten (i.a. 10° - 20°) relativ klein, um die Vertikalkräfte in der Wand gering zu halten.

Insbesondere beim Freilegen der Unterkante der Elemente im Zuge des fortschreitenden Aushubs kann es Probleme mit dem Abtrag der Vertikalkräfte geben, die dann nur über die Wandreibung zwischen den Elementen und dem anstehenden Boden abgetragen werden können. Um diese Probleme zu vermeiden, wird häufig auch die Wand geneigt hergestellt, so daß Anker und Verbau senkrecht zueinander liegen und keine Kräfte aus Vorspannung in Wandrichtung auftreten.

Bei der Planung der Aushubfolge muß beachtet werden, daß erst tiefer ausgehoben werden kann, wenn die Elemente der oberen Lage verankert sind. Dazu ist neben der Zeit für die Herstellung der Verankerung die Zeit für die Erhärtung des Verpreßmörtels und das Anspannen (insgesamt ca. 7 Tage) zu berücksichtigen.

Aufgelöste Elementwand

Aufgelöste Elementwände sind um mindestens 5° geneigte, mit Spritzbeton gesicherte Verbauwände, die über aufgelegte Stahlbetonelemente und Injektionsanker im Baugrund rückwärtig abgestützt sind.

Unmittelbar nach dem Aushub eines Abschnittes wird eine durchgehende bewehrte 5 - 15 cm starke Spritzbetonschale aufgebracht. Danach werden die Löcher für die Injektionsanker (Neigung i.a. gleich der Wandneigung) gebohrt, die Anker gesetzt und verpreßt. Nach Anspannen der Ankerlage wird der nächste Aushubabschnitt begonnen. Insbesondere bei langen Baugruben wird nicht eine ganze Lage freigelegt, sondern es wird nur abschnittsweise tiefer gegangen, und Bermen werden als Stützkörper stehengelassen.

Die Abstände der Elemente können entsprechend den bodenmechanischen Verhältnissen variiert werden. Die Stahlbetonplatten bedecken i.a. weniger als 40 % der Verbaufläche [126].

Außer einem Ankerbohrgerät, einer Spritzbetonanlage und einem Autokran zum Versetzen der Stahlbetonfertigteile (Gewicht ca. 1 bis 1,5 t) sind keine besonderen Geräte erforderlich.

7.3.5   Leistung und Kosten

Leistung und Kosten werden durch die Art der Wand (geschlossene oder aufgelöste Elementwand), die Wandneigung und die Zahl und Länge der erforderlichen Anker wesentlich bestimmt.

Als Beispiel wird eine um 10° gegen die Vertikale geneigte aufgelöste Elementwand (Höhe = 10 m) gewählt. Die Dicke der Spritzbetonschicht beträgt 10 cm, die Ankerköpfe sitzen auf Fertigteilplatten (b = 1,5 m, h = 1,5 m), die im Abstand von 3 m (horizontal) bzw. 2,5 m (vertikal) angeordnet sind.

Die Spritzbetonschale wird mit Matten Q 131 bewehrt, wobei eine Überlappung von 25 % berücksichtigt wird. Bei der Berechnung der Betonmenge wird der Rückprall mit 20 % und der Mehrverbrauch für den Ausgleich von Unebenheiten mit 30 % angenommen.

Eine Kolonne von 4 Mann stellt 30 m^2 Spritzbeton (einschließlich Bewehrung) in 2,5 h her. Damit benötigt die Kolonne 2,5 h / 30 m^2 = 0,083 h/m^2. Die für 30 m^2 erforderlichen 4 Fertigteilplatten werden von 2 Mann mit Hilfe eines Autokrans in 1 h versetzt. Mit diesen Annahmen ergeben sich folgende Aufwandswerte pro m^2 Wand:

$$\text{Herstellen des Spritzbetons:} \quad \frac{2,5\ h}{30\ m^2} \times 4 = 0,33\ \frac{h}{m^2}$$

$$\text{Versetzen der Fertigteilplatten:} \quad \frac{1\ h}{30\ m^2} \times 2 = 0,07\ \frac{h}{m^2}$$

Tafel 7.17 zeigt die Vorhalte- und Betriebskosten der Geräte, Tafel 7.18 die Einzelkosten der Teilleistungen je m^2 je Wand.

Tafel 7.17 Ermittlung der Vorhalte- und Betriebskosten / m^2 Wand

Bezeichnung	Neuwert DM	Abschreibung + Verzinsung je Monat		Reparatur je Monat		Reparatur je Monat einschl. Lohnfaktor DM
		%	DM	%	DM	
Betonspritzgerät mit Zubehör (Untergestell, Förderband, Dosiereinrichtung Düsen etc.) (5,5 kW)	70.000	2,5	1.750	1,4	980	1.476,86
Hydraulisches Kippsilo	24.500	3,8	931	2,6	637	959,96
Dieselkompressor (einschl. Schalldämmung) (110 kW)	113.500	2,7	3.064,50	1,8	2.043	3.078,80
Gerätevorhaltekosten / Monat			5.745,50			5.515,62

Gerätekosten / m² Wand	Betriebsstoffe DM/m²	Vorhaltekosten DM/m²
Geräte $$\frac{11.261,12 \text{ DM/Mon}}{175 \text{ h/Mon}} \times 0,083 \frac{h}{m^2}$$		5,34
Zulage Verschleißteile		2,00
Betriebsstoffe Betonspritzgerät $$5,5 \text{ kW} \times 0,35 \frac{DM}{kWh} \times 0,083 \frac{h}{m^2}$$	0,16	
Kompressor $$110 \text{ kW} \times 0,2 \frac{1}{kWh} \times 1 \frac{DM}{1} \times 0,083 \frac{h}{m^2}$$	1,83	
Schmierstoffe 0,2 x (0,16 + 1,83)	0,4	
Autokran zum Versetzen der Platten (angemietet) $$250 \frac{DM}{h} \times \frac{1h}{4 \text{ Platten}} \times \frac{4 \text{ Platten}}{30 \ m^2}$$		8,33
Summe: 18,06 DM/m²	2,39	15,67

Tafel 7.18   Ermittlung der Einzelkosten der Teilleistungen

Ermittlung der Einzelkosten / m² Wand	Lohn-stunden h/m²	Lohn DM/m²	Sonstige Kosten DM/m²	Gerät DM/m²
1.Lohn 44,02 DM/h Herstellen Spritzbeton Versetzen der Fertigteilplatten	0,33 0,07			
2.Material Beton $0,1 \frac{m^3}{m^2} \times 1,3 \times 1,2 \times 160 \frac{DM}{m^3}$			24,96	
Bewehrung Q 131 $2,09 \frac{kg}{m^2} \times 1,15 \frac{DM}{kg} \times 1,25$			3,00	
Fertigteilplatten $240 \frac{DM}{Stück} \times \frac{1 \text{ Stück}}{7,5 \text{ m}^2}$			32,00	
3. Geräte				18.06
Summe: 95,63 DM/m²	0,40	17,61	59,96	18,06

7.3.6   Sicherheitstechnik

Die Herstellung von Elementwänden gliedert sich in die folgenden
Arbeitsschritte:

-   Freilegen einer senkrechten bzw. geböschten Wand auf einer
    Höhe von ca. 1,5 - 2,5 m
-   Versiegeln der freigelegten Wand mit Spritzbeton (aufgelöste
    Elementwand) bzw. Ortbeton (geschlossene Elementwand)
-   Setzen der Stahlbetonplatten für die Verankerung (nur bei auf-
    gelöster Elementwand)
-   Einbau der Verpreßanker.

Beim Freilegen der Wand sind die UVV "Bauarbeiten" und die DIN
4124 zu beachten, wobei besonders auf § 28 UVV "Bauarbeiten" verwiesen wird. Dort heißt es:

"Bei Erd-, Fels- und Aushubarbeiten sind Erd- und Felswände so abzuböschen oder zu verbauen, daß Beschäftigte nicht durch Abrutschen der Massen gefährdet werden können. Erd- und Felswände dürfen nicht unterhöhlt werden. Überhänge sind unverzüglich zu beseitigen. Bei Aushubarbeiten freigelegte Findlinge, Bauwerksreste und dergleichen, die abstürzen oder abrutschen können, sind unverzüglich zu beseitigen."

Beim Versiegeln des freigelegten Bodens sind die Sicherheitsregeln für das Herstellen und Verarbeiten von Spritzbeton (Kap. 3.6) zu beachten.

Für geschlossene Ortbetonelementwände gelten die Sicherheitsregeln, die allgemein bei Stahlbetonbauwerken Anwendung finden [125]. Beim Transport müssen die Bewehrungseisen durch Umschnüren angeschlagen werden. Keinesfalls darf der Lasthaken in den Bindedraht eingehakt werden, der nur dem Zusammenhalt der Eisen dient. Bei Bewehrungsarbeiten müssen die Beschäftigten persönliche Schutzausrüstung tragen wie Sicherheitsschuhe, Schutzhelm, Handschuhe bei Transportarbeiten und eine Brille beim Schneiden mit dem Winkelschleifer.

Werden die Schaltafeln der einzelnen Elemente mit dem Kran transportiert, so sind folgende Punkte wichtig [125], [149] und [147]:

-    Vor dem Transport müssen lose Teile entfernt werden
-    Die Schalung darf nur an den dafür vorgesehenen Punkten angeschlagen werden
-    Vor dem Anheben der Schalung muß der Anschläger aus dem Gefahrenbereich treten
-    Die Schalung darf nicht unbemerkt hängenbleiben, sich plötzlich losreißen und pendeln.

Beim Einbau des Betons besteht die Gefahr des Umkippens der Schalung, wobei als Hauptursache ungenügende Befestigung an den Nachbarlementen und unebener Untergrund zu nennen sind.

Beim Betonieren ist darauf zu achten, daß für die Beschäftigten geeignete Standplätze vorhanden sind, die trittsicher, tragfähig und absturzsicher sind, eine ausreichende Bewegungsmöglichkeit besitzen und über sichere Zugänge verfügen.

Weitere Sicherheitsprobleme beim Betoniervorgang und beim Einsatz von Betonpumpen sind in Kap. 5.6 beschrieben.

Die Sicherheitsfragen beim Herstellen von Verpreßankern sind in Kap. 8.3.5 behandelt.

8   Abstützung von Baugrubenwänden

8.1   Allgemeines

Senkrechte Baugrubenwände ohne Abstützung können je nach anstehendem Boden und Verbauart nur bis zu Tiefen von ca. 3 bis 4 m ausgeführt werden. Die Gründe hierfür sind erstens die mit der Baugrubentiefe überproportional zunehmende Beanspruchung der Wand und zweitens die Kopfverschiebungen, die zu unerwünschten Setzungen der Geländeoberfläche und damit zu einer Gefährdung von Bebauung, Verkehrswegen und Leitungen führen können (Bild 8.1).

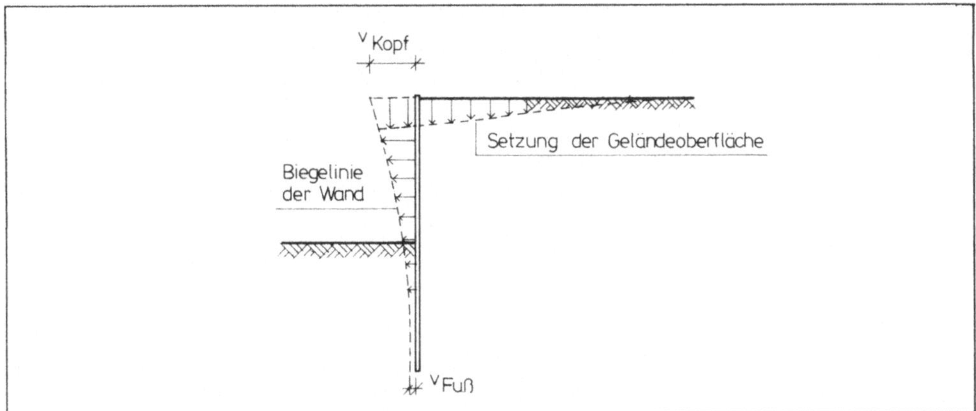

Bild 8.1 Verschiebungen der Baugrubenwand und der Geländeoberfläche

Die Verschiebungen des Wandkopfes setzen sich aus der Durchbiegung der Wand und einer Horizontalverschiebung im Einbindebereich zusammen, die durch die Entlastung des Bodens beim Aushub entsteht.

Um die Verschiebungen des Wandkopfes und die Querschnitte der Verbauwände gering zu halten, werden tiefere Baugruben abgestützt (Bild 8.2).

Bei abgestützten Baugrubenwänden ist die erforderliche Einbindetiefe geringer als bei frei auskragenden.

Als Abstützungen kommen Aussteifungen und Verankerungen zur Anwendung (Bild 8.3).

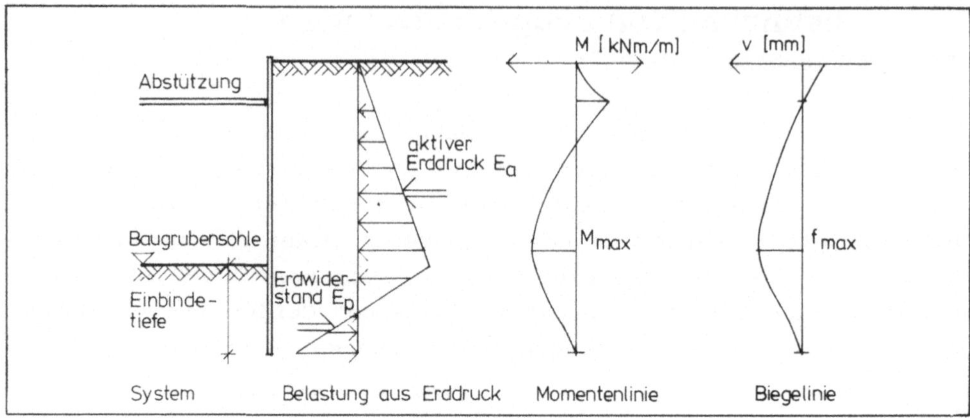

Bild 8.2   Einfach abgestützte Baugrubenwand

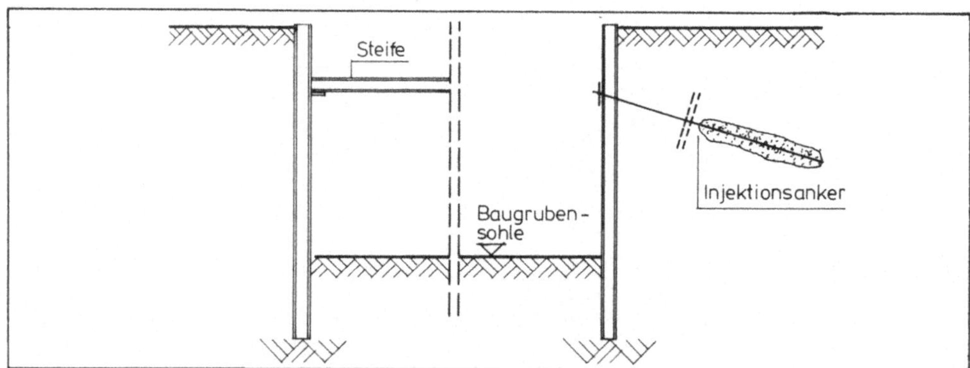

Bild 8.3   Abstützungen von Baugrubenwänden

Die Abstützungen werden mit fortschreitendem Aushub eingebracht, wobei in den Zwischenzuständen der Boden ca. 0,5 bis 1 m unter den Ansatzpunkt von Steifen oder Ankern ausgehoben wird (Bild 8.4).

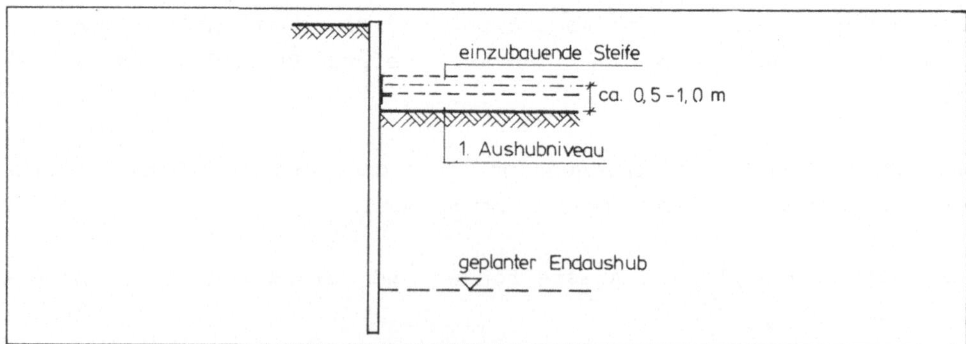

Bild 8.4   Zwischenbauzustand vor Einbau der Steifenlage

Bei Baugrubentiefen von ca. 6 m und mehr sind mehrere Abstützungslagen erforderlich, wobei der vertikale Abstand bei ca. 3 bis 5 m liegt.

Während bei schmalen Baugruben in den meisten Fällen der Aussteifung der Vorzug gegeben wird, sind Verankerungen bei breiten Baugruben oft wirtschaftlicher. Die Vor- und Nachteile der beiden Abstützungsarten sind in Tafel 8.1 zusammengestellt.

Tafel 8.1 Vor- und Nachteile der Abstützungsarten

Abstützung	Vorteile	Nachteile
Aussteifungen	- Die Steifen sind wiedergewinnbar - Durch Vorspannung kann die Verformung der Wand sehr gering gehalten werden - Durch die gegenseitige Abstützung der Baugrubenwände sind die Kosten gering - Nach Einbau einer Steifenlage kann der Aushub sofort fortgesetzt werden	- Behinderung des Bauablaufes - Aushub ist erschwert - Kein Einsatz von Großgerät möglich - Kein Einsatz von Großschaltafeln, Kletter- oder Gleitschalung möglich - Bei größeren Baugrubenbreiten (ca.12-15 m) sind zusätzl. Knickverbände, Mittelbohrträger u.ä. erforderlich
Verankerungen	- Die Baugrube ist frei von Einbauten, Einsatz von Großgeräten bei Aushub und Herstellung des Gebäudes möglich	- Im Boden verbleibende Anker erschweren spätere Bauarbeiten - Einverständnis der Nachbarn, in deren Grundstück die Anker eindringen, ist erforderlich - Wegen evtl. vorhandener Nachbarbebauung (Keller, Tiefgaragen, Öltanks) nicht immer anwendbar - Trotz Vorspannung sind größere Verformungen als bei Steifen zu erwarten - Nicht in allen Böden mit ausreichender Tragfähigkeit herstellbar - Aushub kann erst nach Abbinden des Verpreßkörpers und Prüfung der Anker (i.a. 7 Tage nach Herstellung) fortgesetzt werden

8.2   Aussteifungen
8.2.1   Technische Grundlagen

Aussteifungen werden durch den Erddruck aus Bodeneigengewicht, Verkehrlasten und Bebauung sowie durch Temperatureinflüsse in Längsrichtung und durch ihr Eigengewicht sowie eventuelle Auflasten aus Fahrbahnabdeckungen, Hilfsbrücken u.ä. in Querrichtung beansprucht. Neben dem allgemeinen Spannungsnachweis muß ein Stabilitätsnachweis (Knicken, Kippen, Biegedrillknicken) geführt werden. Bis zu Baugrubenbreiten von ca. 12 m kommt man bei der häufigsten Art der Aussteifung (Stahlprofilträger) meist ohne Knickverbände aus, bei größeren Breiten sind Verbände anzuordnen, die die Knicklasten z.T. über Bohr- oder Rammträger ableiten (Bild 8.5 und 8.6).

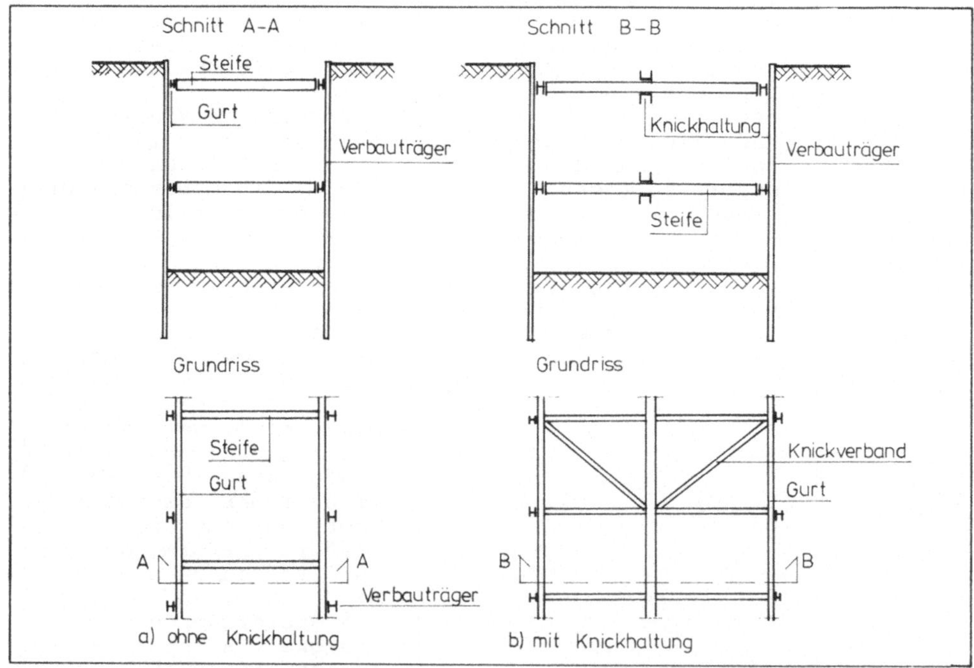

Bild 8.5   Aussteifungssysteme mit und ohne Knickhaltung

Einzelne Knickhaltungen müssen durch Knickverbände gesichert werden, die aus Kreuzverbänden oder K-Verbänden bestehen und in ca. 25 bis 50 m Abstand angeordnet werden.

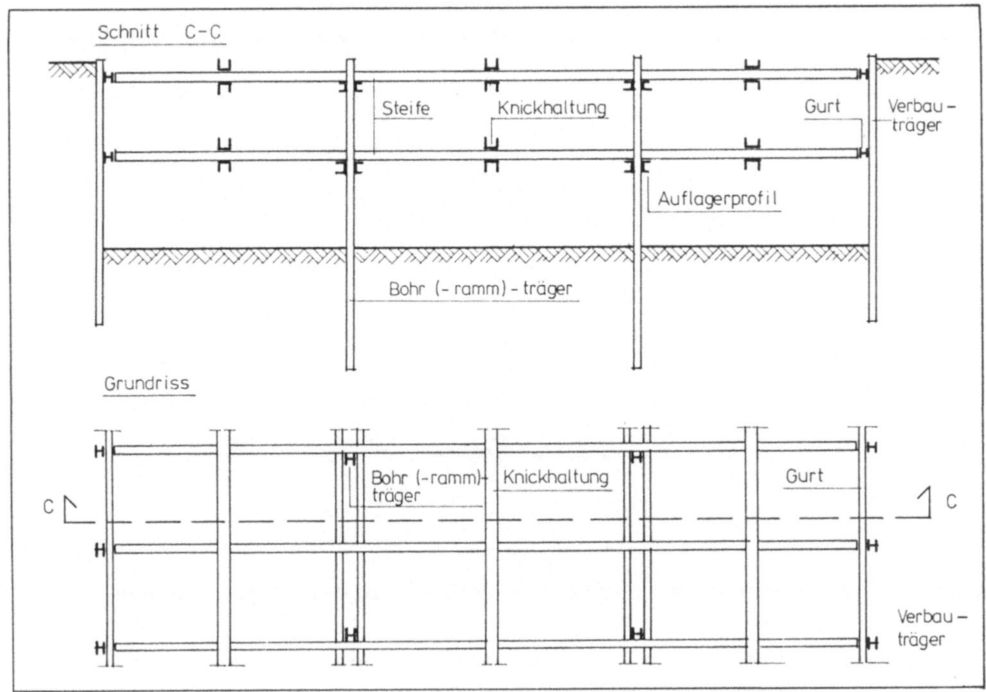

Bild 8.6 Aussteifung mit Knickhaltung und Mittelträger

Können jeweils zwei gegenüberliegende Verbauträger gegeneinander
ausgesteift werden, so ist kein waagerechter Gurt in Höhe der
Steifenlagen erforderlich.

Wenn der Trägerabstand oder der Grundriß der Baugrube unregelmäßig
ist oder wenn Spundwände, Schlitzwände, Injektionskörper u.ä. als
Verbauwand verwendet werden, kann man auf die Anordnung von Gurten
nicht verzichten.

Gleiches gilt für die Anordnung von Baggerlöchern für den Erdaushub, die im Abstand von 20 bis 50 m angeordnet werden müssen (Bild
8.7).

Steifen müssen gegen den Verbau vorgespannt werden, damit beim
weiteren Aushub keine größeren Verformungen der Wand eintreten.
Die Vorspannung kann durch Keile (erreichbare Vorspannkraft ca.
100 kN [87]) oder, wenn höhere Vorspannkräfte (z.B. bei ver-

formungsarmem Verbau) erforderlich sind, durch Pressen aufgebracht werden.

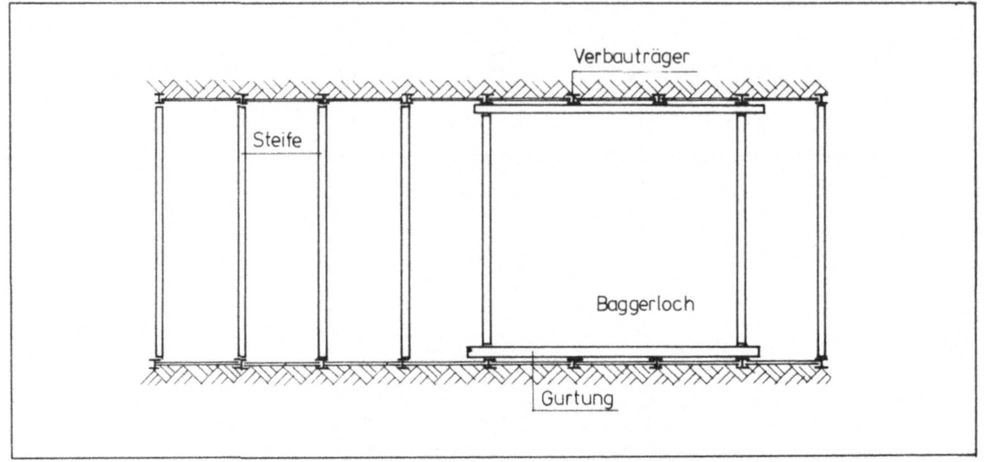

Bild 8.7 Anordnung von Gurten im Bereich eines Baggerloches

Baugrubenaussteifungen aus Stahl können entweder verschraubt oder verschweißt werden.

8.2.2   Erforderliche Stoffe und Materialien

Als Material für Aussteifungen wird je nach Größe, Tiefe und Form der Baugruben Holz, Stahl und Stahlbeton verwendet. Bild 8.8 zeigt die ungefähren Einsatzbereiche verschiedener Steifenarten.

Die üblichen Einsatzgrenzen liegen für Holzsteifen bei ca. 10 m, für IPB-Stahlsteifen ohne Knickhalterung bei ca. 12 m, für IPB-Stahlsteifen mit Knickhaltung bei ca. 25 m und für Stahlrohre bzw. Gitterträger bei ca. 30 m. Stahlbetonaussteifungen werden vorwiegend bei annähernd quadratischen oder bei kreisförmigen Baugruben verwendet.

Zur Abstützung von Bohlwänden werden auch heute noch Holzsteifen verwendet, solange die Baugrubenbreiten 8 bis 10m nicht überschreiten. Die Holzsteifen liegen in [-Profilen, werden gegen seitliches Verschieben durch Winkelstücke gesichert und mit Hartholzkeilen kraftschlüssig gegen den Verbau verspannt.

Das am häufigsten eingesetzte Aussteifungselement ist der Breitflanschträger, der beidseits mit Kopfplatten versehen wird und auf einer Seite durch Stahlkeile kraftschlüssig mit den Verbauträgern bzw. mit der Gurtung verbunden wird. Er wird auf angeschweißte Konsolen oder L-Profilen aufgelagert (Bild 8.9).

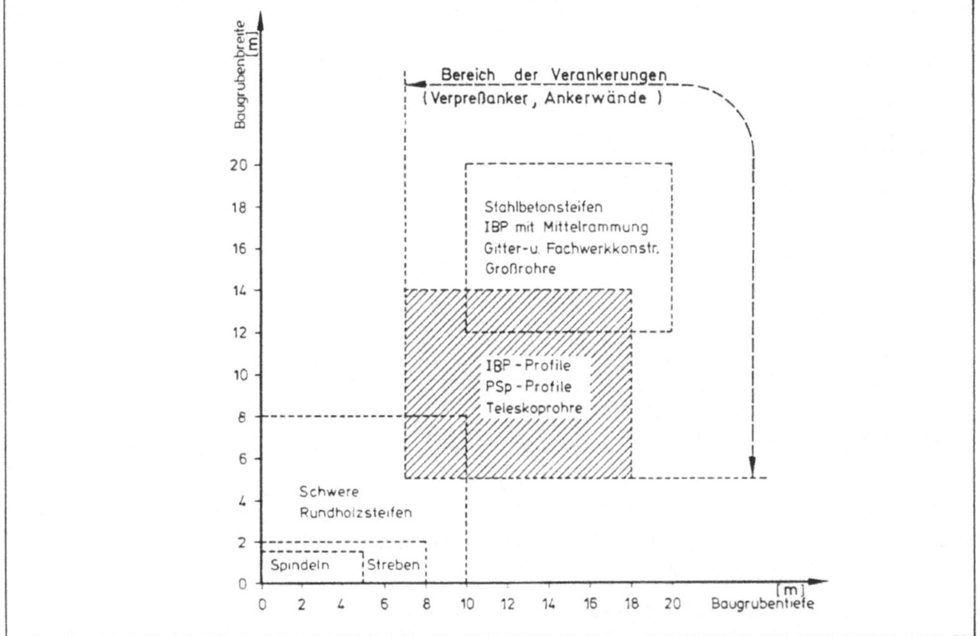

Bild 8.8   Wirtschaftlichkeitsgrenzen   für   horizontale   Baugrubenaussteifungen bei mittleren Bodenverhältnissen ohne Bebauung und ohne Verkehrslasten (aus [127])

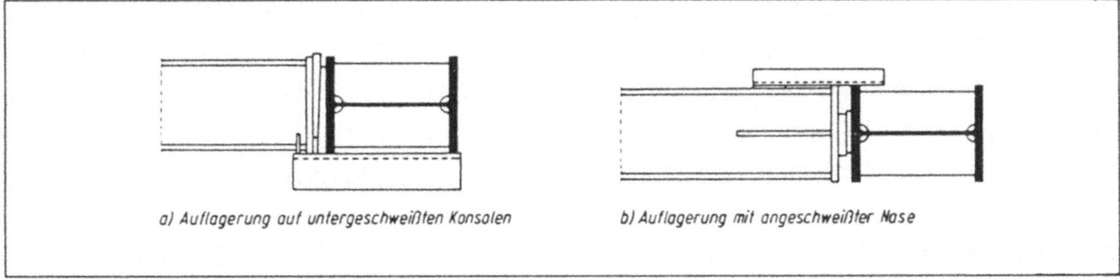

Bild 8.9   Auflagerung von Stahlsteifen (aus [167])

Bei sehr breiten Baugruben (Breite > 20 m), bei denen aus baubetrieblichen Gründen keine Knickverbände und Mittelstützen angeordnet werden können, werden mitunter wegen der höheren Knicksteifigkeit Stahlrohrsteifen eingesetzt.

Stahlbetonaussteifungen werden als horizontale geschlossene Rahmen
(rechteckförmig oder kreisförmig) ausgeführt. Ihre Anwendung ist
sinnvoll, wenn sie mit ins spätere Bauwerk einbezogen werden können (z.B. Gründungskörper von Brückenpfeilern) oder wenn übliche
Stahlprofile nicht ausreichen. Ein Beispiel hierfür sind An-
fahrschächte von Tunnelvortrieben (Bild 8.10).

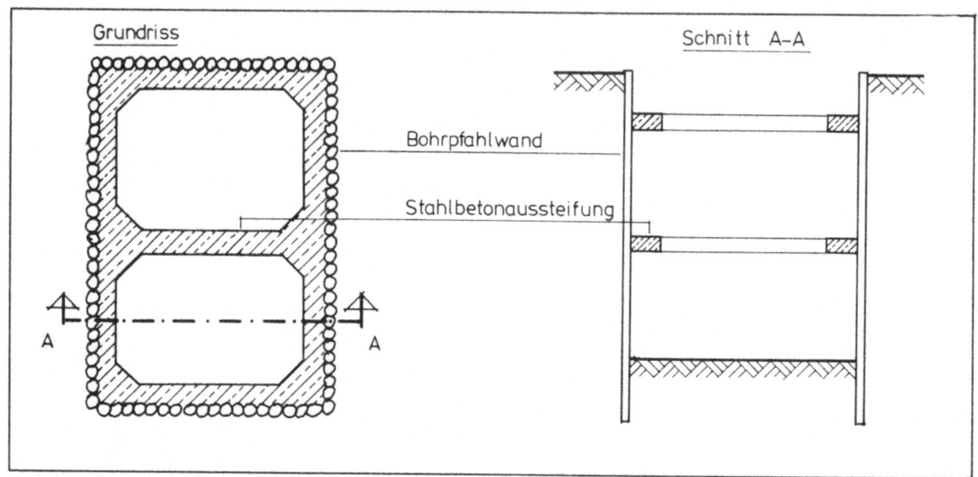

Bild 8.10 Aussteifung mit Stahlbetonrahmen

8.2.3   Geräte und Verfahren

Zum Einbau und Rückbau der Steifenlagen werden die für das Bauwerk
eingesetzten Hochbaukrane oder Autokrane verwendet. Problematisch
ist häufig der Einbau von Steifen unter Baugrubenabdeckungen. In
solchen Fällen müssen die Steifen für die tieferen Lagen über Bag-
gerlöcher abgelassen und in der Baugrube mit Radladern oder Pla-
nierraupen horizontal zur Einbaustelle transportiert werden.

Die Höhenlage der Steifen richtet sich sowohl nach statischen als
auch nach baubetrieblichen Gesichtspunkten. Häufig werden Teile
des späteren Bauwerks zur Aussteifung mit herangezogen. Bild 8.11
zeigt die Vor- und Rückbauzustände einer 3-fach ausgesteiften Baugrube für einen U-Bahn-Tunnel.

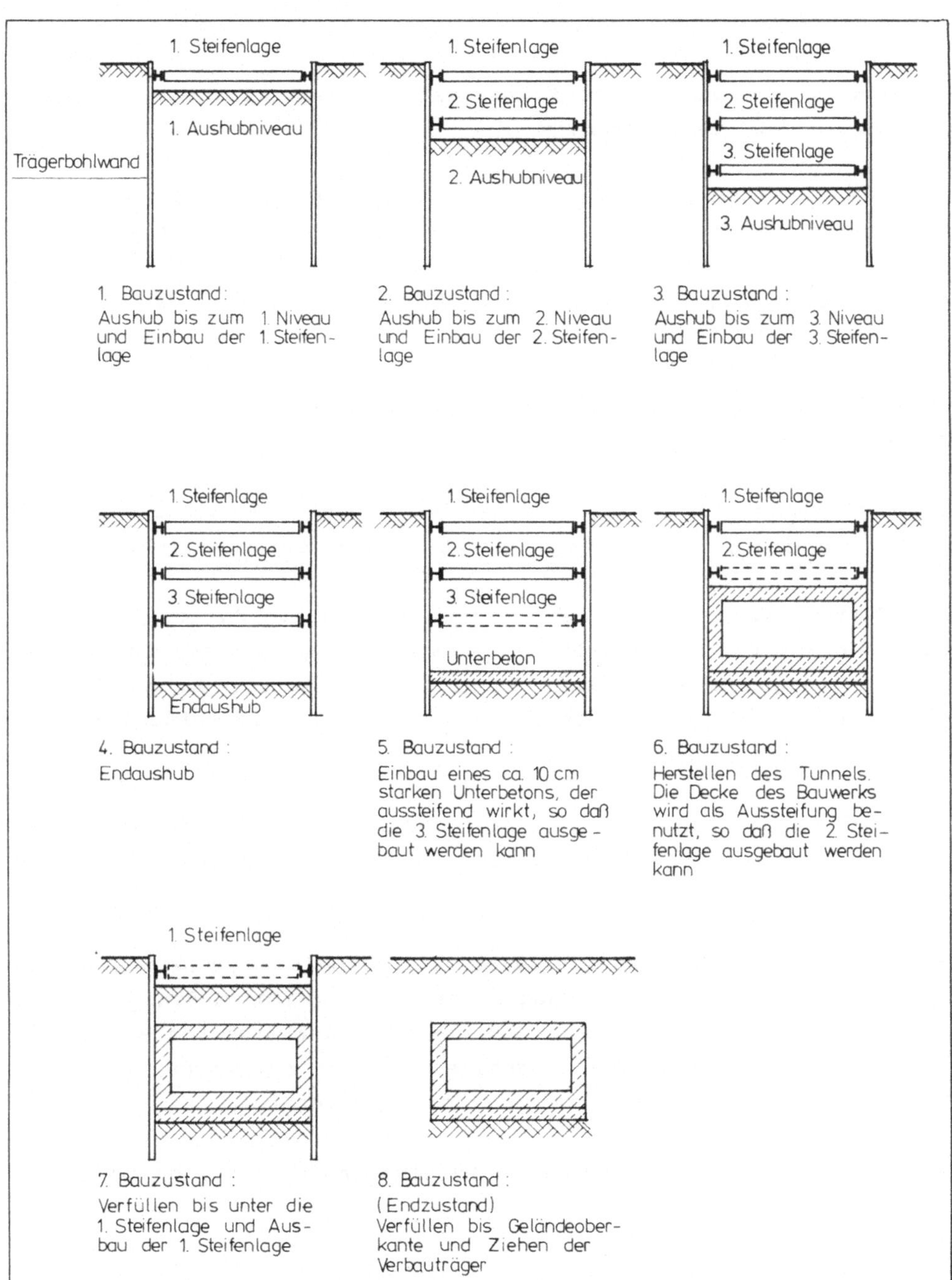

Bild 8.11 Einbau und Rückbau von Steifenlagen

8.2.4   Leistung und Kosten

Für den Ein und Ausbau von Stahlsteifen lassen sich folgende mittlere Aufwandswerte angeben:

Gurte	: 20 h/t	Gestoßene Steifen	: 25 h/t
Steifen	: 15 h/t	Verbände	: 40 h/t

Anhand des folgenden Beispiels sollen die Kosten sowohl pro m^2 sichtbare Verbaufläche als auch pro Tonne Stahl ermittelt werden. Gewählt wird eine zweifach ausgesteifte Baugrube von 10 m Tiefe und 10 m Breite. Der horizontale Steifenabstand beträgt 4 m. Das Steifenraster beträgt demnach 1 Steife pro 20 m^2.

Da mit einer Steife zwei gegenüberliegende Baugrubenwände abgestützt werden, ist 1 Steife pro 40 m^2 Wand erforderlich.

Als Gurtung werden 2 Profile U 400 angenommen. Für die Knickhaltung der Steifen sowie weitere Verbände zur räumlichen Aussteifung werden insgesamt 50 kg/lfdm Baugrube eingesetzt. Allgemein sind für Kopfplatten, Aussteifungsbleche u.s.w. 5% und weitere 5 % für Verschnitt hinzuzurechnen.

Die Stahlprofile kosten 1.050 DM/t und können nach dem Einsatz für 400 DM/t wieder verkauft werden. Verbände werden zu 100 % abgeschrieben.

Für den Einbau wird ein Fremdkran zu 150 DM/h angemietet, der für mehrere Kolonnen zur Verfügung steht. Die in diesem Beispiel angenommene Kolonne besteht aus 5 Mann. Für Betriebsstoffe wie Gas, Strom und Elektroden wird einschließlich der zughörigen Geräte ein Betrag von 80 DM/t in die Kalkulation eingesetzt.

Die Einzelkosten der Teilleistungen sind in Tafel 8.2 dargestellt.

Tafel 8.2 Ermittlung der Einzelkosten der Teilleistungen

Ermittlung der Einzelkosten/ m² sichtbare Verbaufläche	Lohn- stunden h/m²	Lohn DM/m²	Sonstige Kosten DM/m²	Gerät DM/m²
1.Lohn 44,02 DM/h Steifen IPB 300, l = 10m , g = 0,117t/m Verschnitt 5%, Kleinteile 5% $0,117 \dfrac{t}{m} \times 10m \times 1,1 \times 15 \dfrac{h}{t} \times \dfrac{1}{40\ m^2}$	0,48			
Gurte 2 U 400, l = 2m/10m² , g = 0,144 t/m Für Kleinteile und Konsolen Zuschlag von 5% $0,144 \dfrac{t}{m} \times \dfrac{2m}{10m^2} \times 20 \dfrac{h}{t} \times 1,05$	0,60			
Verbände g = 50 kg/m Verschnitt 5% $0,05 \dfrac{t}{m} \times \dfrac{1m}{20\ m^2} \times 1,05 \times 40 \dfrac{h}{t}$	0,11			
2.Material Vorhaltekosten = 1050 DM/t - 400 DM/t $\qquad\qquad$ = 650 DM/t Steifen $0,177 \dfrac{t}{m} \times 10m \times 1,1 \times 650 \dfrac{DM}{t} \times \dfrac{1}{40\ m^2}$			20,91	
Gurte $0,144 \dfrac{t}{m} \times \dfrac{2m}{10m^2} \times 1,05 \times 650 \dfrac{DM}{t}$			19,66	
Verbände $0,05 \dfrac{t}{m} \times \dfrac{1m}{20m^2} \times 1,05 \times 1050 \dfrac{DM}{t}$			2,76	
Betriebsstoffe (Gas, Stom, Elektroden) $\left[0,117 \dfrac{t}{m}\ 10m \times 1,1 \times \dfrac{1}{40m^2}\right.$ $+\ 0,144 \dfrac{t}{m} \times \dfrac{2m}{10\ m^2} \times 1,05$ $\left. +\ 0,05 \dfrac{t}{m} \times \dfrac{1m}{20m^2} \times 1,05\right] \times \dfrac{80\ DM}{t}$ $=\ 0,065 \dfrac{t}{m^2} \times 80 \dfrac{DM}{t}$			5,20	

Fortsetzung Tafel 8.2 Ermittlung der Einzelkosten der Teil-
                       leistungen

Ermittlung der Einzelkosten/ m² sichtbare Verbaufläche	Lohn- stunden h/m²	Lohn DM/m²	Sonstige Kosten DM/m²	Gerät DM/m²
3.Gerät Autokran (angemietet) Einsatzzeit: $\dfrac{0,48 + 0,60 + 0,11}{5 \text{ Mann}} = 0,24 \ \dfrac{h}{m^2}$ $0,24 \ \dfrac{h}{m^2} \times 150$ DM/h				36,00
Summe:　　136,91 DM/m²	1,19	52,38	48,53	36,00
Kosten/t $= \dfrac{136,91 \text{ DM/m}^2}{0,065 \text{ t/m}^2} = 2106,31$ DM/t				

8.2.5 Sicherheitstechnik

Der Ein- und Ausbau von Aussteifungen besteht aus den einzelnen
Arbeitsschritten:

-     Transport vom Anlieferfahrzeug zur Einbaustelle
-     Einbau der Steifen einschließlich der Auflagerwinkel, Gurtun-
      gen, Verbände
-     Ausbau der Steifen und Verbände
-     Abtransport

Beim Transport von Steifen mit dem Kran sind die UVV "Krane" [147]
und die UVV "Lastaufnahmeeinrichtungen im Hebezeugbetrieb" [149]
zu beachten. Steifen sind häufig sehr lang und können daher über
Verkehrsflächen ragen, die dann abgesperrt werden müssen.

Beim Ein- und Ausbau ist neben den UVV "Bauarbeiten" [143] und den
UVV "Allgemeine Vorschriften" [142] die UVV "Schweißen, Schneiden
und verwandte Arbeitsverfahren" [153] besonders zu beachten, in
der u.a. auf die Schutzkleidung, die Brandgefahr sowie das Lagern
und Befördern von Gasflaschen hingewiesen wird. Insbesondere beim
Abbrennen von Trägern usw. können der Holzverbau oder die bituminöse Abdichtung des Bauwerks in Brand geraten, wenn die Sicher-
heitsvorschriften nicht beachtet werden.

Nach DIN 4124 müssen Gurte so eingebaut werden, daß sie an den Berührungsflächen satt anliegen. Sie sind gegen Herabfallen, Verdrehen und seitliches Verschieben zu sichern. Sofern Bewegungen der Baugrubenwand mit Rücksicht auf Bauwerke, Leitungen oder dergleichen weitgehend vermieden werden sollen, sind die Steifen entsprechend vorzuspannen. Steifen sind gegen Herabfallen zu sichern. Keile sind so anzuordnen, daß ein Nachtreiben möglich ist. Bei Stahlsteifen sind Stahlkeile zu verwenden, deren Breite nicht kleiner als die halbe Steifenbreite sein soll.

8.3   Verankerungen
8.3.1   Technische Grundlagen

Verpreßanker sind ein noch recht junges Bauelement des Grundbaus. Im Fels wurden sie erstmals 1935 eingesetzt. Die erste rückverankerte Baugrubenwand im Lockergestein wurde 1958 beim Bau des Studiogebäudes des Bayerischen Rundfunks in München hergestellt [67].

Bei Verpreßankern wird durch Einpressen von Zementschlämme oder -mörtel um den hinteren Teil eines in den Boden eingebrachten Stahlzuggliedes ein Verpreßkörper hergestellt, der über Stahlzugglied und Ankerkopf mit dem zu verankernden Bauteil kraftschlüssig verbunden wird. Die vom Verpreßanker aufzunehmende Kraft wird nicht über die gesamte Ankerlänge sondern nur im Bereich des Verpreßkörpers in den Boden eingeleitet (Bild 8.12).

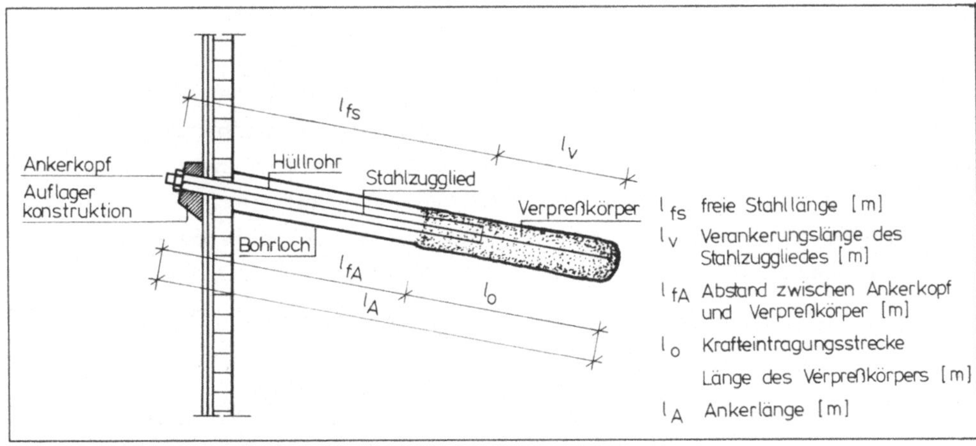

Bild 8.12   Verpreßanker

Die 10 - 20 m langen Stahlzugglieder werden in Bohrungen von 80
bis 180 mm Durchmesser eingebaut. Die Tragkraft beträgt je nach
Ankertyp und anstehender Bodenart ca. 250 bis 1.300 kN und ist von
der Herstellungsart, den Abmessungen des Ankers und dem Verhalten
des Bodens bei der Kraftübertragung vom Verpreßkörper in den Baugrund abhängig.

Allgemein unterschieden werden die Anker:

nach der Einsatzdauer
- Temporäranker (Anker für vorübergehende Zwecke, Kurzzeitanker,
  DIN 4125 Teil 1) mit einer maximalen Einsatzdauer von 2 Jahren
  (Regelfall für Baugrubenumschließungen)
- Permanentanker (Daueranker, DIN 4125 Teil 2)

nach der Bodenart
- Verpreßanker für Lockergestein
- Verpreßanker für Fels

nach der Art der Lastabtragung
- Stahlzuganker
- Druckrohranker

nach der Ausbildung des Stahlgliedes
- Einstabanker
- Mehrstabanker
- Litzenanker

Die Vielzahl der auf dem Markt befindlichen Systeme läßt sich nach
ihrem Tragverhalten in 2 Gruppen einteilen, in Verbund- und Druckrohranker. Bei Verbundankern (Bild 8.13) besteht zwischen dem Ankerstahl und dem Verpreßkörper ein Verbund auf der gesamten Länge
der Krafteintragungsstrecke. Da der Verpreßkörper beim Anspannen
auf Zug beansprucht wird, entstehen Risse, die die Korrosion des
Stahles begünstigen. Dieser Ankertyp wird daher vorwiegend für
temporäre Zwecke verwendet.

Aufwendiger ist die Kraftübertragung beim Druckrohranker (Bild
8.14).

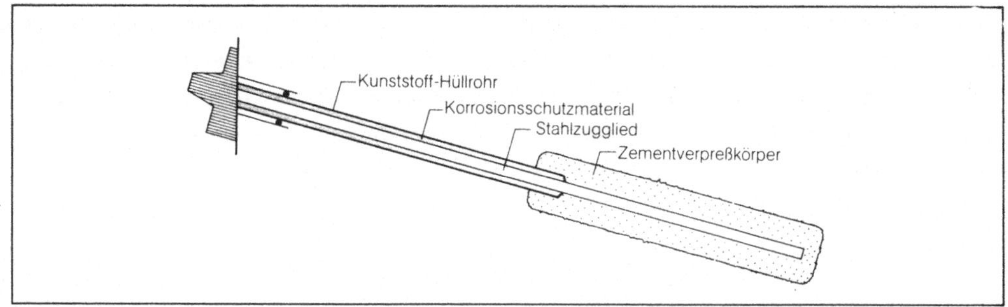

Bild 8.13   Verbundanker (aus [12])

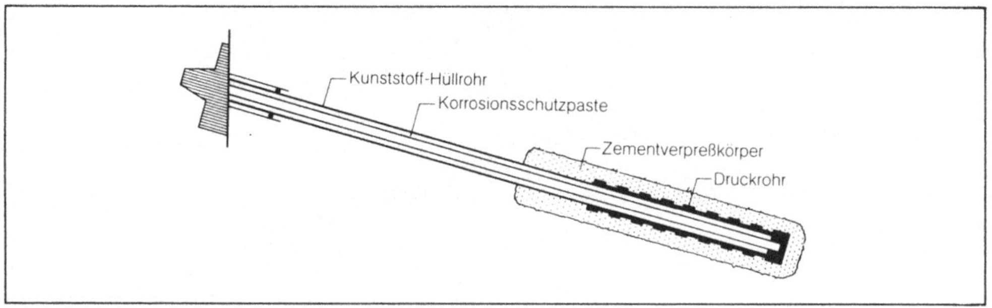

Bild 8.14   Druckrohranker (aus [12])

Bei diesem Ankertyp wird die Ankerkraft in das hintere Ende des
Verpreßkörpers eingeleitet. Das Stahlzugglied hat keinen Verbund
mit dem Verpreßkörper. Zur Kraftübertragung dient ein Druckrohr
(Duplex-Rohr). Der Verpreßkörper wird auf Druck beansprucht, so
daß eine Rißbildung nicht zu befürchten ist. Dieser Typ wird vorwiegend bei Dauerankern eingesetzt.

Die Bemessung von Ankern besteht aus der Festlegung des erforderlichen Stahlquerschnittes, der Länge der Verpreßstrecke und der
Gesamtlänge des Ankers. Die vom Boden aufnehmbare Kraft muß
entweder aufgrund von Erfahrungswerten abgeschätzt oder durch die
Prüfung an Probeankern ermittelt werden.

Grundsätzlich stellen Verpreßankersysteme im Sinne der Bauaufsicht
neue Bauverfahren bzw. Bauteile dar und bedürfen daher eines bau-
aufsichtlichen Nachweises der Brauchbarkeit. Allgemeine bauaufsichtliche Zulassungen erteilt das Institut für Bautechnik in Berlin. Sofern die allgemeine bauaufsichtliche Zulassung für ein An-

kersystem nicht vorliegt, ist bei der Bauaufsichtsbehörde der
Nachweis der Brauchbarkeit zu erbringen. Dieser kann in der Regel
anhand der DIN 4125 geführt werden. Nach dieser DIN sind Verpreßanker verschiedenen Prüfungen zu unterziehen.

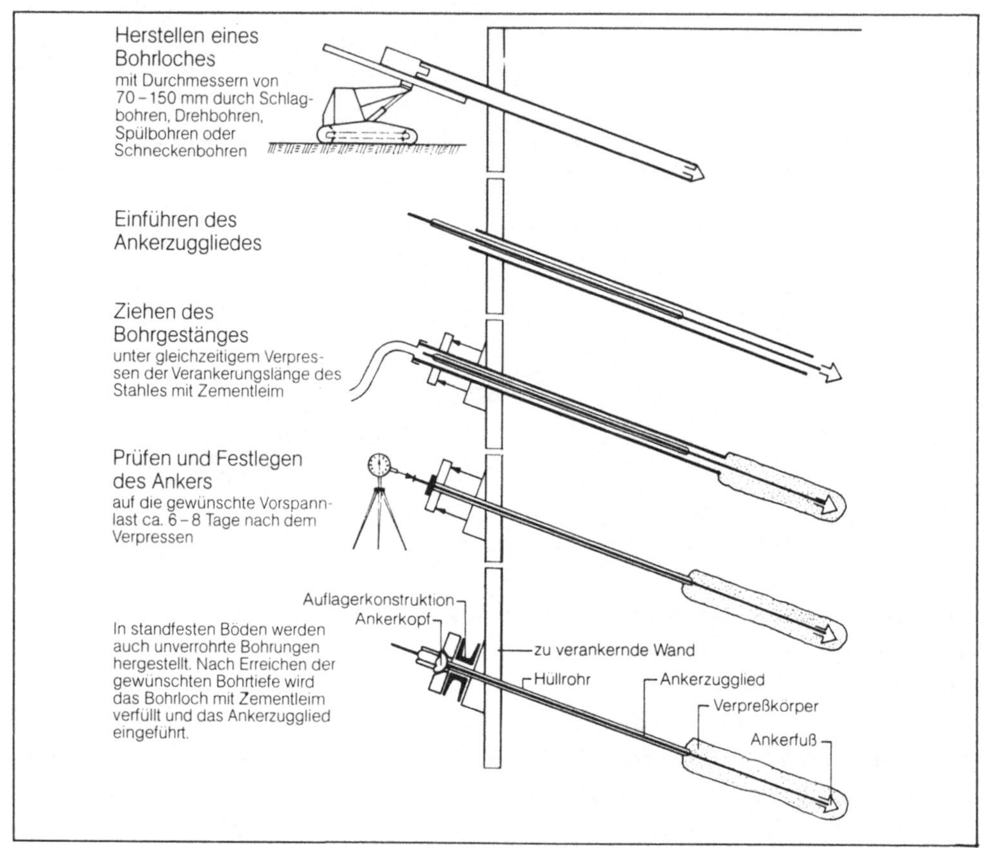

Bild 8.15 Herstellung eines Injektionsankers (aus [12])

Durch Eignungsprüfung wird auf der Baustelle festgestellt, ob mit
der gewählten Verpreßankerbauart die vorgesehenen Gebrauchs- und
Prüfkräfte in den anstehenden Baugrund eingeleitet werden können.
Die Eignungsprüfung ist auf jeder Baustelle an mindestens drei
Verpreßankern dort auszuführen, wo aufgrund von Baugrundauf-
schlüssen oder der Lage der Verpreßanker die für den jeweiligen
Baugrund ungünstigsten Ergebnisse zu erwarten sind. Auf die Eig-
nungsprüfung kann bei Kurzzeitankern verzichtet werden, wenn eine

solche Prüfung bereits in vergleichbarem Baugrund ausgeführt wurde.

Bei Eignungsprüfungen werden in mehreren Be- und Entlastungszyklen Kraft-Verschiebungskurven ermittelt und die elastischen sowie plastischen Verschiebungen bestimmt. Hieraus lassen sich Rückschlüsse auf die freie Stahllänge und auf das Tragverhalten des Ankers im anstehenden Boden ziehen.

Da die Tragkraft der Anker durch veränderliche Untergrundverhältnisse und Mängel bei der Herstellung auf einer Baustelle sehr unterschiedlich sein kann, muß jeder Anker einer Abnahmeprüfung unterzogen werden. Die Prüflast beträgt das 1,25-fache der rechnerischen Gebrauchslast.

8.3.2 Erforderliche Stoffe und Materialien

Für die Herstellung von Verpreßankern sind folgende Stoffe und Materialien erforderlich:

- Stahlzugglieder
- Verpreßkörper
- Korrosionsschutz
- Ankerkopfkonstruktion

Für das Stahlzugglied dürfen Baustähle nach DIN 17 100 (St 37-2, St 37-3, St 52-3), Betonstähle nach DIN 488 Teil 1 und zugelassene Betonstähle (z.B. GEWI-Stahl, BSt 420/500 RU) verwendet werden. Der Gesamtstahlquerschnitt des Stahlzuggliedes muß mindestens 180 mm^2 betragen. Der Durchmesser eines Einzelstabs in Bündelzuggliedern darf nicht größer als 20 mm sein.

Im Bereich der Verankerungslänge muß die Überdeckung durch den Verpreßkörper mindestens 2 cm betragen.

Die Zugglieder können aus einem oder mehreren Einzelstäben oder Spanndrahtlitzen bestehen (Bild 8.16 - 8.18).

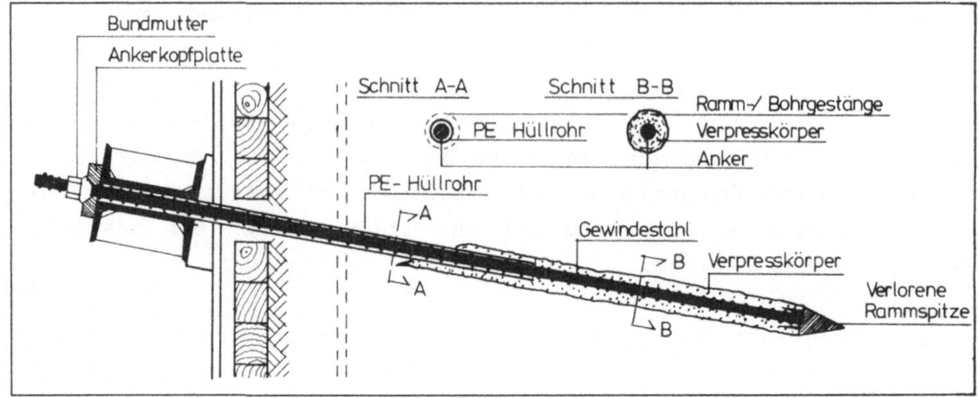

Bild 8.16   Einstabanker (aus [50])

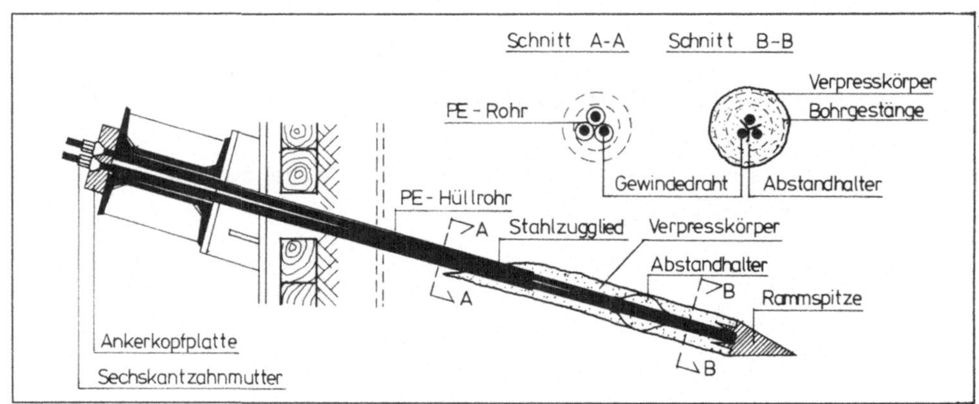

Bild 8.17   Mehrstabanker (aus [50])

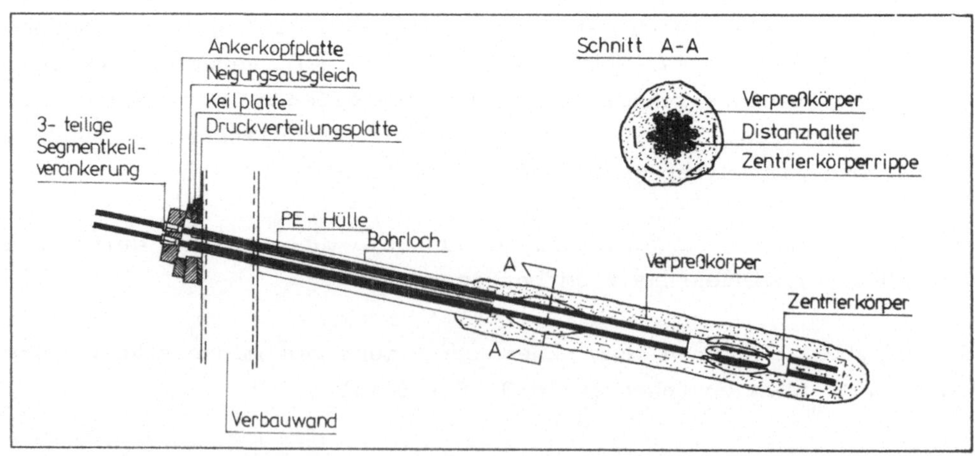

Bild 8.18   Litzenanker (nach [27])

Für Einstabanker sind ungestoßene Ankerlängen bis zu ca. 30 m, mit Schraubmuffenstößen auch größere Längen möglich. Die Längen der Litzenanker, die auf Endloshaspeln aufgerollt geliefert werden, sind praktisch unbegrenzt.

Der Verpreßkörper besteht aus einer Wasser-Zement-Mischung mit einem W/Z-Wert von 0,4 bis 0,6. Nur in sehr durchlässigen Böden wird zur Verminderung des Zementverbrauchs Sand als Zuschlag beigemischt.

Als Zemente werden vorwiegend Portlandzemente PZ 45 F oder PZ 55 verwendet, so daß der Anker nach 3 bis 7 Tagen belastbar ist. Da die Abbindezeit häufig den Arbeitsrhythmus einer Baustelle bestimmt, werden bei Bedarf Verpreßmittel mit geringerer Aushärtungszeit eingesetzt. Hierzu zählt z.B. "Brückner-Injekta" [27], das eine Belastung des Ankers bereits 24 Stunden nach dem Verpressen ermöglicht.

Der erforderliche Korrosionsschutz der Anker hängt wesentlich von der Einsatzdauer ab. Da bei Baugrubenumschließungen vornehmlich Temporäranker eingesetzt werden, soll hier nur auf deren Schutz eingegangen werden. Die Korrosionsgefahr hängt von der Aggressivität des Grundwassers, des Bodens und der Luft und von der chemischen Zusammensetzung des Stahles ab.

Während im Bereich der Verankerungslänge der Korrosionsschutz durch die geforderte Zementsteinüberdeckung von mindestens 2 cm gewährleistet wird, muß im Bereich der freien Stahllänge eine der folgenden Maßnahmen angewendet werden:

- Zusätzliche Hüllrohre aus Kunststoff mit einer Wanddicke von mindestens 2 mm
- Schrumpfschläuche nach DIN 30 672 mit einer Mindestwanddicke von 1,0 mm und korrosionsschützender Innenbeschichtung oder einer Mindestwanddicke von 1,5 mm
- werksmäßig extrudierte Kunststoffumhüllungen mit einer Mindestwanddicke von 1,5 mm, wobei jeder Draht bzw. jede Litze einzeln geschützt werden muß

-    Berücksichtigung eines Abrostungszuschlages von mindestens 1
     mm zur statisch erforderlichen Querschnittsdicke. Diese Maß-
     nahme ist jedoch nur dann als Korrosionsschutz ausreichend,
     wenn die Nennstreckgrenze des Stahles nicht mehr als 500 N/mm^2
     und der Querschnitt des Stabes mindestens 600 mm^2 beträgt
     (Stabdurchmesser $\geq$ 28 mm).

Auch im Bereich des Ankerkopfes ist ein lückenloser Schutz erforderlich (Bild 8.19).

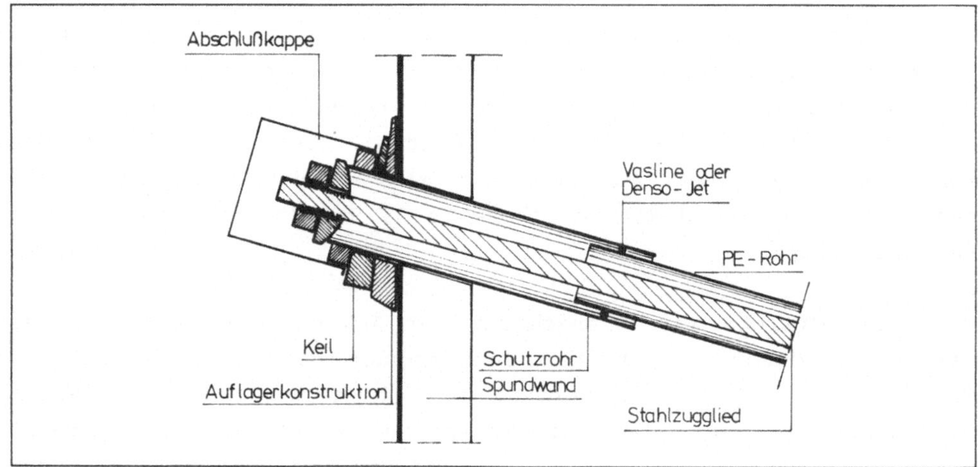

Bild 8.19 Beispiel für den Korrosionsschutz im Ankerkopfbereich
          (nach [135])

Die Konstruktion des Ankerkopfes hängt vom verwendeten Stahlzugglied (Einstabanker, Mehrstabanker, Litzenanker), der Verbauwand
(z.B. Trägerbohlwand, Spundwand, Schlitzwand) und der Gurtung ab.

8.3.3 Geräte und Verfahren

Die Herstellung eines Verpreßankers besteht aus den Einzelschritten:

-    Herstellen eines Bohrlochs
-    Einbau des Stahlzuggliedes
-    Verpressen
-    Anspannen.

Zur Herstellung der Bohrlöcher (Durchmesser ca. 80 - 180 mm) gibt es eine Vielzahl von Möglichkeiten, wobei die Wahl des jeweiligen Verfahrens im wesentlichen von den Baugrundverhältnissen abhängt. Als Geräte werden selbstfahrende Einmann-Bohrgeräte auf Raupen eingesetzt, mit denen alle Bohrverfahren angewendet werden können. Die Bohrlafetten können auf beliebige Neigungen eingestellt werden.

In Kiesen, locker bis mitteldicht gelagerten Sanden und nicht zu steifen bindigen Böden läßt sich das Verdrängungsbohrverfahren anwenden.

Hierbei wird eine mit einer Spitze verschlossene Verrohrung in den Boden gerammt, wobei dieser seitlich verdrängt wird. Beim späteren Ziehen der Verrohrung verbleibt die Spitze im Baugrund.

Bei der Bohrung mit Außenspülung wird die Verrohrung in den Boden gedreht. Durch die Verrohrung wird Spülwasser gedrückt, das mit dem gelösten Boden außerhalb der Verrohrung zurückfließt.

Bei bindigen Böden wird bei diesem Bohrverfahren die Wandung des Bohrlochs aufgeweicht und damit die Tragfähigkeit der Anker herabgesetzt.

Dieser Nachteil wird bei der Bohrung mit Innenspülung vermieden. Dabei werden schlagend und/oder drehend eine Verrohrung und ein Bohrgestänge vorgetrieben. Die Spülflüssigkeit wird durch das Bohrgestänge gepreßt und fließt mit dem gelösten Bohrgut im Ringspalt zwischen Verrohrung und Gestänge zurück. Wird statt Wasser eine Bentonit-Dickspülung verwendet, kann in standfesten bindigen Böden häufig auf eine Verrohrung verzichtet werden.

Der Einbau des Stahlzuggliedes erfolgt, sobald das Bohrgestänge ausgebaut ist. Abstandshalter sorgen für eine zentrale Lage (Bild 8.20). Nach Einbau des Stahlzuggliedes wird die Verrohrung mit einem Verpreßkopf verschlossen.

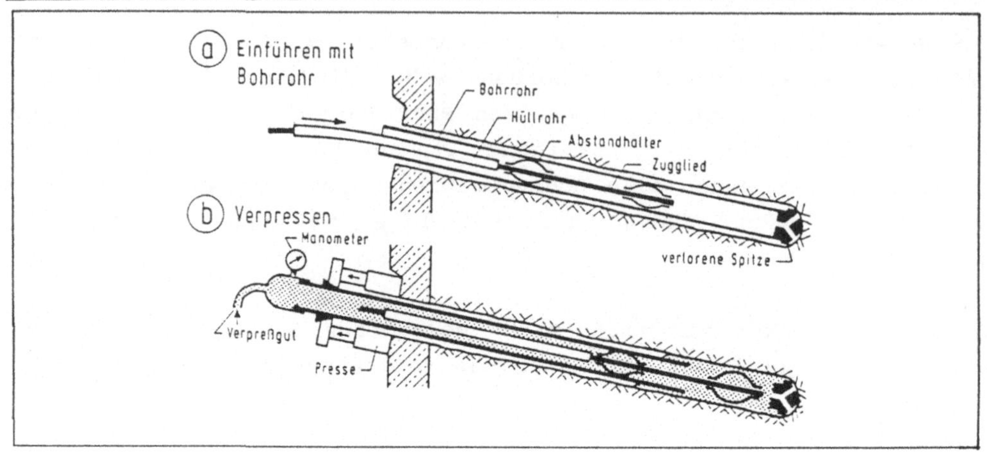

Bild 8.20   Einbau des Stahlzuggliedes und Verpressen (aus [101])

Beim Verpressen wird über eine Schlauchleitung der Zementleim
durch den Verpreßkopf in die Bohrung mit Drücken von ca. 5 bis 30
bar eingebracht.

Während des Verpressens wird das Bohrrohr mit hydraulischen Pressen gezogen. Wenn die Verrohrung um die Länge der vorgesehenen
Verpreßstrecke herausgezogen ist, wird sie weiter ausgebaut, ohne
daß Verpreßgut nachgepumpt wird. Nach Beendigung des Verpreßvor-
gangs ist noch Zementleim bis zum Bohrlochmund vorhanden. Da die
Ankerkraft nur im Bereich des Verpreßkörpers, nicht aber im Bereich der freien Stahllänge übertragen werden soll, muß verhindert
werden, daß ein durchgehender Injektionskörper entsteht, der sich
beim Spannen des Ankers gegen den Verbau abstützt. Eine genaue
Begrenzung des Verpreßkörpers auf die vorgesehene Länge wird durch
das   Ausspülen   überschüssigen   Verpreßgutes   mit   einer   Spülflüssigkeit (Wasser oder Bentonitsuspension) erreicht.

Bei bindigen Böden wird zur Erhöhung der Tragfähigkeit der Anker
die Nachverpreßtechnik angewendet. Hierbei wird nach Abbinden der
Primärinjektion (ab ca. 10 h nach dem Verpressen) über zusätzliche
Injektionsröhrchen erneut Verpreßmittel zugegeben, das den Pri-
märinjektionskörper aufsprengt, in die Risse eindringt und somit
eine sehr wirksame Verspannung des Verpreßkörpers mit dem Boden
bewirkt.

Einfaches Nachverpressen ohne Spülmöglichkeit (Bild 8.21).
Bei diesem Verfahren werden ein oder mehrere Kunststoff- oder
Stahlröhrchen, die jeweils mit mehreren Ventilen versehen sind,
verwendet. Da alle Ventile gleichzeitig mit Druck beaufschlagt
werden, öffnen sich häufig nur einzelne Ventile, und es wird nur
ein Teil der Krafteintragungsstrecke nachverpreßt. Daher ist es
häufig erforderlich, mehrere Röhrchen unterschiedlicher Länge zu
verwenden und einzeln nacheinander zum Nachverpressen zu nutzen.

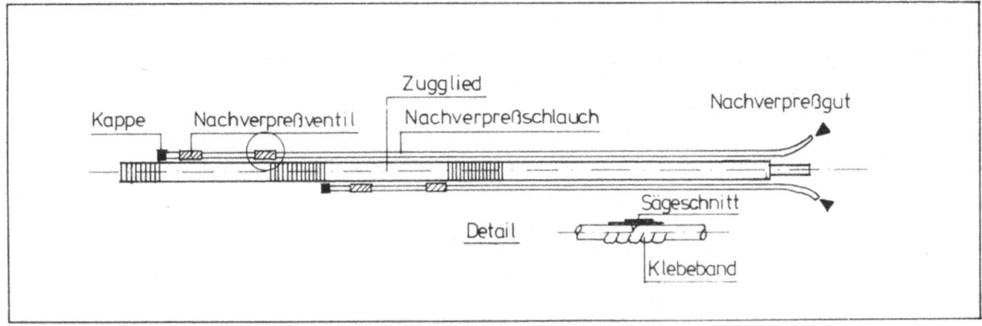

Bild 8.21   Einfache Nachverpreßmöglichkeit (nach [44])

Mehrfaches Nachverpressen mit Spülmöglichkeit
Eine mehrfache Nachinjektion wird bei Verwendung eines mit mehre-
ren Ventilen versehenen Nachverpreßrohres möglich, das über ein
Umkehrstück mit einem Spülschlauch verbunden ist (Bild 8.22).

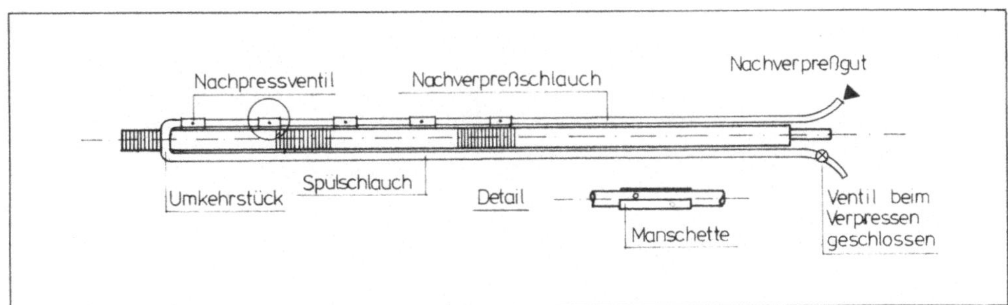

Bild 8.22   Mehrfache Nachverpreßmöglichkeit (nach [44])

Nach jedem Nachverpreßvorgang wird das Röhrchen freigespült. Auch
bei diesem Verfahren ist nicht gewährleistet, daß sich alle Ventile öffnen und damit der gesamte Bereich des Verpreßkörpers

verbessert wird. Deshalb empfiehlt es sich auch hier mitunter, zwei Nachverpreßschlaufen vorzusehen.

Gezielte Nachverpressung mit Manschettenrohren (Bild 8.23)
Eine Nachverpressung kann auch mit Manschettenrohren durchgeführt werden. Bei diesem Verfahren, das auch bei der Herstellung von Injektionswänden (Kap. 7.1) angewendet wird, läßt sich durch Packer jedes Ventil gezielt ansteuern, so daß eine gleichmäßige Verbesserung des Verpreßkörpers möglich wird. Die Manschettenrohre können wegen ihres größeren Durchmessers auch ohne Umkehrstück und Schlauch freigespült werden, so daß auch mehrmalige Nachverpressungen möglich sind.

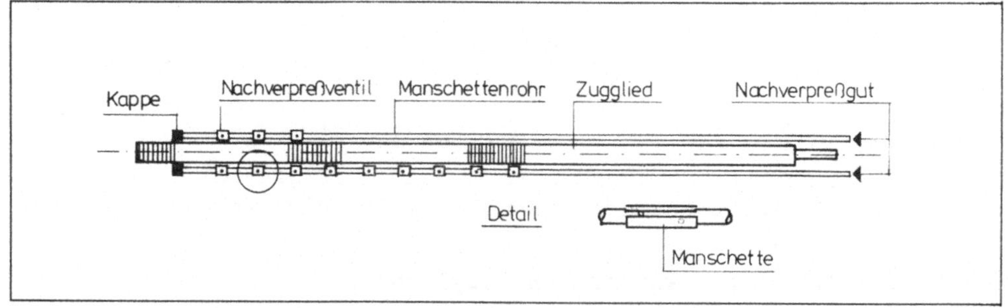

Bild 8.23   Nachverpressung mit Manschettenrohren (nach [44])

Nach der Erhärtung des Verpreßkörpers werden die Anker angespannt (Bild 8.24).

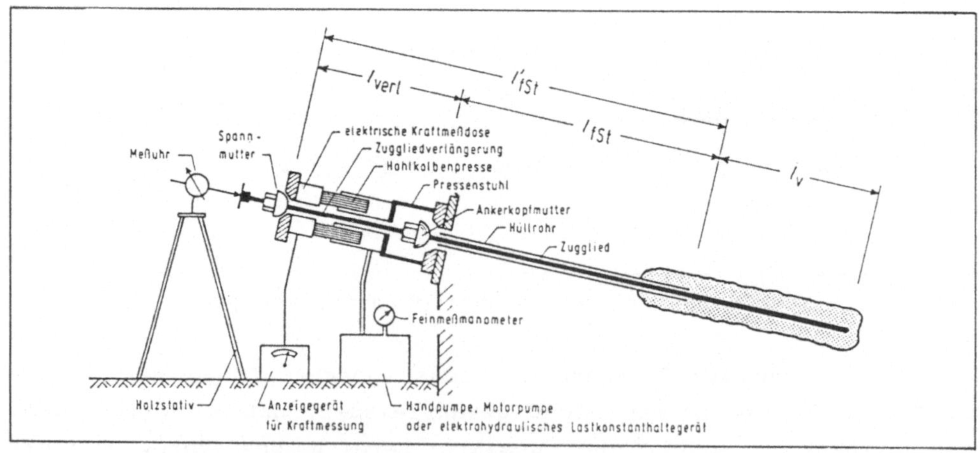

Bild 8.24   Meßanordnung beim Anspannen der Anker (aus [101])

Die Kraft wird über eine hydraulische Presse aufgebracht. Nach den Vorschriften der DIN 4125 Teil 1 wird jeder Anker auf das 1,25-fache der rechnerischen Gebrauchslast vorgespannt und anschließend wieder entlastet. Aus dem Last- Verschiebungs- Diagramm werden zur Kontrolle des Tragverhaltens die bleibenden und elastischen Verschiebungen ermittelt. Um die Verschiebungen der Baugrubenwand beim weiteren Aushub gering zu halten, ist es üblich, die Anker dann auf 80 % bis 100 % der rechnerischen Gebrauchslast vorzuspannen ([101, 35]).

8.3.4 Leistung und Kosten

Die Beschaffenheit des Baugrundes, das gewählte Bohrverfahren und der Ankertyp beeinflussen die Leistung erheblich. Als Berechnungsbeispiel wird eine zweifach verankerte, 10 m tiefe Baugrube gewählt. Der horizontale Abstand der Anker beträgt 2,5 m, die Länge der Anker 12 m, die Tragkraft 500 kN. Es werden Einstabanker (32 mm Durchmesser) verwendet. Die Kosten werden sowohl pro m Anker als auch pro m^2 Verbaufläche angegeben.

Mit 2 Ankern von je 12 m Länge werden 2,5 m x 10 m = 25 m^2 Verbaufläche abgestützt. Das ergibt einen Ankeranteil von 0,96 m Anker pro m^2 Verbau.

Je nach Baugrund beträgt die Bohrleistung beim Einsatz von 3 Arbeitskräften 5 bis 15 m/h; für dieses Beispiel wird ein mittlerer Wert von 10 m/h angesetzt. Das Einsetzen und Verpressen der Anker können 2 Mann (Leistung: 2 Anker/h) ausführen. Somit ergeben sich folgende Aufwandswerte:

Bohren	1 h/10 m x 3	= 0,3 h/m
Einsetzen des Ankerstahls	1 h/(2 x 12 m) x 2	= 0,08 h/m
Verpressen	1 h/(2 x 12 m) x 2	= 0,08 h/m
insgesamt		= 0,46 h/m

Nach dem Erhärten des Zementmörtels werden von einer zweiten Kolonne (2 Mann) die Anker angespannt. Die Leistung beträgt hierbei ca. 1,5 Anker pro Stunde, was einen Aufwandswert von 0,11 h/m er-

gibt. Die Einsatzzeit für Ankerbohrgerät und Verpreßstation
beträgt:

                   Einsetzen des
Bohren   Ankerstahls   Verpressen
1 h/ 10 m   +   1 h/ 24 m   +   1 h/ 24 m = 0,18 h/m

Das Ankerbohrgerät ist zu 80 % der Zeit ausgelastet, die Verpreßstation zu 20 % der Zeit.

Die Beseitigung des Bohrgutes kostet ca. 1,25 DM/m. Pro m Anker
sind ca. 0,02 m^3 Zementmörtel zu 250 DM/m^3 erforderlich. Für Verschleiß an Verrohrung, Bohrgestänge und Bohrkrone werden 3 DM/m
angesetzt.

Die Ankerkopfkonstruktion (Ankerplatten, Kopfmutter u.ä.) kostet
ca. 70 DM/Anker.

Die Ermittlung der Vorhalte- und Betriebskosten der Geräte ist in
Tafel 8.3, die Ermittlung der Einzelkosten der Teilleistungen in
Tafel 8.4 dargestellt.

8.3.5   Sicherheitstechnik

Verankerungsarbeiten bestehen aus den einzelnen Arbeitsschritten

-    Herstellen eines Bohrloches
-    Einfädeln des Stahlzuggliedes
-    Verpressen
-    Anspannen
-    Entspannen beim Rückbau.

Die Herstellung von Bohrlöchern war in den vergangenen Jahrzehnten
stets ein besonderer Unfallschwerpunkt [57], [58], wobei die Gefahr hauptsächlich von den Ankerbohrmaschinen ausging. Die 1987 in
der UVV "Kraftbetriebene Arbeitsmittel" [146] festgelegten Sicherheitsregeln wurden oft mißachtet. Diese schreiben Einrichtungen an
Geräten vor, durch die solche Bereiche gesichert werden, an denen
Quetschgefahr besteht.

Tafel 8.3 Ermittlung der Vorhalte- und Betriebskosten der Geräte /
m Anker

Bezeichnung	Neuwert DM	Abschreibung + Verzinsung je Monat %		Reparatur je Monat %		Reparatur je Monat einschl. Lohnfaktor DM
		%	DM	%	DM	DM
Ankerbohrgerät (110 kW)	350.000	4,0	14.000	2,1	7.350	11.076,45
Verpreßstation (15 kW) (Mischer und Injektionspumpe)	80.000	3,5	2.600	2,0	1.600	2.411,20
Gerätevorhaltekosten/Monat			**16.600**			**13.487,65**
Spannpresse	30.000	3,0	900	1,5	450	678,15
Gerätevorhaltekosten/Monat			**900**			**678,15**

Gerätekosten/m Anker	Betriebsstoffe DM/m	Vorhaltekosten DM/m
Bohren, Einsetzen des Ankerstahls und Verpressen $$\frac{30.087,65 \text{ DM/Mon}}{175 \text{ h/Mon}} \times 0,18 \ \frac{h}{m}$$		30,95
Betriebsstoffe Ankerbohrgerät $$110 \text{ kW} \ \frac{0,2 \ l}{kWh} \times 0,7 \times 1 \ \frac{DM}{l} \times 0,18 \ \frac{h}{m}$$	2,77	
Verpreßstation $$15 \text{ kW} \times \frac{0,2 \ l}{kWh} \times 0,2 \times \frac{1 \, DM}{l} \times 0,18 \ \frac{h}{m}$$	0,11	
Schmierstoffe $0,2 \times (2,77 + 0,11)$	0,58	
Anspannen $$\frac{1.578,15 \text{ DM/Mon}}{175 \, h/Mon} \times \frac{1 \ h}{1,5 \times 12 m}$$		0,50
Schmierstoffe $0,2 \times 6,54$	1,31	
Summe: 34,91 DM/m	**3,46**	**31,45**

Tafel 8.4 Ermittlung der Einzelkosten der Teilleistungen

Ermittlung der Einzelkosten/ m² sichtbare Verbaufläche	Lohn- stunden h/m²	Lohn DM/m²	Sonstige Kosten DM/m²	Gerät DM/m²
Bohren, Einsetzen des Ankerstahles und Verpressen				
1.Lohn 44,02 DM/h	0,46	20,25		
2.Material Beseitigung von Bohrgut			1,25	
Verschleiß von Gestänge, Verrohrung, Bohrkronen			3,00	
Ankerstahl (einschließlich Hüllrohr und Abstandshalter) Zementmörtel			27,50	
$0,02 \dfrac{m^3}{m} \times 250 \dfrac{DM}{m^3}$			5,00	
3.Geräte				34,41
Anspannen				
1.Lohn 44,02 DM/h	0,11	4,84		
2.Material Ankerkopfkonstruktion				
$70 \dfrac{DM}{Stück} \times \dfrac{1\ Stück}{12\ m}$			5,83	
3.Geräte				0,50
Summe: 102,58 DM/m	0,57	25,09	42,58	34,91

$$\text{Kosten/m}^2\ \text{Verbau} = 102,58\ \text{DM/m} \times 0,96\ \dfrac{m}{m^2\ \text{Verbau}} = 98,48\ \text{DM/m}^2$$

Auf der Grundlage dieser Vorschrift müssen seit April 1989 alle
Ankerbohrgeräte Schutzeinrichtungen im Lafettenbereich haben, die
Unfälle beim Ein- und Ausbau des Gestänges und beim Hantieren am
Gerät weitgehend ausschließen sollen.

Solche Schutzeinrichtungen können aus Schutzleisten an den Seiten
der Lafette bestehen, deren Berühren den Drehantrieb ausschaltet.
Im Lafettenbereich angeordnete Lichtschranken erfüllen die gleiche
Aufgabe ebenso wie die Einkapselung der sich drehenden Gestänge.

Beim Bohren ist insbesondere in der obersten Lage auf vorhandene
Bauwerke (Kellerwände, Fundamente), unterirdische Einbauten (z.B.
Heizöltanks) und Leitungen (z.B. Kanalisation) zu achten, da das
Anbohren große Sach- und Personenschäden bewirken kann.

Beim Verpressen ist zu beachten, daß insbesondere in der oberen
Lage Hebungen des Geländes und der Gebäude auftreten können. Auslaufendes und ausgespültes Verpreßmittel führt zu einer Verschlammung der Standfläche der Arbeiter und damit zu einer erhöhten
Rutschgefahr.

Beim Anspannen und Entspannen der Anker muß der Raum hinter der
Spannpresse unbedingt freigehalten werden. Reißt der Ankerstahl
oder der aufgesetzte Verlängerungsdorn, so wird die Spannpresse
explosionsartig fortgeschleudert, wobei Weiten bis zu 10 m erreicht werden können.

Die sicherste Möglichkeit der Entspannung besteht im Nachlassen
des Ankers. Bei den Spannsystemen, die am Ende geschraubt werden,
ist dies nur durchzuführen, wenn die Gewinde nach dem Vorspannen
noch gangbar sind und der Überstand des Ankerstahls ausreichend
ist. Bei verkeilten Spannsystemen (Litzenanker) ist zunächst eine
Wiederanspannung erforderlich, bei der die Keile gelöst werden.
Anschließend kann der Anker nachgelassen werden.

9 Sohlabdichtungen
9.1 Allgemeines

Insbesondere im innerstädtischen Bereich wird es zunehmend nicht mehr gestattet, den Grundwasserspiegel abzusenken. Die Gründe hierfür liegen zum einen in wasserrechtlichen oder wasserhaushaltsrechtlichen Belangen, zum anderen in der Setzungsgefährdung benachbarter Bauwerke und Einrichtungen. Da durch eine Grundwasserabsenkung der Auftrieb des Bodens wegfällt, wird er schwerer, was zu einer Zusammendrückung und damit zu Setzungen der Geländeoberfläche und der Fundamente führen kann.

Häufig müssen Baugruben daher im Schutz einer Grundwasserabsperrung hergestellt werden, die die Lage des Grundwasserspiegels außerhalb der Baugrube praktisch nicht beeinflußt. Als Vertikalabsperrung kommen Spundwände, Schlitzwände, Bohrpfahlwände, Injektionswände, Frostwände, Dichtwände usw. infrage. Steht in nicht zu großer Tiefe unter der Baugrubensohle eine genügend abdichtende Bodenschicht an, so können die Wände bis zu dieser Schicht heruntergeführt werden und in diese einbinden. Als ausreichend dicht können z.B. durchgehende Ton- und Schluffschichten sowie unverwitterte Festgesteine angesehen werden. Im Einzelfall sind Lage, Mächtigkeit, Zusammensetzung und Durchlässigkeit des anstehenden Bodens zu prüfen, um beurteilen zu können, ob die natürlich vorhandene Schicht als horizontale Dichtung geeignet ist.

Steht unterhalb der Baugrube keine ausreichend dichte Bodenschicht an, oder liegt sie so tief, daß das Herunterführen vertikaler Abdichtungswände technisch nicht möglich oder wirtschaftlich nicht sinnvoll ist, so kommen künstliche Horizontalabdichtungen wie Injektionssohlen und Unterwasserbetonsohlen zu Anwendung.

9.2 Injektionssohlen
9.2.1 Technische Grundlagen

Das Ziel von Injektionen (d.h. das Einpressen von Suspensionen, Gelen oder Kunstharzen) besteht darin, die Zahl und Größe der Poren im Boden zu vermindern und das darin befindliche Porenwasser durch Einpreßgut zu ersetzen. Injektionssohlen sind nicht absolut wasserdicht, sie verringern die Durchlässigkeitswerte anstehender Böden um ca. 3 Zehnerpotenzen. Es muß mit Restwassermengen von 1 bis 5 l/s pro 1.000 m^2 Sohlenfläche gerechnet werden.

Derartige Sohldichtungen lassen sich nur ausführen, wenn der Boden in der vorgesehenen Tiefenlage injizierbar ist. Injektionssohlen lassen sich relativ dünn ausführen, die üblichen Dicken liegen zwischen 1 und 1,5 m. Die Tiefenlage unter der Baugrubensohle ergibt sich aus der Forderung, daß die Injektionssohle eine rechnerische Auftriebssicherheit von 1,05 bis 1,1 [137] haben muß (Bild 9.1).

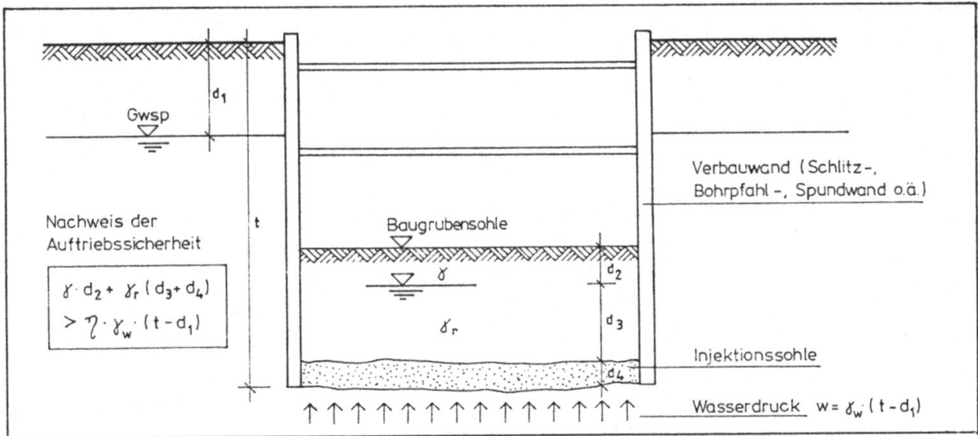

Bild 9.1 Erforderliche Tiefenlage von Injektionssohlen

Die Bemessung der Injektionssohlen umfaßt neben dem Nachweis der Auftriebssicherheit die Festlegung der Dicke, die den Abstand der Injektionslanzen bestimmt, und die Festlegung der Injektionsmittel sowie deren Mischungsverhältnisse.

Da Leckstellen in Dichtungssohlen praktisch nicht lokalisiert und daher auch nicht saniert werden können, sind sorgfältiges Arbeiten und ständige Kontrollen unverzichtbar.

Zu diesen Kontrollen gehören neben Aufzeichnungen über Injektionsdruck und Injektionsmenge genaue Einmessungen der Injek-

tionspunkte und Überprüfungen der Solltiefe sowie eine ständige
Qualitätskontrolle des Einpreßgutes.

Der Erfolg einer Abdichtungsmaßnahme läßt sich durch Pegelbe-
obachtungen innerhalb und außerhalb der Baugrube sowie durch die
Erfassung der Restsickerwassermengen überprüfen. Tafel 9.1 zeigt
Daten einiger ausgeführter Injektionssohlen.

Tafel 9.1   Beispiele ausgeführter Injektionssohlen (nach [137, 75, 18])

Projekt	Injektionsgut	Fläche [m²]	Tiefenlage der Sohle unter GOK	hydr. Gefälle	Durchlässigkeit k [m/s]
Bremer Bank Bremen	Silikatgel	3000	14,0 m	2,7	≈ 0
Landeszen-tralbank Bremen	Silikatgel	4400	18,0 m	7,0	3×10^{-7}
Gothaer Versicherung Karlsruhe	Zement / Bentonit	1400	8,5 m	2,7	5×10^{-6}
Commerzbank Bremen	Silikatgel	1300	11,5 m	3,0	$< 10^{-8}$
Pumpwerk Kehl	Zement - Bentonit Silikatgel	1350	15,0 m	6,0	keine Angabe
Heidberg-stift Bremen	Silikatgel	3100	12,0 m	6,0	keine Angabe
Landeszen-tralbank Hamburg	Silikatgel	5000	20,0 m	7,0	5×10^{-8}

9.2.2 Erforderliche Stoffe und Materialien

Das für eine bestimmte Bauaufgabe auszuwählende Verpreßmittel
hängt im wesentlichen von den Baugrundverhältnissen ab. Übliche
Verpreßmittel zu Abdichtungszwecken sind Ton-Zement-Suspensionen
und chemische Injektionsmittel auf Wasserglasbasis, denen Härter
beigefügt werden (Tafel 7.3).

Die Abgrenzung der einzelnen Verfahren wird durch Bild 7.4 angegeben, wobei bei Grob- und Mittelsandböden nach [14] Abdichtungsmaßnahmen auch erfolgreich mit Zement ausgeführt worden sind.

Die Anforderungen an die Verpreßmittel sind:
-    ausreichend lange Verarbeitbarkeit
-    gute Fließfähigkeit
-    keine Sedimentation
-    genügend Erosions- und Eigenfestigkeit
-    plastische Verformbarkeit des injizierten Bodens
-    geringe Durchlässigkeit des injizierten Bodens.

Zementinjektion

Zur Abdichtung von (sandigen) Kiesen können Ton-Zement-Suspensionen verwendet werden. Die W/Z-Werte der Mischungen liegen zwischen 0,5 und 10, wobei Werte zwischen 3 und 8 üblich sind [77].
Je höher der W/Z-Wert, desto besser sind die Fließeigenschaften,
allerdings verbessern sich die Fließeigenschaften bei reinen
Zement-Suspensionen oberhalb von W/Z=2 nur unwesentlich (Bild
9.2).

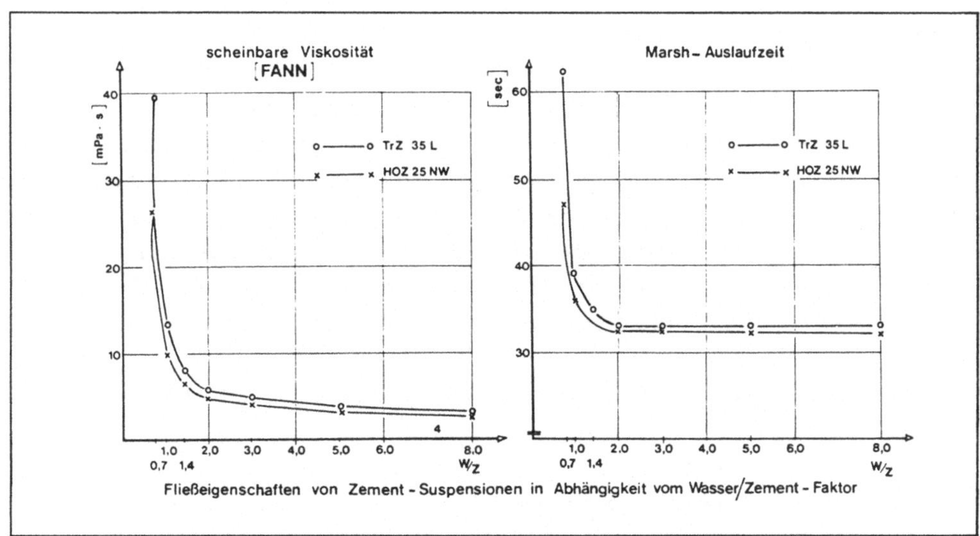

Bild 9.2   Fließeigenschaften von Zement-Suspensionen in Abhängig-
             keit vom Wasser/Zement-Faktor (aus [45])

Da mit steigendem W/Z-Gehalt aber eine zunehmende Entmischung auftritt, werden den Zement-Suspensionen Tone (vorwiegend Bentonit)
zugemischt, die die Sedimentation weitgehend verhindern und außerdem die Abdichtungswirkung wesentlich verbessern. Der Tonanteil,
bezogen auf das Zementgewicht, kann bis zu 40 % betragen. Die Festigkeitsverminderung durch den Bentonitanteil ist für Injektionssohlen unwesentlich. Zugaben von 100 bis 180 kg Zement und 20 bis
60 kg Bentonit pro m^3 sind üblich [137].

Chemikalinjektion

Für Abdichtungszwecke werden in sandigen Böden vorwiegend Weichgele verwendet, die aus Wasserglas (ca. 10 - 20 Vol %), Wasser
(ca. 77 - 87 Vol %) und Härtern wie Natriumaluminat und Natriumcarbonat (ca. 3 Vol %) bzw. verschiedenen Estern bestehen
(Monosol-Verfahren).

Entscheidend für die Pump- und Verpreßfähigkeit sind die rheologischen Eigenschaften, wobei die Anfangsviskositäten zwischen 5
und 10 cP liegen und dann unter Bildung eines Gels rasch ansteigen. Die Gelierzeiten, innerhalb derer eine einwandfreie Verpressung möglich ist, liegen je nach Art und Menge des Härters zwischen 40 und 60 Minuten.

Nachteilig ist bei Silikatgelen die sogenannten Synärese, d.h.
eine Volumenverminderung des Gels unter gleichzeitiger Wasserabgabe. Dadurch können Sickerwege innerhalb der Dichtungssohle
entstehen. Untersuchungen haben jedoch ergeben, daß die in der
Praxis verwendeten Natriumaluminatgele nur schwach zur Synärese
neigen, und diese im Korngerüst auch noch vermindert wird [138].
Die Verpreßmengen liegen bei ca. 350 - 450 l/m^3 [14].

Bei der Verarbeitung der Gele sind folgende Eigenschaften zu beachten (nach [137]):

- Grundsätzlich breitet sich um einen Verpreßpunkt ein kugelförmiger Verpreßkörper aus. Da aber bei locker abgelagerten Sanden und
  Kiesen die horizontale Durchlässigkeit 2 bis 5 mal größer ist als

die vertikale, entstehen Injektionskörper in Form von Ellipso-
iden. Dies ist bei Injektionssohlen von Vorteil.

- Am Rande der Injektionskörper entstehen Verdünnungszonen, in denen das Gel nur eine mindere Qualität aufweist, was bei der Wahl
  des Abstands der Injektionspunkte beachtet werden muß.

- Nachträgliche Injektionen zwischen bereits erstarrten Injektionskörpern führen zu keiner homogenen Abdichtung. An den
  Trennflächen entstehen Sickerwege, daher sollen die Injektionskörper fortlaufend mit einem gewissen Überschneidungmaß hergestellt und nicht sogenannte Schließpunkte nachträglich verpreßt
  werden.

- Die durch eine fertige Injektionssohle hindurchsickernde Wassermenge ist zu Beginn am größten und nimmt dann bis auf einen
  praktisch konstanten Wert ab (Selbstdichtungseffekt). Bei nicht
  stabilen Gelen (z.B. Wasserglasanteil nur 5 Vol %) können durch
  die Durchsickerung neue Porenkanäle geschaffen werden, und die
  Durchlässigkeit kann durch Erosion deutlich zunehmen.

9.2.3 Geräte und Verfahren

Für die Herstellung von Injektionssohlen sind drei Verfahren üblich:

- Manschettenrohrverfahren
- Ventilkörperverfahren
- Hochdruckinjektion

wobei das im Einzelfall wirtschaftlichste Verfahren vom Aufbau des
Baugrundes, der Dicke der Injektionssohle und ihrer Tiefenlage abhängt.

Manschettenrohrverfahren

Beim Manschettenrohrverfahren (Kap. 7.1.4) werden mit Hilfe einer
Verrohrung oder einer Stützflüssigkeit Bohrungen abgeteuft, in die

Manschettenrohre eingestellt werden. Der Ringraum zwischen Bohrlochwandung und Manschettenrohr wird mit einer erhärtenden Zement-
Bentonit-Suspension ausgefüllt (Bild 9.3).

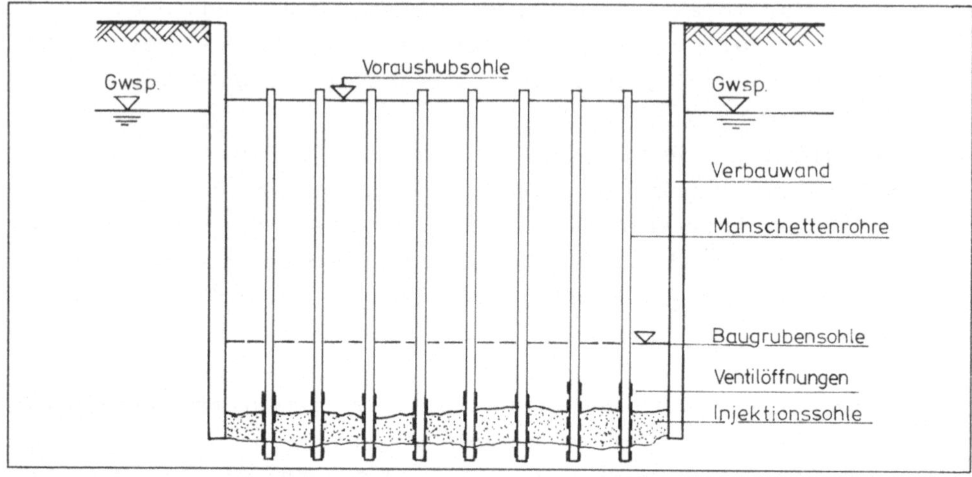

Bild 9.3   Manschettenrohrverfahren

Über Packer wird das Verpreßmittel gezielt in bestimmten Tiefenla-
gen eingepreßt. Die Ventilöffnungen liegen längs des Rohres in einem Abstand von 0,33 m, so daß bei 1 m dicken Injektionssohlen von
drei Punkten aus injiziert wird. Mit diesem Verfahren lassen sich
beliebig dicke Injektionssohlen, auch mehrlagige Injektionssohlen
(z.B. mit verschiedenen Verpreßmitteln bei geschichtetem Baugrund)
und mehrstufige Injektionen ausführen, bei denen z.B. ein grobpo-
riges Kiesgerüst in einer ersten Stufe durch eine Zementinjektion
undurchlässiger gemacht wird, während in der zweiten Stufe mit einer Chemikalinjektion auch die feineren Poren geschlossen werden.

Die Dicke der Sohle bestimmt den Abstand der Manschettenrohre und
die Verpreßmenge. Bei einem dreieckförmigen Injektionsraster wird
die Verpreßmenge in Abhängigkeit vom Porenanteil so ermittelt, daß
sich die um den Verpreßpunkt theoretisch bildenden Kugeln in einem
Punkt schneiden.

Dabei ergibt sich folgender Zusammenhang (Bild 9.4):

$$a = \frac{1}{0,93} \times d$$

mit a = Rasterabstand [m]
     d = ideelle Dicke der Injektionssohle [m]

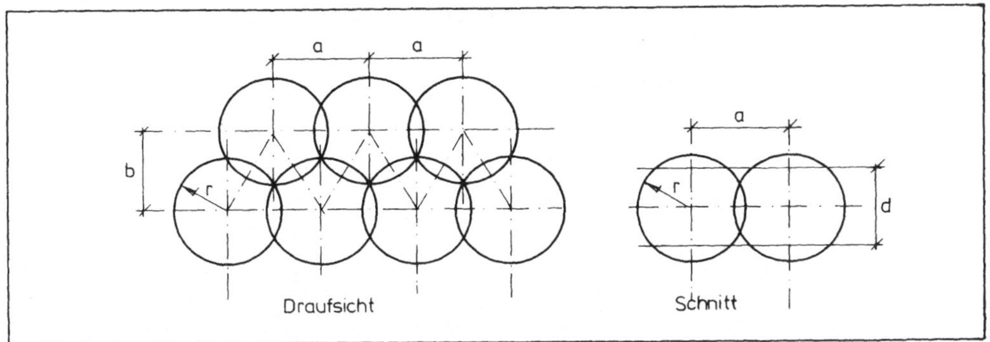

Bild 9.4   Injektionsraster bei Sohlinjektionen (aus [137])

Für Injektionssohlen von 1 m Stärke ergeben sich demnach Verpreß-
lanzenabstände von ca. 1,1 m. Bei Betrachtung aller Kosten können
auch Lanzenabstände von 1,2 bis 1,5 m wirtschaftlich sein, wobei
die Injektionssohlen allerdings entsprechend dicker werden. Zu
große Abstände der Injektionsrohre bergen ein zunehmendes Risiko,
da es bei ungenauer Lage der Ansatzpunkte und Vertikalabweichungen
der Bohrungen - insbesondere bei tiefliegenden Sohlen - unter Umständen nicht zur Überlappung der Verpreßkörper kommt.

Die Injektionsmittel werden in Injektionscontainern mit Dosier-
und Mischeinrichtungen aufbereitet. Jeder einzelne Verpreßpunkt
wird mit der berechneten Menge Verpreßgut injiziert. Regelbare
Pumpen und Durchflußmeser ermöglichen eine ständige Kontrolle. Die
Bilder 7.11 und 7.12 zeigen den schematischen Aufbau einer Anlage
für Zement-bzw. Silikatinjektionen.

Die Verpreßleistungen betragen 5 - 15 l/min, die Pumpendrücke 2 -
5 bar [75]. Zwischen Verpreßmenge und Druckverlauf läßt sich i.a.
kein Zusammenhang feststellen.

Ventilkörperverfahren

Dieses Verfahren unterscheidet sich vom Manschettenrohrverfahren
dadurch, daß verlorene Ventilkörper mit Hilfe eines Aufsatzrütt-
lers und eines Schutzrohres in den Baugrund eingerüttelt werden
(Bild 9.5).

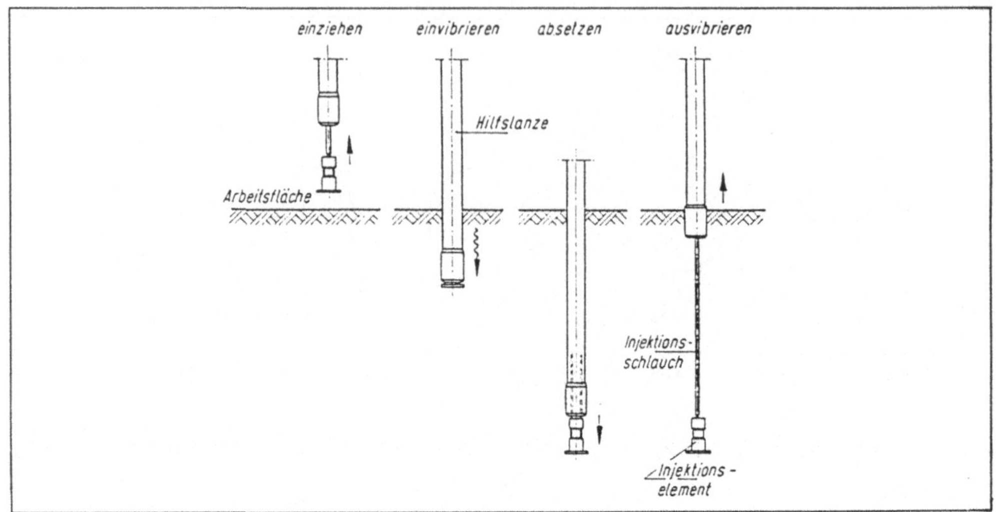

Bild 9.5   Einbringen des verlorenen Injektionselements (aus [33])

Um ein richtungsgenaues Arbeiten zu ermöglichen, wird der Aufsatzrüttler an einem Mäkler geführt (Bild 9.6). Nach Erreichen der Endtiefe wird das Schutzrohr, das bei großen Rammtiefen an einem Profilträger angeschweißt ist, bei gleichzeitigem Rütteln gezogen, wobei der mit einem Verpreßschlauch verbundene Ventilkörper im Boden verbleibt. Bei diesem Verfahren lassen sich mit einer Hilfsbohle auch gleichzeitig mehrere Ventilkörper einrütteln. Der Ventilkörper besteht aus einer Fußplatte von ca. 10 x 10 cm und einem aufgeschweißten Rohr mit Gummimanschette (Höhe ca. 10 - 15 cm, Durchmesser ca. 3 cm).

Beim Herausrütteln des Hilfsrohres wird der Boden um den Verpreßschlauch herum verdichtet. Dies ist erforderlich, damit das aus dem Ventilkörper austretende Verpreßgut nicht in dem Spalt zwischen Verpreßschlauch und Boden nach oben steigt. Sind mehrlagige Injektionssohlen erforderlich, so werden mehrere, in der Höhe versetzte Ventilkörper eingebaut, die jeweils mit einem Verpreßschlauch verbunden sind.

Beim Einrütteln der Ventilkörper und beim Herausrütteln der Hilfsverrohrung wird der Baugrund oberhalb der Injektionssohle verbessert, was zu geringeren Setzungen des späteren Bauwerks führt.

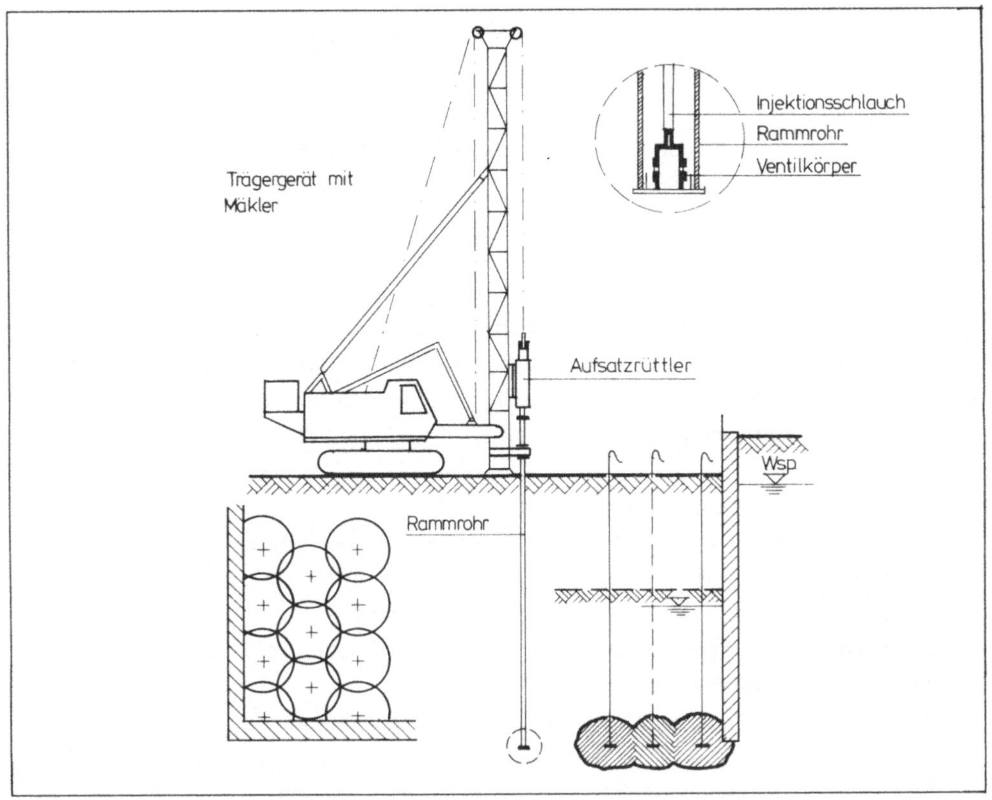

Bild 9.6   Schematische Darstellung der Herstellung einer Injektionssohle (aus [137])

Beobachtungen haben ergeben, daß sich dieser Verdichtungseffekt nicht auf den Boden außerhalb des Troges, der durch die vertikale Baugrubenwand (Schlitzwand, Bohrpfahlwand, Spundwand) und die Injektionssohle gebildet wird, auswirkt.

Hochdruckinjektion

Die Grundlagen dieses Verfahrens sind in Kap. 7.1.4 geschildert. Der Vorteil des Verfahrens besteht darin, daß mit ihm Injektionssohlen in praktisch allen vorkommenden Böden hergestellt werden können. Nach Abteufen des Bohrgestänges bis zur geplanten Tiefenlage wird unter hohem Druck eine Zement-Suspension oder Bentonit-Zement-Suspension in den Boden eingepreßt, wobei es zur einer Vermischung mit dem aufgefrästen Boden kommt. Es entsteht eine zylindrische, mit Zement verfertigte Bodenscheibe beliebiger Dicke, die zur Bildung einer Sohldichtung die benachbarten Scheiben ausreichend überlappen muß.

Die erreichbaren Durchlässigkeiten solcher Injektionssohlen liegen je nach anstehenden Böden bei 10^{-7} bis 10^{-9} m/s.

Kontrollen

Da undichte Stellen einer Injektionssohle praktisch nicht lokalisierbar sind und eine Sanierung sehr hohe Kosten verursacht, ist bei allen Verfahren eine laufende Überwachung unbedingt erforderlich. Die Überwachung muß sich auf folgendes erstrecken:

- Lage der Ansatzpunkte (Raster)
- Tiefenlage der Verpreßpunkte (Länge der eingebauten Rohre bzw. Schläuche)
- Vertikalität der Bohrungen oder Rammungen
- Eignung des Verpreßmittels für die anstehenden Bodenarten (Eignungsversuche, Probeinjektionen)
- Qualität des Verpreßmittels (Viskosität, Gelierzeit, Pumpbarkeit, Synärese)
- Mengenkontrolle beim Verpressen (Druck-Mengen-Schreiber).

Der Abdichtungserfolg läßt sich z.B. durch Pegelbeobachtungen vor und während des Aushubs innerhalb und außerhalb der Baugrube, sowie durch die Messung der Restsickerwassermenge ermitteln. Hierbei muß allerdings beachtet werden, daß für den Abdichtungserfolg nicht nur die Injektionssohle sondern auch die Baugrubenwand maßgeblich ist.

Es soll noch darauf hingewiesen werden, daß die Injektionsschläuche beim Aushub nicht aus dem Boden gezogen werden dürfen, da dies zu einer teilweisen Zerstörung der Injektionssohle führen kann.

9.2.4 Leistung und Kosten

Die Leistung und die Kosten hängen entscheidend von der Tiefenlage
der Injektionssohle, dem Bodenaufbau und dem verwendeten Verpreßmittel ab.

Als Beispiel wird eine Hochdruckinjektionssohle im Kiessand in 15
m Tiefe unter Gelände gewählt. Die Sohle soll eine Dicke von 1 m
haben, der Bohrabstand beträgt 1 m (Dreiecksraster).

Der erzielte Durchmesser einer Scheibe wird mit 1,30 m angenommen.
Unter Berücksichtigung der Überlappung ergibt sich ein Flächenan-
teil pro Bohrung von 0,87 m^2.

Beim Abteufen des Bohrgestänges werden pro m 15 l Suspension
(Kosten 120 DM/m^3) als Bohrspülung benötigt. Für Verschleiß von
Gestänge und Hochdruckdüsen sind pro Bohrung 20 DM anzusetzen.

Pro Injektionsstelle werden ca. 1,3 m^3 Zementsuspension verpreßt,
zuzüglich einem Verlust von ca. 10 %, da das Verpreßmittel im
Bohrloch bis oben aufsteigt. An der Geländeoberfläche auslaufendes
Verpreßmittel muß entsorgt werden (ca. 50 DM/m^3). Es wird angenommen, daß pro Bohrung 50 l zu entsorgen sind.

Erforderliches Material für das Verpressen:

$$\frac{1,3 \ m^3}{0,87 \ m^2} \times 1,1 = 1,65 \ \frac{m^3}{m^2}$$

Die Kosten für die Zement-Suspension betragen ca. 150 DM/m^3. Die
Kolonne besteht aus 4 Mann:

1 Bohrgerätefahrer
1 Mann an der Mischanlage
1 Mann an der Hochdruckpumpenstation
1 Helfer

Der Zeitaufwand pro Ansatzpunkt setzt sich folgendermaßen zusammen:

    Umsetzen, Einrichten des Gerätes: 10 min
    Bohren 1,0 min/m   :   15 min
    Hochdruckinjektion 10 cm/min   :   10 min
    Gestänge ziehen   :   5 min
                                         40 min

$$\text{Aufwandswert: } 0{,}67 \text{ h} \times 4 \times \frac{1}{0{,}87 \text{ m}^2} = 3{,}08 \ \frac{\text{h}}{\text{m}^2}$$

Für die Ermittlung der Energiekosten wird angenommen, daß die in-
stallierte Leistung der gesamten Anlage 350 kW beträgt und der Bedarf an Dieselkraftstoff bei 0,3 l/kWh liegt. Die Anlage ist zu
70 % der Zeit in Betrieb.

Alle Kosten werden pro Quadratmeter Injektionssohle angegeben.
Tafel 9.2 zeigt die Ermittlung der Vorhalte- und Betriebskosten
der Geräte, in Tafel 9.3 sind die Einzelkosten der Teilleistungen
dargestellt.

9.2.5   Sicherheitstechnik

Die wesentlichen sicherheitstechnischen Belange, die beim Verpressen zu beachten sind, sind bereits in Kap. 7.1.6 dargestellt.

Beim Anwenden des Ventilkörperverfahrens, bei dem ein Schutzrohr
in den Boden eingerüttelt wird, sind die UVV "Lärm" [148] und die
UVV "Rammen" [152] zu beachten.

Insbesondere beim Verfahren der Hochdruckinjektion müssen alle Zu-
leitungen und Anschlüsse druckdicht sein, da sonst Beschäftigte
und Passanten gefährdet werden können.

Tafel 9.2 Ermittlung der Vorhalte- und Betriebskosten / m^2 Injektionssohle

Bezeichnung	Neuwert DM	Abschreibung + Verzinsung je Monat %	DM	Reparatur je Monat %	DM	Reparatur je Monat einschl. Lohnfaktor DM
Bagger als Trägergerät	130.000	2,0	2.600,00	1,6	2.080,00	3.134,56
Schnellmischer (1000 l)	15.000	4,3	645,00	3,5	525,00	791,18
Hochdruckpumpenstation	150.000	2,7	4.050,00	1,4	2.100,00	3.164,70
2 Zementschnekken	7.000	2,7	189,00	1,8	126,00	189,88
Stromaggregat (250 kVA)	120.000	2,1	2.520,00	1,4	1.680,00	2.531,76
Kompressor 6m³	49.000	2,7	1.323,00	1,8	882,00	1.329,17
2 Rührwerke (1000 l)	30.000	2,5	750,00	1,4	420,00	632,94
2 Zementwaagen	15.200	3,0	456,00	1,8	273,60	412,32
2 Tauchkörperpumpen (15 kW)	17.400	3,4	591,60	2,3	400,20	603,10
1 Mohnopumpe	3.500	3,2	112,00	1,8	63,00	94,94
1 Kolbenpumpe	11.100	3,2	355,20	1,8	199,80	301,10
1 Doppelinclinometer	25.000	3,3	825,00	2,1	525,00	791,18
1 Laser-Nivelliergerät	15.000	3,3	495,00	2,1	315,00	474,71
1 Aufbereitungsanlage für Bohrspülung	12.000	3,2	384,00	1,8	216,00	325,51
3 Flügelmeißel	1.600	3,8	60,80	2,6	41,60	62,69
1 Düsenhalter	4.000	3,8	152,00	2,6	104,00	156,73
Gerätevorhaltekosten / Monat			**15.508,60**			**14.996,47**

Gerätekosten/m² Sohle	Betriebsstoffe DM/m²	Vorhaltekosten DM/m²
$\dfrac{30.505,07 \text{ DM/Mon}}{175 \text{ h/Mon}} \times 0,67 \text{ h} \times \dfrac{1}{0,87 \text{ m}^2}$		134,24
Betriebsstoffe $350 \text{ kW} \times \dfrac{0,3 \text{ l}}{\text{kWh}} \times 0,67\text{h} \times 0,7 \times \dfrac{1 \text{ DM}}{1} \times \dfrac{1}{0,87\text{m}^2}$	56,60	
Schmierstoffe $0,2 \times 56,60$	11,32	
Summe: **202,16 DM/m²**	**67,92**	**134,24**

Tafel 9.3   Ermittlung der Einzelkosten der Teilleistungen

Ermittlung der Einzelkosten pro m² Injektionssohle	Lohn-stunden h/m²	Lohn DM/m²	Sonstige Kosten DM/m²	Gerät DM/m²
1.Lohn 44,02 DM/h	3,08			
2.Material Bohrspülung $0,015\ \dfrac{m^3}{m} \times 15\ m \times 120\ \dfrac{DM}{m^3} \times \dfrac{1}{0,87\ m^2}$			31,03	
Zementsuspension $1,65\ \dfrac{m^3}{m^2} \times 150\ \dfrac{DM}{m^3}$			247,50	
Entsorgung von Überschuß $0,05\ m^3 \times 50\ \dfrac{DM}{m^3}$			2,50	
Verschleiß von Gestänge und Hoch-druckdüsen			20,00	
3.Geräte				202,16
Summe: 638,77 DM/m²	3,08	135,58	301,03	202,16

9.3   Unterwasserbetonsohlen
9.3.1   Technische Grundlagen

Insbesondere bei schmalen Baugruben (z.B. im U-Bahnbau) und bei Bauwerken des Wasserbaus (Schleusen, Wehre u.ä.) werden als Sohlabdichtungen häufig Unterwasserbetonsohlen verwendet (Bild 9.7)

Nach dem Leerpumpen der Baugrube muß die Unterwasserbetonsohle dem von unten wirkenden Wasserdruck standhalten. Um die Sohle auf-triebssicher auszuführen, gibt es folgende Möglichkeiten (Bild 9.8):

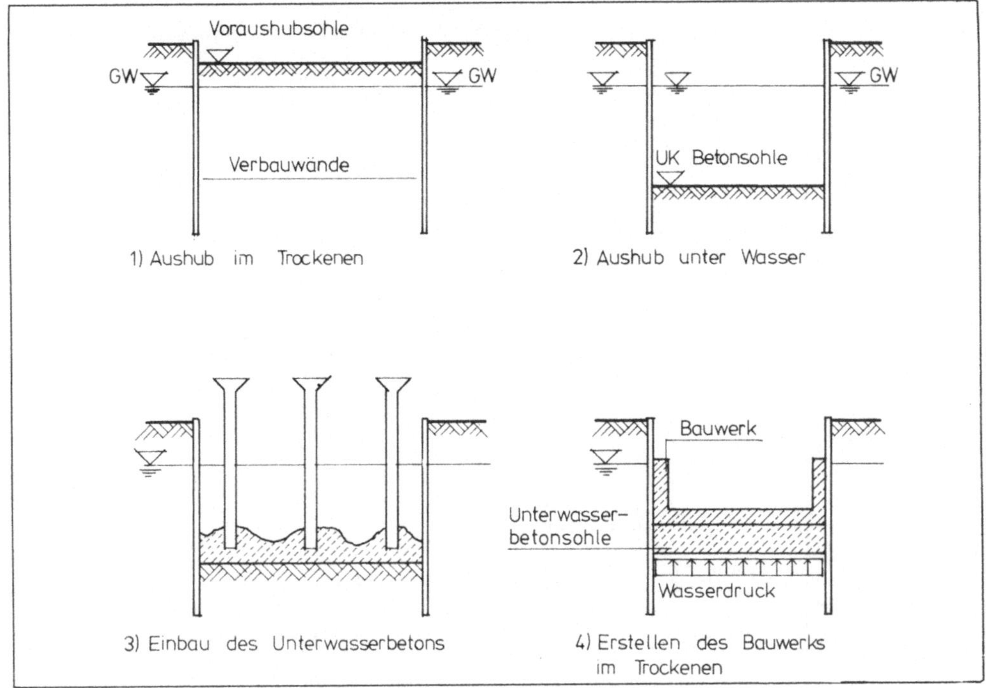

Bild 9.7   Arbeitsablauf bei Unterwasserbetonsohlen

Schwergewichtssohle

Die Sohle ist unbewehrt und wird so dick ausgeführt, daß sie allein durch ihr Eigengewicht den Auftrieb mit einer Sicherheit von 1,1 kompensiert.

Auftriebssicherung über die Baugrubenwände

Die Sohle wird bewehrt und trägt die Auftriebskräfte über die Baugrubenwand ab. Um ein einwandfreies Abtragen der Auftriebskräfte in die Verbauwand zu ermöglichen, sind entweder Aussparungen vorzusehen (bei Schlitz- und Bohrpfahlwänden) oder Stahlknaggen anzuschweißen (bei Spundwänden). Die Aussparungen in Schlitz- bzw. Bohrpfahlwänden entstehen durch Hartschaumplatten, die fest mit dem Bewehrungskorb verbunden sind, und die vor dem Betonieren der Unterwassersohle von Tauchern entfernt werden müssen [122] (Bild 9.9).

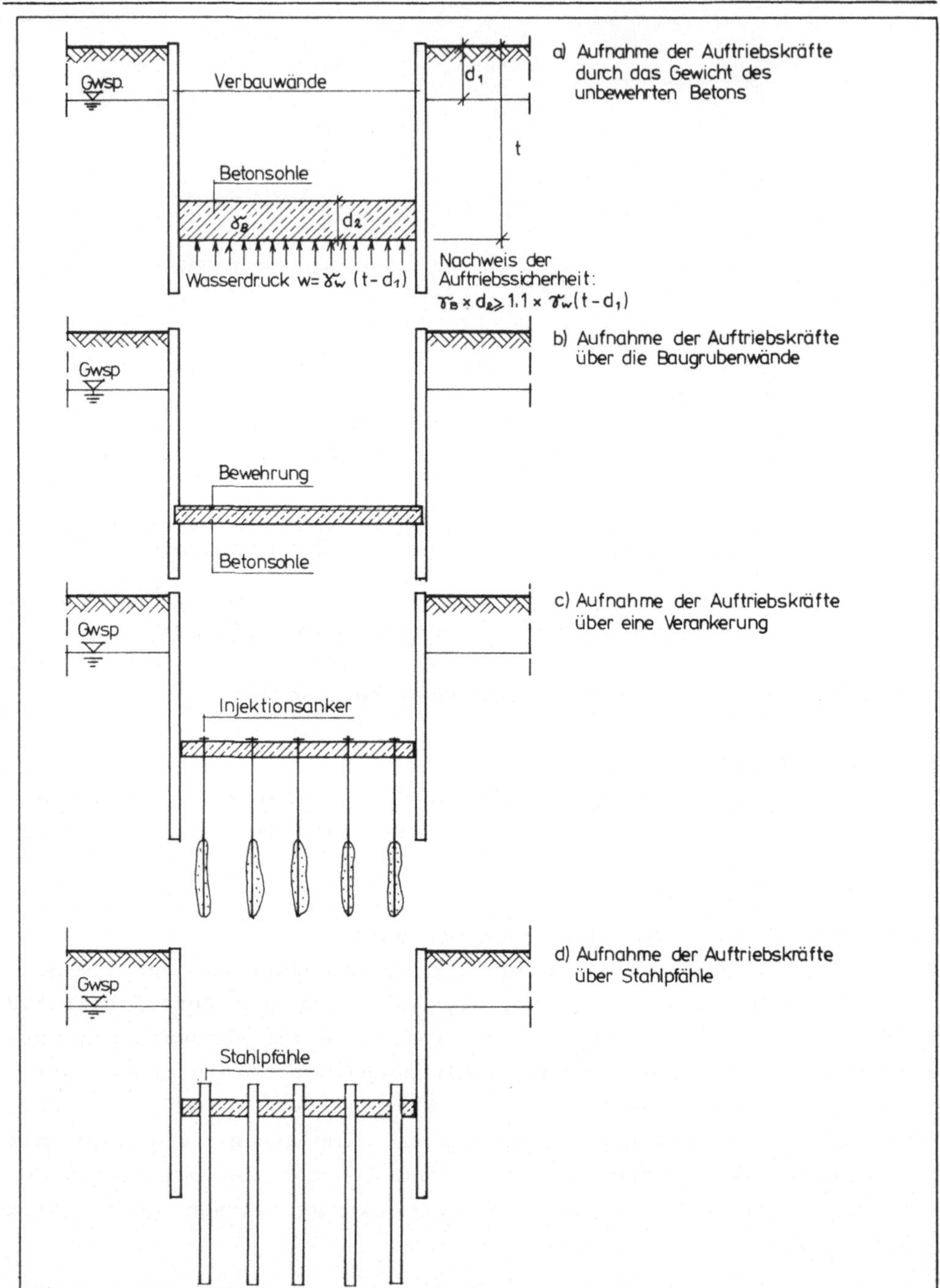

Bild 9.8   Aufnahme der Auftriebskräfte bei Unterwasserbetonsohlen

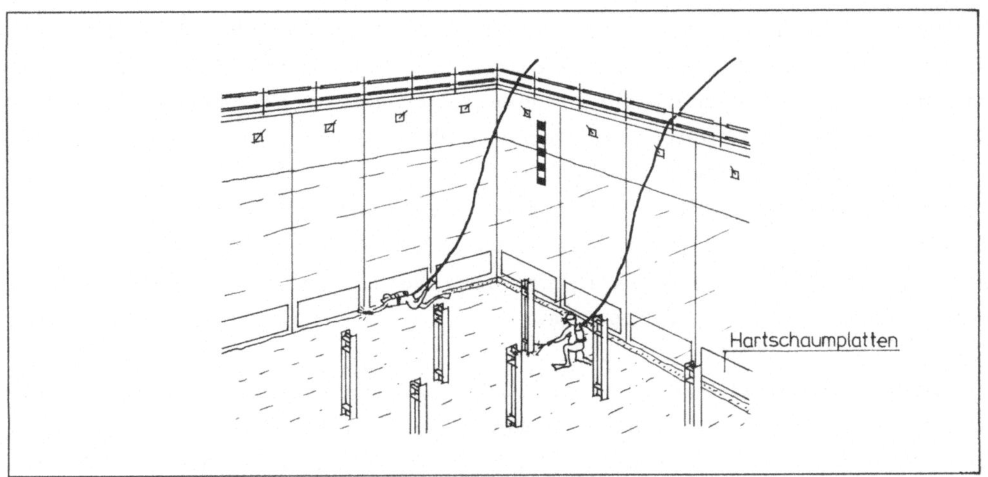

Bild 9.9   Hartschaumplatten   zur   Herstellung   der   Aussparungen
            (nach [157])

Die Baugrubenwände nehmen die Auftriebskräfte über ihr Eigengewicht, die Reibung zwischen Verbau und Boden sowie evtl. vorhandene Erdanker auf.

Auftriebssicherung mit Injektionsankern

Die Betonsohle kann bewehrt oder unbewehrt sein. Die Anker werden
nach dem Betonieren aber vor dem Leerpumpen der Baugrube hergestellt. Für das Montieren der Ankerköpfe und das Vorspannen der
Anker sind Taucher erforderlich.

Auftriebssicherung mit Pfählen

Vor dem Betonieren der Sohle werden Stahl- oder Stahlbetonpfähle
in den Baugrund eingerammt oder eingerüttelt, die in die Unterwasserbetonsohle einbinden. Wegen der relativ großen Pfahlabstände
muß die Betonplatte bewehrt werden.

Die Wahl des Verfahrens hängt im Einzelfall von den Baugrundverhältnissen, der Lage des Grundwasserspiegels, der Größe der Baugrube und vom zu erstellenden Bauwerk ab.

Unbewehrte Sohlen, die nur durch ihr Eigengewicht dem Auftrieb widerstehen, sind ca. 1,0 bis 4,0 m stark und können bei Wasserhöhen bis zu 8 m über der Unterkante der Sohle eingesetzt werden. Wird die erforderliche Dicke noch größer, so ist es wegen des erforderlichen Aushubs, der Betonmengen und der erforderlichen Tieferführung der Umfassungswände meistens günstiger, die Auftriebssicherung den Baugrubenwänden, Ankern oder Pfählen zuzuweisen. Gegen Auftrieb zusätzlich gesicherte Unterwasserbetonsohlen haben Dicken von ca. 1 bis 3 m.

Unterwasserbetonsohlen sind ähnlich wie Injektionssohlen nicht absolut wasserdicht. Beschreibt man ihre Duchlässigkeit mit dem in der Bodenmechanik üblichen k-Wert nach Darcy (was in der Betontechnologie unüblich ist), so ergeben sich Werte von $k = 10^{-8}$ bis 10^{-10} m/s [49].

9.3.2   Erforderliche Stoffe und Materialien

Die Anforderungen an Unterwasserbeton sind in DIN 1045 formuliert:

-    Wasserzementwert   W/Z < 0,6
-    Ausbreitmaß   a = 45 - 50 cm oder Fließbeton
-    Zementgehalt $Z > 350$ kg/m^3 (bei Größtkorn 32 mm)
-    stetige Sieblinie (Bereich A/B)
-    Mehlkorngehalt > 400 kg/m^3 (bei Größtkorn 32 mm).

Der Beton muß beim Einbringen als zusammenhängende Masse fließen, damit er auch ohne Verdichtung ein geschlossenes Gefüge erhält.

Der Zementanteil kann verringert werden, falls Flugasche o.ä. zugegeben wird, ohne daß sich die Eigenschaften des erhärteten Betons unzulässig ändern [130].

Der freie Fall des Betons durch das Wasser muß vermieden werden, damit es nicht zu einer Entmischung kommt. Neben den üblichen Einbringverfahren (Kap. 9.3.3), bei denen der Beton über Schüttrohre oder Leitungen direkt zum Einbauort transportiert wird, gibt es noch Verfahren, bei denen der Beton frei durch das Wasser fällt

(Sibo-Verfahren) oder der Beton vor Ort in zwei Phasen hergestellt
wird. Die erste Phase besteht aus dem Einbringen eines Grobkorngerüstes unter Wasser und die zweite Phase aus dem Verpressen der
Hohlräume mit Zementmörtel.

Beim Sibo-Verfahren fällt der Beton frei durch das Wasser bis zur
Aushubsohle. Der Sibo-Beton (z.B. Hydrocrete [158]) muß auch im
Frischzustand erosionssicher sein, so daß er sich durch sein eigenes Gewicht ausreichend verdichten und eine weitgehend ebene Oberfläche bilden kann. Diese Eigenschaften werden außer durch das
Einhalten der Bedingungen der DIN 1045 durch die Zugabe spezieller
chemischer Additive auf Melaninharzbasis erreicht.

Beim nachträglichen Verpressen eines zuvor eingebrachten Grobkorngerüstes (Colcrete und Prepakt-Verfahren [30]) müssen die verwendeten Mörtel fließfähig sein und dürfen sich nicht rasch absetzen.

Beim Colcrete-Verfahren besteht der Mörtel aus Sand der Körnung
0/2 bis 0/4 mm, Bindemitteln (Zement und anteilig auch Flugasche,
Traß, Bentonit) und Wasser. Damit alle Hohlräume des zu injizierenden Grobgerüstes gefüllt werden, dürfen die größten Zuschläge
des Mörtels höchstens 1/10 des Durchmessers aufweisen, den die
kleinsten Körner des Grobgerüstes haben.

Als Bindemittel werden Zemente HOZ 35 Z oder PZ 35 Z verwendet,
wobei der Zementgehalt je nach Hohlraumgehalt des Gesteinsgerüstes
bei 300 kg/m^3 liegt und damit geringer ist als der nach DIN 1045
geforderte von 350 kg/m^3. Der Vorteil der geringeren Zementmenge
liegt in einem geringeren Schwindmaß. Der Wasserzementwert liegt
bei 0,45 bis 0,6.

Das Prepakt-Verfahren unterscheidet sich vom Colcrete-Verfahren im
wesentlichen durch die Rezeptur des verwendeten Mörtels, der aus
Feinsand der Korngruppenn 0/1 bis 0/3, Zement (mit Zusatz vom Traß
oder Flugasche), Wasser und einem Zusatzmittel (Intrusion Aid) besteht. Das Zusatzmittel wirkt als Verflüssiger und erlaubt es, die
Anmachwassermenge herabzusetzen, was die Schwindneigung des Betons

verringert. Der Erstarrungsbeginn wird verzögert und die Hydrata-
tionstemperaturen steigen langsamer an, außerdem hat es quellende
Wirkung. Diese verzögernden Eigenschaften sind bei umschlossenen
Baugruben von Vorteil, da die Schwindneigung und damit die Rißbildung abnimmt. Der Zementgehalt liegt mit ca. 280 kg/m^3 niedriger
als bei üblichem Unterwasserbeton. Der W/Z-Wert beträgt ca. 0,5,
die Zugabe des Verflüssigers beschränkt sich auf 1 bis 1,2 % des
Zementgewichtes [30].

9.3.3 Geräte und Verfahren

Nach der Art des Einbringens des Betons lassen sich die im
folgenden beschriebenen Verfahren für die Herstellung von
Unterwasserbetonsohlen unterscheiden.

Contractor-Verfahren

Beim Contractor-Verfahren, das 1911 von der schwedischen Firma
Contractor entwickelt wurde, gelangt der Beton über einen
Schüttrichter und Fallrohre zur Einbaustelle (Bild 9.7). Das untere Rohrende des Schüttrohres muß stets im austretenden Beton
stehen, um Ausspülen und Entmischen zu verhindern. Die Rohre haben
einen Durchmesser von 20 bis 30 cm und werden mit dem Ansteigen
des Betons langsam gezogen.

Da der Beton in der Umgebung des Schüttrohres hochgedrückt wird,
entsteht keine glatte Betonoberfläche. Um die Aufwölbungen nicht
zu stark werden zu lassen, werden die Schüttrohrabstände zu ca.
3 - 6 m gewählt, so daß mit einem Schüttrohr in einem Arbeitsgang
maximal eine Fläche von ca. 30 m^2 betoniert werden kann.

Hydroventilverfahren

Eine Variante des Contractorbetonverfahrens ist das Hydroventilverfahren, bei dem der Beton nicht kontinuierlich sondern in
Chargen eingebracht wird. Als Fallrohr dient hierbei ein Schlauch,
der durch den Wasserdruck zusammengedrückt wird und sich erst öffnet, wenn ein ausreichend großer Betonpfropfen vorhanden ist, der
durch sein Eigengewicht den Wasserdruck und die Reibung zwischen
Beton und Schlauchwand überwindet [130, 139].

Am unteren Ende des Schlauchs befindet sich ein starres Rohrende, das nicht in den Beton eintaucht sondern über der Betonsohle hin- und herbewegt wird. Hierbei werden jeweils einzelne Chargen abgesetzt. Ein Vorteil dieses Verfahren besteht darin, daß sehr dünne Betonsohlen hergestellt werden können, was beim Contractor-Verfahren wegen einer Mindesteintauchtiefe des Rohres in den Beton nicht möglich ist.

Pumpverfahren

Der Frischbeton wird bei diesem Verfahren mit üblichen Betonpumpen bis zur Einbaustelle gepumpt [122, 157]. Die Förderleitung muß beim Betonieren immer in den frischen Beton eintauchen, um Entmischung und Auswaschungen zu vermeiden. Damit beim Umsetzen der Leitung kein Beton unkontrolliert herausfällt und sich entmischt, wurden Absperrventile entwickelt, die sich beim Abstellen der Pumpe schließen. Die Förderleitung muß gegebenenfalls unter Wasser von Tauchern geführt werden.

Sibo-Verfahren ("Hydrocrete")

Beim Sibo-Verfahren kann der Beton mehrere Meter frei durchs Wasser fallen,ohne sich zu entmischen. Das wird durch spezielle chemische Additve erreicht. Der übliche Einbau des "Hydrocrete" erfolgt mit Betonpumpen, wobei die Förderleitung nicht in den Beton eintauchen muß.

Mit diesem Verfahren können sehr dünne Betonsohlen hergestellt werden, da keine Mindesteintauchtiefe in den Beton erforderlich ist.

Colcrete-Verfahren, Prepakt-Verfahren

Der Einbau von Unterwasserbeton nach dem Colcrete-Verfahren besteht aus zwei Arbeitsgängen
-       Einbringen eines Grobkorngerüstes (Steinschüttung, Schotter,Kies)
-       Injizieren des Grobkorngerüstes mit einem von unten aufsteigenden Mörtel.

Der Mörtel wird über Injektionsrohre von 35 - 50 mm Durchmesser, die einen Abstand von 1,5 - 2 m haben, verpreßt. Die Rohrenden werden bis an die Unterkante der Schüttung gebracht und beim Verpreßvorgang nach oben gezogen.

Der Mörtel, der bei ca. 1.500 - 2.500 Umdrehungen vorgemischt und in einer zweiten Mischstufe mit Sand versetzt wird, wird unter geringem Druck verpreßt.

Als Vorteile dieses Verfahrens werden in [139] genannt:

-    Das Anbringen der oberen Bewehrung ist auf der Steinschüttung sehr einfach. Bei Pumpbeton, Sibo- und Contrator-Verfahren müssen spezielle Konstruktionen entwickelt werden, mit denen die obere Bewehrung gehalten wird
-    kontinuierliche Arbeitsweise
-    Verwendung grober Zuschlagsstoffe
-    geringer Zementverbrauch
-    geringes Schwindmaß.

Dem stehen als Nachteile gegenüber:
-    geringe Festigkeit
-    größere Porosität, da die Hohlräume evtl. nicht voll ausgefüllt sind
-    relativ teures Verfahren.

Das Prepakt-Verfahren unterscheidet sich vom Colcrete-Verfahren nur durch die Aufbereitung und Zusammensetzung des Mörtels. Die Umdrehungsgeschwindigkeit der Mischer liegt hier nur bei 150 - 200 U/min [31]. Dem Mörtel aus Zement, Sand und Wasser wird ein Zusatzmittel (Intrusion Aid) beigegeben, das als Verflüssiger und Quellmittel wirkt.

9.3.4   Leistung und Kosten

Die Leistung und die Kosten werden im wesentlichen durch die Tiefenlage der Sohle, die Art der Auftriebssicherung und das Betonierverfahren bestimmt.

Als Beispiel soll das Einbringen einer 3 m dicken, unbewehrten Schwergewichtssohle, deren Unterkante 9 m unter Gelände liegt, kalkuliert werden.

Der Beton (130 DM/m^3) wird über 2 angemietete Betonpumpen (je 160 DM/h incl. Fahrer) eingebracht, wobei die durchschnittliche Leistung einer Pumpe unter Berücksichtigung aller Erschwernisse

- hoher Vorbereitungsaufwand
- häufiges Ziehen und Herablassen des Schlauches für das Umsetzen von Feld zu Feld
- hoher Zeitaufwand für die Herstellung einer ebenen Oberfläche
- Hilfsarbeiten für den Tauchereinsatz
- Nachbesserungen

mit 12 m^3/h angenommen werden kann.

Für das Betonieren ist außer einer Mannschaft von 3 Mann eine Tauchmannschaft (3 Mann) erforderlich, die zu einem Stundensatz von 350 DM/h angemietet wird.

Alle Kosten werden pro m^2 Sohle angegeben.

Die erforderliche Zeit zum Herstellen von 1 m^2 Sohle beträgt:

$$\frac{3 \; m^3}{m^2} \; x \; \frac{1}{2 \; x \; 12 \; m^3/h} = 0,125 \; \frac{h}{m^2}$$

der Aufwandswert (ohne Taucher): 0,125 h/m^2 x 3 = 0,38 h/m^2
Tafel 9.4 zeigt die Einzelkosten der Teilleistung

Tafel 9.4   Einzelkosten der Teilleistung

Ermittlung der Einzelkosten der Teilleistungen / m² Unterwasserbetonsohle	Lohn-stunden h/m²	Lohn DM/m²	Sonstige Kosten DM/m²	Gerät DM/m²
1.Lohn 44,02 DM/h Taucher 350 $\frac{DM}{h}$ x 0,125 $\frac{h}{m^2}$	0,38	16,73 43,75		
2.Material Beton $\frac{3\ m^3}{m^2}$ x 130 $\frac{DM}{m^3}$			390,00	
3.Geräte 0,125 $\frac{h}{m^2}$ x 2 x 160 $\frac{DM}{h}$				40,00
Summe: 490,48 DM/m²	0,38	60,48	390,00	40,00

9.3.5   Sicherheitstechnik

Bei der Herstellung von Unterwasserbetonsohlen ist i.a. Tauchereinsatz (z.B. für das Führen von Betonierrohren, Abgleichen der Betonsohle, Anspannen von Zugankern o.ä.) erforderlich. Dabei ist die Unfallverhütungsvorschrift "Taucherarbeiten" (VBG 39 [155]) zu beachten. Wird unter Wasser geschweißt oder geschnitten, gelten die § 36 bis 41 der UVV "Schweißen, Schneiden und verwandte Arbeitsverfahren" [153].

Der Aushub des Bodens unter Wasser und das Einbringen des Betons geschieht bei größeren Baugruben von Schiffen oder Schwimmkröpern aus, die der UVV "Schwimmende Geräte" (VBG 40a) [154] entsprechen müssen. Dazu gehört z.B., daß die schwimmenden Geräte entweder von Land aus durch Laufstege erreichbar oder geeignete Boote in ausreichender Anzahl vorhanden sind.

Nach den "Unfallverhütungsvorschriften der Tiefbau-Berufsgenossenschaft" (VBG 38) [141] sind bei Arbeiten am, auf und im Wasser, bei denen die Gefahr des Ertrinkens besteht, ausreichende Rettungsmittel wie Kähne mit Ruder, Seile, Haken, Rettungsringe und dergleichen an geeigneten Stellen bereitzuhalten. Mit deren Handhabung vertraute Personen müssen in ausreichender Anzahl vorhanden sein.

Literaturverzeichnis

[1] Anonym   Sicheres Entspannen von Verpreßankern
                               Tiefbau-Berufsgenossenschaft (1978)
                               H. 6, S. 389-390

[2] Arbeitsausschuß   Empfehlungen des Arbeitsausschusses
     "Ufereinfassungen"   "Ufereinfassungen", EAU 1985
                               Ernst & Sohn, Berlin, 1985

[3] Arbeitsgruppe   Arbeiten in der Nähe von elektrischen
     "Elektrische Anla-   Freileitungen und Kabeln unter der Erde
     lagen auf Baustel-   Tiefbau-Berufsgenossenschaft (1986)
     len"   H. 1, S. 16-24

[4] Armbruster, H.   Berechnung der hydraulischen Wirkung
                               von Abdichtungen
                               Vortrag im Seminar
                               "Abdichten gegen Sicker- und Grund-
                               wasser"
                               Technische Akademie Esslingen
                               14./15.3.1983

[5] Arz, P.,   Ungewöhnlicher Bodenaustausch für die
     Miller, Ch.   kombinierte Stahlspundwand beim Bau
                               der 650 m langen Kaimauer Reiherstieg-
                               Süd in Hamburg
                               in: Vorträge der Baugrundtagung 1988
                               in Hamburg
                               Herausgegeben von der Deutschen
                               Gesellschaft für Erd- und Grundbau,
                               Essen, 1988

[6] Fa. Bauer   Firmenproskekt "Baugruben"

[7] Fa. Bauer   Firmenprospekt
                               "Baugruben System Bauer Schrobenhausen"

[8] Fa. Bauer   Firmenprospekt "Bodenvernagelung"

[9] Fa. Bauer   Firmenprospekt "Bohrpfähle"

[10] Fa. Bauer   Firmenprospekt "Hochdruckinjektion"

[11] Fa. Bauer   Firmenprospekt "Injektionen"

[12] Fa. Bauer   Firmenprospekt "Injektionsanker"

[13] Bauer, K.   Einsatz der Bauer-Schlitzwandfräse beim
                               Bau der Dichtwand am Brombachspeicher
                               und an der Talsperre Kleine Roth
                               Tiefbau-Berufsgenossenschaft (1985),
                               H. 10, S. 630-632

[14] Baumann, V.   Dichten durch Injektionen
                               in: Dichtungswände und -sohlen
                               Mitteilung des Lehrstuhls für Grundbau
                               und Bodenmechanik der TU Braunschweig,
                               Heft 8, Braunschweig, 1982,

[15] Beckmann, U.   Unterirdisches Bauen
                          Unterlagen für Studium und Praxis
                          Institut für Grundbau und Bodenmechanik
                          der TU Braunschweig
                          Braunschweig, 1986

[16] Behrendt, J.   Verbauarten für tiefe Baugruben
                          Mitteilungen des Haus der Technik, Essen
                          Heft 241, Vulkan-Verlag, Essen, 1970

[17] Beratungsstelle f.   Merkblatt 161, Baugrubensicherung
     Stahlverwendung   Düsseldorf, 1979

[18] Bialas, A.,   Die Baugrube für die Landeszentralbank
     Kessler, H.,   in Hamburg
     Stahlschmidt, H.W.   Bauingenieur (1979), S. 409-414

[19] Bilfinger u.   Firmenprospekt "Spezialtiefbau"
     Berger AG

[20] Boguth, K.   Vibrationsprobleme beim Rammen und Ziehen
                          Tiefbau, Ingenieurbau, Straßenbau (1973)
                          H. 4, S. 345-347

[21] Brackemann, F.   Neue Erfahrungen über Ausbildung und
                          Herstellung von Spundwandbauwerken
                          in: Vorträge Deutsche Baugrundtagung
                          1972 in Stuttgart
                          Deutsche Gesellschaft für Erd- und
                          Grundbau, Essen, 1972

[22] Brandl, H.   Konstruktive Hangsicherungen
                          in: Grundbau-Taschenbuch, Teil 3
                          Ernst & Sohn, Berlin, 1987

[23] Breining, W.   Nachbarschäden und Haftpflichtversicherung
                          in: Mitteilungen des Haus der Technik,
                          Essen,
                          Heft 241, Vulkan Verlag, Essen, 1970

[24] Breth, H.,   Ursachen der Verformung im Boden beim Aus-
     Stroh, D.   hub tiefer Baugruben und konstruktive Mög-
                          lichkeiten zur Verminderung der Verformung
                          von verankerten Baugruben
                          Bauingenieur 51 (1976), S. 81-88

[25] Fa. Brückner   Firmenprospekt "Baugrubensicherungen"

[26] Fa. Brückner   Firmenprospekt "Bohrpfähle"

[27] Fa. Brückner   Firmenprospekt "Injektionsanker"

[28] Fa. Brückner   Firmenprospekt "Schlitzwände"

[29] Brühl, W.Ch.   Das klassische Rammen aus der Sicht
                          von 1978
                          Tiefbau, Ingenieurbau, Straßenbau
                          H. 1, S. 14-22

[30] Brux, G.   Sonderverfahren im Wasserbau
                              Beispiel: Colcrete- u. Prepakt-Beton
                              Beton (1976), H. 4, S. 123-127

[31] Buch, A.   Das Prepakt-Verfahren und seine Anwendung
     Urban, J.   für Unterwasser- und Einpreßbeton
                              Beton- und Stahlbetonbau (1964)
                              H. 7, S. 153-158

[32] Büttner, J.H.   Herstellung von Injektionssohlen zur
                              Abdichtung von Baugruben
                              Tiefbau, Ingenieurbau, Straßenbau (1973)
                              H. 5, S. 450-453

[33] Büttner, J.H.   Neue Technik zur Herstellung dünner
                              Injektionssohlen
                              Die Bautechnik (1974)
                              H. 2, S. 62-65

[34] Bundesminister   Zusätzliche Technische Vorschriften
     für Verkehr (Hg)   für Kunstbauten
                              Ausgabe 1980 (ZTV-K 80)
                              Verkehrsblatt-Verlag, Dortmund, 1980

[35] Deutsche Gesell-   Empfehlungen des Arbeitskreises
     schaft f. Erd- und   "Baugruben" der Deutschen Gesellschaft
     Grundbau (Hg)   für Erd- und Grundbau e.V., 2. Aufl.
                              Ernst & Sohn, Berlin, 1988

[36] Deutsche Gesell-   Empfehlungen für den Bau und die
     schaft f. Erd- und   Sicherung von Böschungen
     Grundbau (Hg)   Die Bautechnik (1962)
                              H. 12, S. 404-415

[37] Deutsches Institut   DIN-Taschenbuch 113
     für Normung (Hg)   Erkundung und Untersuchung des Bau-
                              grundes
                              Beuth-Verlag GmbH, Berlin, 1984

[38] Donel, M.   Bodeninjektionstechnik
                              Umdruck zur Vorlesung
                              Universität Essen GHS
                              Essen, 1981

[39] Drees, G.,   Kalkulation von Baupreisen, 2. Aufl.
     Bahner, A.   Bauverlag, Wiesbaden, 1987

[40] Drees, G.,   Aufwandstafeln von Lohn- und Geräte-
     Kurz, Th.   stunden im Ingenieurbau
                              Bauverlag, Wiesbaden, 1979

[41] Drees, G.,   Ingenieurbauwerke - Leistungsmengen
     Kurz, Th.   und Aufwandswerte ausgeführter
                              Objekte
                              Bauverlag, Wiesbaden, 1982

[42] Drees, G.,   Baumaschinen für Bauingenieure
     Link, R.   1. Aufl., Werner Verlag,
                          Düsseldorf, 1969

[43] Duda, H.,   Stadtbahn Dortmund - Baulos 9/B1
     Hepke, F.   Tiefbau-Berufsgenossenschaft (1983),
                          H. 7, S. 484-496

[44] Ehl, G.   Gezieltes Nachverpressen zur Erhöhung der
                          Tragfähigkeit von Verpreßankern in bindi-
                          gen Böden
                          Bautechnik (1986), H. 8, S. 278-282

[45] Engelhardt, K.,   Injektionen als Hilfsmaßnahme zum Auffah-
     Tausch, N.   ren eines Tunnels unter Druckluft mit
                          der NÖT in rolligem Baugrund
                          in: Vorträge der Baugrundtagung 1982
                          Herausgegeben von der Deutschen
                          Gesellschaft für Erd- und Grundbau,
                          Essen, 1982

[46] Englert, K.,   Rechtsfragen zum Baugrund
     Bauer, K.   (Baurechtliche Schriften, Band 5)
                          1. Aufl., Werner Verlag,
                          Düsseldorf, 1986

[47] Fischer, J.   Schlitzwände, wasserdicht und richtungs-
                          genau?
                          Vortrag auf dem Seminar "Der Einsatz
                          von Bentonit im Spezialtiefbau"
                          der Fa. Erbslöh & Co. vom 20.7.1980
                          (unveröffentlicht)

[48] Forschungsinstitut   Richtlinien für die Herstellung und
     der Zementindu-   Verarbeitung von Fließbeton
     strie (Hg)   Beton (1974), H. 9, S.342-344

[49] Freese, D.,   Neuartige Betone für den Wasserbau
     Höfig, W.,   Beton 28 (1978), H. 6, S. 205-208
     Grotkopp, U.

[50] Fa. Fundamenta   Zulassungsbescheid
                          Fundamenta-Verpreßanker für vorüber-
                          gehende Zwecke

[51] Gönner, D.   Erprobung eines Schutzhelmes für
                          Spritzbetonarbeiten
                          Tiefbau-Berufsgenossenschaft (1985)
                          H. 6, S. 377-378

[52] Gudehus, G.   Erddruckermittlung
                          Grundbau-Taschenbuch Teil 1
                          3. Aufl., Ernst & Sohn, Berlin, 1980

[53] Haack, A.,   Abdichtungen
     Emig, K.-F.   Grundbau-Taschenbuch Teil 1
                          3. Aufl., Ernst & Sohn, Berlin 1980

[54] Haffen, M.   Behandlung kohäsionsloser Böden mit kol-
                              loidalen und flüssigen Injektionsgütern
                              Vorträge der Baugrundtagung 1964
                              Herausgegeben von der Deutschen
                              Gesellschaft für Erd- und Grundbau,
                              Essen, 1965

[55] Hauptverband der   BGL-Baugeräteliste 1981
     Deutschen Bauindu-   Technisch-wirtschaftliche Baumaschinen-
     strie e.V. (Hg)   daten
                              Bauverlag, Wiebaden, 1981

[56] Hauptverband der   Tarifsammlung für die Bauwirtschaft 88/89
     Deutschen Bauindu-   Elsner-Verlag, Darmstadt, 1988
     strie e.V. (Hg)

[57] Heermann, Chr.   Bohrarbeiten im Tiefbau
                              - sicherheitstechnisch betrachtet
                              Tiefbau-Berufsgenossenschaft (1977)
                              H. 10, S. 668-685

[58] Heermann, Chr.   Unfälle an Ankerbohrmaschinen
                              Tiefbau-Berufsgenossenschaft (1984)
                              H. 5, S. 312-314

[59] Hemschemeier, F.   Fertigteil-Schlitzwände im Kölner
                              U-Bahn-Bau
                              Tiefbau-Berufsgenossenschaft (1980)
                              H. 8, S. 650-655

[60] Henke, K.F.   Aktuelle Methoden im städtischen Tiefbau
                              - Baugrubenumschließungen
                              Schweizerische Bauzeitung 85 (1967)
                              H. 50, S. 905-912

[61] Herde, H.   Die Baugrube - juristisch betrachtet
                              Bauwirtschaft (1978)
                              H. 23, S. 959-961

[62] HOESCH   Spundwand-Handbuch Berechnung
                              HOESCH AG, Dortmund 1986

[63] Ph. Holzmann AG   Der Bau des Tunnels Rheinuferstraße in
                              Köln
                              Tiefbau-Berufsgenossenschaft (1984)
                              H. 10, S. 614-623

[64] Ph. Holzmann AG   Hafen Richards Bay in Südafrika
                              Technischer Bericht September 1977

[65] Ph. Holzmann AG   Hochhaus Senckenberganlage in
                              Frankfurt am Main
                              Technischer Bericht September 1976

[66] Fa. Jaeschke   Firmenprospekt "Bohrpressen System
     u. Preuss   Klammt"

[67] Jelinek, R.,   Verankerungen von Baugrubenum-
     Ostermayer, H.   schließungen
                          Vorträge der Baugrundtagung in München
                          1966
                          Herausgegeben von der Deutschen Gesell-
                          schaft für Erd- und Grundbau, Essen, 1966

[68] Jelinek, R.,   Verpreßanker in Böden
     Ostermayer, H.   Bauingenieur 51 (1976), S. 109-118

[69] Jessberger, H.L.   Bodenverfestigung durch Einpressung
                          und Vereisung
                          Grundbau-Taschenbuch Teil 2
                          3. Aufl., Ernst & Sohn, Berlin, 1982

[70] Karstedt, J.   Schadensursachen bei Schlitzwandarbeiten
                          Tiefbau, Ingenieurbau, Straßenbau (1980)
                          H. 8, S. 688-691

[71] Karstedt, J.,   Standsicherheitsprobleme bei der
     Ruppert, F.-R.   Schlitzwandbauweise
                          Baumaschine und Bautechnik (1980)
                          H. 5, S. 327-334

[72] GKN Keller   Firmenprospekt "Injektionen"

[73] GKN Keller   Firmenprospekt "Soilcrete Jet Grouting"

[74] Kirchknopf, A.   Die Baugrubenumschließung für den Bau
                          des neuen Funkhauses in München
                          Beton- und Stahlbetonbau 54 (1959)
                          H. 11, S. 257-263

[75] Kirsch, K.   Abdichtung mittels Injektionen
                          Tiefbau, Ingenieurbau, Straßenbau (1982)
                          H. 5, S. 275-282

[76] Kirsch, K.,   Injektionsverfahren zur Baugrundver-
     Samol, H.   besserung
                          Tiefbau (1978), H. 12, S. 919-925

[77] Klöckner, W.,   Grundbau
     Arz, P.,   in: Betonkalender 1987 Teil II
     Schmidt, H.G.,   Ernst & Sohn, Berlin, 1987
     Ziese, H.

[78] Knaupe, W.   Baugrubensicherung und Wasserhaltung
                          VEB Verlag für Bauwesen, Berlin, 1979

[79] Kotte, G.   Bodenstabilisierung und Abdichtung
                          durch Vereisung
                          Tiefbau, Ingenieurbau, Straßenbau (1985)
                          H. 6, S. 325-332

[80] Krause, Th.   Bodenverfestigung durch Injektionen
                          Grundbau und Bodenmechanik IV
                          Studienunterlagen zum Vertiefungsstudium
                          Institut f. Grundbau und Bodenmechanik
                          der TU Braunschweig, Braunschweig, 1984

[81] Krüger, D.   Schutzeinrichtungen an Ankerbohrgeräten
                              Tiefbau-Berufsgenossenschaft (1988)
                              H. 8, S. 588

[82] Krupp   Arbed Spundwand-Programm 1987

[83] Krupp   Firmenprospekt KRUPP Bautechnik

[84] Krupp   Firmenprospekt "Müller Spundwandpresse
                              MS-1500 P"

[85] Krupp   Firmenprospekt "Müller Teleskopmäkler"

[86] Krupp   Firmenprospekt "Müller Vibratoren"

[87] Lauinger, K.   Erdstatische Probleme und besondere kon-
                              struktive Maßnahmen bei großen und tiefen
                              Baugruben
                              Tiefbau-Berufsgenossenschaft (1976)
                              H. 2, S. 66-79

[88] Lehmann, G.   Untersuchungen an Grundwasserversickerun-
                              gen beim Bau der U-Bahn Köln
                              Tiefbau, Ingenieurbau, Straßenbau (1980)
                              H. 1, S. 9-14

[89] Loers, G.,   Die Schlitzwandbauweise für große und
     Pause, H.   tiefe Baugruben in Städten
                              Bauingenieur 51 (1976), S. 41-58

[90] Loers, G.   Neue Erkenntnisse bei der Herstellung und
                              Ausbildung von Schlitzwänden
                              Tiefbau, Ingenieurbau, Straßenbau (1973)
                              H. 5, S. 445-449

[91] Mahling, S.   Ist Rammen mit Dieselbären noch zeitgemäß?
                              Tiefbau-Berufsgenossenschaft (1980)
                              H. 5, S. 404-417

[92] Maidl, B.   Verfahren und Geräte zur Herstellung von
     Stein, D.   Injektionen im Lockergestein
     Kubicki, K.   Taschenbuch für den Tunnelbau 1983
                              Glückauf Verlag, Essen, 1982

[93] Martin, K.   Entwicklung der Pfahlwandtechnik
                              in: Vortragsband zum Symposium
                              Stand von Normung, Bemessung und Ausfüh-
                              rung von Pfählen und Pfahlwänden,
                              München 1977
                              Herausgegeben von der Deutschen Gesell-
                              schaft für Erd- und Grundbau, Essen, 1977

[94] Mayer   Bauer Spezialtiefbau präsentiert die
                              Sicherheitsschaltleiste
                              Tiefbau-Berufsgenossenschaft (1988)
                              H. 8, S. 589

[95] Meseck H.   Abdichtungsverfahren
     Schnell, W.   Vortrag im Seminar "Abdichten gegen Sik-
                        ker- und Grundwasser"
                        Techn. Akademie Eßlingen, 14./15.03.1983

[96] Meseck, H.   Dichtwände - Historischer Überblick und
                        Stand der Technik
                        in: Dichtwände und Dichtsohlen
                        Mitteilungen des Instituts für Grundbau
                        und Bodenmechanik der TU Braunschweig
                        Heft 23, Eigenverlag, Braunschweig, 1987

[97] Meseck, H.   Verfahren zur Abdichtung gegen und zum
                        Schutz des Grundwassers durch mineralische
                        Stoffe
                        in: Dichtungswände und -sohlen
                        Mitteilungen des Lehrstuhls für Grundbau
                        und Bodenmechanik der TU Braunschweig
                        Heft 8, Eigenverlag, Braunschweig, 1982

[98] Muhs, H.   Baugrunduntersuchungen im Feld
                        Grundbau-Taschenbuch Teil 1, 3. Aufl.
                        Ernst & Sohn, Berlin, 1980

[99] Nendza, H.   Bodenverformung beim Aushub tiefer Bau-
     Klein, K.   gruben
                        Mitteilungen des Haus der Technik, Essen
                        Heft 241, Vulkan Verlag, Essen, 1970

[100] Neunert, B.   Erkenntnisse und Folgerungen aus der bis-
                        herigen Anwendung des Gefrierverfahrens
                        im Tiefbau
                        Schriftenreihe Forschung + Praxis,
                        U-Verkehr und unterirdisches Bauen
                        Bamd 12 , Moderner Tunnelbau,
                        Alba Buchverlag, Düsseldorf, 1972

[101] Ostermayer, H.   Verpreßanker
                        Grundbau-Taschenbuch Teil 2, 3. Aufl.
                        Ernst & Sohn, Berlin, 1982

[102] Otta L.   Verankerte Elementwände in Graubünden
                        Straße und Verkehr, 1973,
                        H. 12, S. 672-677

[103] Pause, H.   Umweltfreundliches Bauverfahren für tiefe
                        Baugruben in Städten
                        Tiefbau-Berufsgenossenschaft (1983)
                        H. 10, S. 678-684

[104] Plümecke, K.

Preisermittlung für Bauarbeiten
22. Aufl., Verlagsgesellschaft R. Müller,
Köln, 1989

[105] Poremba, M.

Stand der Injektionstechnik bei der Herstellung chemischer Bodenverfestigungen
Vorträge der Baugrundtagung Nürnberg, 1976
Herausgegeben von der Deutschen Gesell-
schaft für Erd- und Grundbau, Essen, 1977

[106] Pusch, W.
Röhm, W.

Standsicherheit unverbauter Erdwände
(Böschungen)
Tiefbau-Berufsgenossenschaft (1987)
H. 3, S. 148-151

[107] Radomski, H.,
Mayer, G.

Auftriebssicherung durch Sohlverankerung
Geotechnik (1982), H. 2, S. 61-66

[108] Range, R.

Methoden der Baugrubenumschließungen
Baumaschine und Bautechnik (1985),
H. 7/8, S. 273-281

[109] Ranke, A.,
Ostermayer, H.

Beitrag zur Stabilitätsuntersuchung mehrfach verankerter Baugrubenumschließungen
Bautechnik 10 (1968), H. 10, S. 341-350

[110] Rieger, W.

Arbeitsraumbreiten in Baugruben und Gräben
Tiefbau-Berufsgenossenschaft (1985),
H. 7, S. 452-457

[111] Rottmüller, H.

Rechtliche Fragen bei der Herstellung tie-
fer Baugruben
Mitteilungen des Haus der Technik, Essen,
Heft 241, Vulkan-Verlag, Essen, 1970

[112] Rübener, R.H.,
Stiegler, W.

Einführung in Theorie und Praxis der
Grundbautechnik Teil 2
Werner-Ingenieur-Texte 50
Düsseldorf, 1981

[113] Rübener, R.H.,
Stiegler, W.

Einführung in Theorie und Praxis der
Grundbautechnik Teil 3
Werner-Ingenieur-Texte 67
Düsseldorf, 1982

[114] Rübener, R.H.

Grundbautechnik für Architekten
Werner-Verlag, Düsseldorf, 1985

[115] Ruppert, F.R.,
Meseck, H.

Schlitzwandtechnologie
Beton-Informationen
Herausgeber: Montanzement Marketing GmbH
Beton-Verlag, H. 2, 1981

[116] Schenck, W.   Rammen und Ziehen
                          Grundbau-Taschenbuch 3. Aufl.
                          Ernst & Sohn, Berlin, 1982

[117] Scheuch, H.   Hydrofräse
                          Bautechnik (1987), H. 4, S. 137-139

[118] Schiffer, W.   Gefrierverfahren als Bauhilfsmaßnahme
                          im Tunnelbau am Beispiel des Loses 12
                          der S-Bahn Stuttgart
                          Schriftenreihe Forschung + Praxis,
                          U-Verkehr und unterirdisches Bauen
                          Band 19, Moderne U-Verkehrs- und
                          Tunnelbautechnik
                          Alba-Buchverlag, Düsseldorf, 1976

[119] Schnell, W.   Grundbau und Bodenmechanik I-III
                          Textbuch am Institut für Grundbau und
                          Bodenmechanik, Technische Universität
                          Braunschweig,
                          Eigenverlag, Braunschweig, 1987

[120] Schnell, W.   Spannungen und Verformungen bei Fange-
                          dämmen
                          Mitteilungen des Lehrstuhls für Grundbau
                          und Bodenmechanik, Technische Universität
                          Braunschweig, Heft Nr. 79-3,
                          Eigenverlag, Braunschweig, 1979

[121] Schnell, W.   Wasser - Wichtigste Schadensursache im
                          Grundbau
                          Mitteilungen des Instituts für Grundbau
                          und Bodenmechanik, Technische Universität
                          Braunschweig, Heft Nr. 13
                          Eigenverlag, Braunschweig, 1984

[122] Schnieder-   Bewehrter Unterwasserbeton
      mann, K.H.   - Erstellung wasserdichter Baugruben
                          Schriftenreihe Forschung + Praxis,
                          U-Verkehr und Unterirdisches Bauen,
                          Band 21
                          Alba Buchverlag, Düsseldorf, 1977

[123] Schreyer, J.   Stand der Spritzbetontechnik
                          Tiefbau-Berufsgenossenschaft 1987
                          H. 12, S. 794-800

[124] Schultze, E.,   Bodenuntersuchungen für Ingenieurbauten
      Muhs, H.   Springer-Verlag, Berlin, 1967

[125] Schulz, R.   Sicheres Einschalen, Bewehren, Betonieren
                          und Ausschalen
                          Tiefbau-Berufsgenossenschaft (1988)
                          H. 5, S. 360-366

[126] Schurr, E.,   Aufgelöste Elementwand beim Stadtbahnbau
      Babendererde, S.,   in Stuttgart
      Waninger, K.   Bauingenieur 53 (1978), S. 299-303

[127] Seeling, R.   Arbeitsvorbereitung zur Herstellung großer
                              Baugruben, Teil 2
                              Baumaschine und Bautechnik (1977),
                              H. 6, S. 396-405

[128] Simmer, K.   Grundbau 1, 18. Aufl.,
                              Teubner-Verlag, Stuttgart, 1985

[129] Simmer, K.   Grundbau 2, 16. Aufl.,
                              Teubner-Verlag, Stuttgart, 1985

[130] Simons, K.,   Verfahrenstechnik im Ortbetonbau
      Kolbe, P.   Teubner-Verlag, Stuttgart, 1987

[131] Simons, K.,   Herstellung von Geländeeinschnitten und
      Toepfer, A.C.   Böschungen
                              Grundbau-Taschenbuch, Teil 3
                              Ernst & Sohn, Berlin, 1987

[132] Smoltczyk, U.   Sparverbau für Baugruben in halbfestem Ton
                              Geotechnik (1981), H. 2, S. 59-65

[133] v. Soos, P.   Eigenschaften von Boden und Fels;
                              ihre Ermittlung im Labor
                              Grundbau-Taschenbuch Teil 1
                              3. Aufl., Ernst & Sohn, Berlin, 1980

[134] Straub, H.   Die Geschichte der Bauingenieurkunst
                              3. Aufl.
                              Birkhäuser Verlag, Basel, 1975

[135] Fa. Stump   Zulassungsbescheid für Stump-Duplex Anker

[136] Targatsch, P.   Verrohrungsmaschinen und Drehbohrgeräte
                              zur Herstellung von Bohrpfahlwänden
                              Baumaschine und Bautechnik (1985)
                              H. 7/8, S. 282-284

[137] Tausch, N.   Baustoffe für Horizontalabdichtungen
                              insbesondere für Injektionen
                              Vortrag gehalten auf dem Seminar
                              Abdichten gegen Sicker- und Grundwasser
                              in Eßlingen am 15.03.1983

[138] Tausch, N.,   Herstellung von Sohldichtungen mittels
      Poremba, H.   Weichgelinjektionen
                              Geotechnik (1979), H. 4, S. 187-195

[139] Tegelaar, R.   Unterwasserbeton
                              Beton 28 (1978), H. 1, S. 11-14

[140] Theiner, J.   Rammen und Ziehen -
                              Geräte und Hilfsmittel
                              Tiefbau, Ingenieurbau, Straßenbau (1987)
                              H. 1, S. 19-26

[141] Tiefbau-Berufsge-   Unfallverhütungsvorschriften der Tief-
      nossenschaft (Hg)   bau-Berufsgenossenschaft (VBG 38),
                              München, 1986

[142] Tiefbau-Berufsge-   Unfallverhütungsvorschrift "Allgemeine
      nossenschaft (Hg)   Vorschriften" (VBG 1), München, 1987

[143] Tiefbau-Berufsge-   Unfallverhütungsvorschrift "Bauarbeiten"
      nossenschaft (Hg)   (VBG 37), München, 1977

[144] Tiefbau-Berufsge-   Unfallverhütungsvorschrift "Erdbaumaschi-
      nossenschaft (Hg)   nen (VBG 40), München, 1976

[145] Tiefbau-Berufsge-   Unfallverhütungsvorschrift "Gesundheitsge-
      nossenschaft (Hg)   fährlicher mineralischer Staub" (VBG 119),
                             München, 1988

[146] Tiefbau-Berufsge-   Unfallverhütungsvorschrift "Kraftbetriebe-
      nossenschaft (Hg)   ne Arbeitsmittel" (VBG 5), München, 1987

[147] Tiefbau-Berufsge-   Unfallverhütungsvorschrift "Krane"
      nossenschaft (Hg)   (VBG 9), München, 1983

[148] Tiefbau-Berufsge-   Unfallverhütungsvorschrift "Lärm"
      nossenschaft (Hg)   (VBG 121), München, 1985

[149] Tiefbau-Berufsge-   Unfallverhütungsvorschrift "Lastenaufnah-
      nossenschaft (Hg)   meeinrichtungen im Hebezeugbetrieb"
                             (VBG 9a), München, 1979

[150] Tiefbau-Berufsge-   Unfallverhütungsvorschrift "Leitern und
      nossenschaft (Hg)   Tritte" (VBG 74), München, 1980

[151] Tiefbau-Berufsge-   Unfallverhütungsvorschrift "Maschinen und
      nossenschaft (Hg)   Anlagen zur Be- und Verarbeitung von Holz
                             und ähnlichen Werkstoffen" (VBG 7j),
                             München, 1982

[152] Tiefbau-Berufsge-   Unfallverhütungsvorschrift "Rammen"
      nossenschaft (Hg)   (VBG 41), München, 1980

[153] Tiefbau-Berufsge-   Unfallverhütungsvorschrift "Schweißen,
      nossenschaft (Hg)   Schneiden und verwandte Arbeitsverfahren"
                             (VBG 15), München, 1978

[154] Tiefbau-Berufsge-   Unfallverhütungsvorschrift "Schwimmende
      nossenschaft (Hg)   Geräte" (VBG 40a), München, 1985

[155] Tiefbau-Berufsge-   Unfallverhütungsvorschrift "Taucher-
      nossenschaft (Hg)   arbeiten" (VBG 39), München, 1979

[156] Tiefbau-Berufsge-   Sicherheitsregeln für Arbeiten in
      nossenschaft (Hg)   Bohrungen
                             Tiefbau-Berufsgenossenschaft (1986),
                             H. 11, S. 757-760

[157] Tredopp, R.,   Konstruktion und Ausführung der Tiefgarage
      Rückel, H.   Rheingarten in Köln
                             Tiefbau-Berufsgenossenschaft (1982),
                             H. 3, S. 130-139

[158] Trentmann, J.   Unterwasserbeton für sicheres Bauen
                               Tiefbau, Ingenieurbau, Straßenbau (1987)
                               H. 6, S. 359-362

[159] U-Bahn-Referat   U-Bahn-Linie 8/1
      der Landeshaupt-   München, 1980
      stadt München (Hg)

[160] Veder, C.   Einige Ursachen von Mißerfolgen bei der
                              Herstellung von Schlitzwänden und Vor-
                              schläge zu ihrer Vermeidung
                              Bauingenieur 56 (1981), S. 299-305

[161] Verhoefen, J.   Große Baugruben im offenen Wasser
                              Tiefbau, Ingenieurbau, Straßenbau (1982)
                              H. 6, S. 350-360

[162] Voth, B.   Tiefbaupraxis, 2. Aufl.
                              Bauverlag, Wiesbaden, 1984

[163] Waninger, K.   Erdverlegte Leitungen -
                              Schäden und Schutzmaßnahmen
                              Tiefbau-Berufsgenossenschaft (1987),
                              H. 3, S. 152-162

[164] Weiler, A.,   Anwendung der Lückenvereisung im Stadt-
      Willert, L.   bahnbau bei Kiessandböden mit hohen
                              Filtergeschwindigkeiten des Grundwassers
                              Schriftenreihe Forschung + Praxis, U-Ver-
                              kehr und Unterirdisches Bauen, Band 23
                              Alba Buchverlag, Düsseldorf, 1979

[165] Weiler, A.   Erfahrungen mit der Baugrundvereisung am
                             Beispiel der Duisburger Bauweise
                             Die Bautechnik 56 (1979), H. 6, S. 181-187

[166] Weiß, F.,   Schlitzwände als Trag- und Dichtungswände
      Winter, K.   Band 1, Erläuterungen zu den Schlitzwand-
                             normen DIN 4126, DIN 4127, DIN 18 313,
                             Bauverlag, Wiesbaden, 1985

[167] Weißenbach, A.   Baugruben Teil I
                             Konstruktion und Bauausführung
                             Ernst & Sohn, Berlin, 1975

[168] Weißenbach, A.   Baugruben Teil II
                             Berechnungsgrundlagen
                             Ernst & Sohn, Berlin, 1985

[169] Weißenbach, A.   Baugrubensicherung
                             Grundbau-Taschenbuch Teil 2, 3. Aufl.
                             Ernst & Sohn, Berlin, 1982

[170] Wieczorek, H.,   Bodengefrierung in Verbindung mit
      Weiler, A.,   Schlitzwänden als Baugrubenumschließung
      Herzog, M.   beim Bau der Stadtbahn in Duisburg am
                             Beispiel des Bauloses 5 B/4
                             Tiefbau-Berufsgenossenschaft (1978),
                             H. 10, S. 646-653

[171] Winter, K.   Städtische Untergrund-Verkehrsbauten
                             Teil I: Baugruben-Konstruktionen
                             Bauingenieur-Praxis Heft 114
                             Ernst & Sohn, Berlin, 1967

[172] Wolff, F.,   8 m hohe Unterfangung im bindigen Boden
      Ostermayer, H.   durch mehrfach verankerte Soilcretewand
                             Tiefbau, Ingenieurbau, Straßenbau (1986),
                             H. 6, S. 328–332

[173] Fa. Züblin   Firmenprospekt "Schlitzwandherstellung mit
                             der Hydrofräse"

[174] Fa. Züblin   Firmenprospekt "Spezialtiefbau"

Normenverzeichnis (Stand 01.07.1989)

DIN-Nr.	Ausgabe-Datum	Titel
1045	07.88	Beton und Stahlbeton; Bemessung und Ausführung
1054	11.76	Baugrund; Zulässige Belastung des Baugrunds
1055 T2	02.76	Lastannahme für Bauten; Bodenkenngrößen, Wichte, Reibungswinkel, Kohäsion, Wandreibungswinkel
E 4014	02.87	Bohrpfähle, Herstellung, Bemessung und Tragverhalten
4014 T1	08.85	Bohrpfähle herkömmlicher Bauart; Herstellung Bemessung und zulässige Belastung
V 4014 T2	09.77	Bohrpfähle; Großbohrpfähle, Herstellung, Bemessung und zulässige Belastung
E 4021	03.88	Baugrund; Aufschluß durch Schürfe, Bohrungen und Entnahme von Proben
4022	09.87	Baugrund und Grundwasser, Benennen und Beschreiben von Boden und Fels
4026	08.75	Rammpfähle; Herstellung, Bemessung und zulässige Belastung
4030	11.69	Beurteilung betonangreifender Wässer, Böden und Gase
4084	07.81	Baugrund, Gelände- und Böschungsbruchberechnungen
4085	02.87	Baugrund; Berechnung des Erddrucks, Berechnungsgrundlagen
4093	09.87	Baugrund; Einpressen in den Untergrund; Planung, Ausführung, Prüfung
E 4095	06.87	Baugrund; Dränung des Untergrunds zum Schutz von baulichen Anlagen, Planung und Ausführung
4095	12.73	Baugrund; Dränung des Untergrunds zum Schutz von baulichen Anlagen, Planung und Ausführung
4123	05.72	Gebäudesicherung im Bereich von Ausschachtungen, Gründungen und Unterfangungen
4124	08.81	Baugruben und Gräben; Böschungen, Arbeitsraumbreiten, Verbau
4125 T1	03.88	Verpreßanker; Kurzzeitanker; Bemessung, Ausführung und Prüfung
4125 T2	02.76	Erd- und Felsanker; Verpreßanker für dauernde Verankerungen (Daueranker) im Lockergestein; Bemessung, Ausführung und Prüfung
4126	08.86	Ortbeton-Schlitzwände; Konstruktion und Ausführung
4127	08.86	Erd- und Grundbau; Schlitzwandtone für stützendes Flüssigkeiten; Anforderungen, Prüfverfahren, Lieferung, Güteüberwachung
4128	04.83	Verpreßpfähle (Ortbeton- und Verbundpfähle) mit kleinem Durchmesser, Herstellung, Bemessung und zulässige Belastung
18 196	10.88	Erd- und Grundbau; Bodenklassifikation für bautechnische Zwecke
18 551	07.79	Spritzbeton; Herstellung und Prüfung

DIN-Nr.	Ausgabe-Datum	Titel
18 300	09.88	Erdarbeiten
18 301	09.88	Bohrarbeiten
18 302	09.88	Brunnenbauarbeiten
18 303	09.88	Verbauarbeiten
18 304	09.88	Rammarbeiten
18 305	09.88	Wasserhaltungsarbeiten
18 306	09.88	Entwässerungskanalarbeiten
18 308	09.88	Dränarbeiten
18 309	09.88	Einpreßarbeiten
18 313	09.88	Schlitzwandarbeiten mit stützenden Flüssigkeiten

Sachverzeichnis

A

Abschalrohre	157, 178 ff.
Abstützung von Baugrubenwänden	247 ff.
Ankerkopfkonstruktion	263, 272
Arbeitsraum	70 f., 106 f.
Aufgelöste Bohrpfahlwand	139
Aufgelöste Elementwände	236 ff.
Auftriebssicherung	291 f.
Aufwandswert	38
Ausfachung	83, 89
– mit Holzbohlen	89
– mit Kanaldielen	91
– mit Ortbeton	93
– mit Spritzbeton	94
– mit Stahlbetonfertigteilen	93
– mit vorgehängten Bohlen	95
Aushub	12
Aussteifungen	250 ff.
– Technische Grundlagen	250
– Erforderliche Stoffe und Materialien	252
– Geräte und Verfahren	254
– Leistung und Kosten	256
– Sicherheitstechnik	258

B

Baggerloch	17 f., 252
Baggerplattform	18
Baugruben	
– ausgesteifte	17, 31
– verankerte	19, 31
Baugrunderkundung	4
Benoto-Verfahren	145
Bentonit	161 f.
Berechnung	25
Berliner Verbau	96

Berme   51 f.
Berufsgruppeneinteilung   39
Betondeckung   143
Bewehrungskorb   143, 169, 181
Beweissicherung   36
Bewuchs   55
Bodeneigenschaften   7
Bodenklassen   14
Bodennägel   62 f.
Bodenvernagelung   65 f.
Böschungen   10
Böschungsbruch   59 ff.
Böschungsneigung   48, 51
Böschungswinkel   50
Bohrpfahlwände   137 ff.
-    Technische Grundlagen   138
-    Erforderliche Stoffe und Materialien   140
-    Geräte und Verfahren   144
-    Leistung und Kosten   149
-    Sicherheitstechnik   154
Bohrpreßverfahren   120 ff.
Bohrungen   4, 8

C

Chemikalinjektion   201, 202
Colcrete-Verfahren   295, 297 f.
Contractor-Verfahren   296

D

Dampfbär   117
Dieselbär   118
Doppelpacker   210
Drehmäkler   124
Druckluftbär   117
Druckrohranker   260 f.

E

Einphasen-Verfahren   184
Einpreßverfahren   117, 120
Einstabanker   260, 264
Einzelkosten   37
Elementwände   236 ff.
-     Technische Grundlagen   238
-     Erforderliche Stoffe und Materialien   239
-     Geräte und Verfahren   239
-     Leistung und Kosten   242
-     Sicherheitstechik   244
Erddruck   27 ff.
Erddruckbeiwerte   29
Essener Verbau   64

F

Fahrbaggerung   15
Feldversuche   8
Fertigteilwände   183
Frostwände   221 f.
-     Technische Grundlagen   224
-     Erforderliche Stoffe und Materialien   225
-     Geräte und Verfahren   227
-     Leistung und Kosten   231
-     Sicherheitstechnik   234

G

Geböschte Baugruben   48 ff.
-     Technische Grundlagen   49
-     Sicherung   53
Gefrierrohre   230
Gefrierverfahren   231 ff.
Gerätekosten   37, 45 ff.
Geschlossene Elementwände   236 ff.
Gipsmarken   36

Gleitfläche	6
Grundwasserabsenkung	33, 73
– Technische Grundlagen	73
– Erforderliche Stoffe und Materialien	75
– Geräte und Verfahren	77
Grundwasserabsperrung	74, 276
– Technische Grundlagen	74
– Erforderliche Stoffe und Materialien	75
– Gerät und Verfahren	77
Gurte	251 f.

H

Hamburger Verbau	97
Hilfsbrücke	18
Hochbaggerung	15
Hochdruckinjektion	212 ff., 285 ff.
Holzsteifen	252
Hydrocrete	295
Hydrofräse	174 f.
Hydroventilverfahren	296

I

Impulsramme	120
Injektionen	196
Injektionsanker	62, 262
Injektionsanlage	208
– für Zementinjektionen	208
– für Silikatinjetionen	209
– für Kunststoffinjektionen	209
Injektionskörper	193
Injektionsmittel	197 ff.

Injektionssohlen   276 ff.
-      Technische Grundlagen   276
-      Erforderliche Stoffe und Materialien   278
-      Geräte und Verfahren   281
-      Leistung und Kosten   287
-      Sicherheitstechnik   288
Injektionswände   193 ff.
-      Technische Grundlagen   195
-      Erforderliche Stoffe und Materialien   198
-      Geräte und Verfahren   206
-      Leistung und Kosten   215
-      Sicherheitstechnik   220

J

Joosten-Verfahren   201 f.

K

Kälteträger   227 ff.
Kalkulation   37
Kalkulationsmittellohn   40, 43
Kastenfangedamm   111
Kippzeit   202
Kompaktbohranlage   145
Kontraktor-Verfahren   148, 181
Korrosionsschutz   263, 265
Kunstharzinjektion   204 f.
Kunststoffolien   53 f.

L

Laborversuche   8
Lasten   26
Leistungswert   38
Leitwände   157, 172 f.
Litzenanker   260, 264
Lohnkosten   37, 39 ff.

M

Mäkler   124
Manschettenrohrverfahren   207, 270, 281 ff.
Mehrstabanker   260, 264
Mittellohn   40
Monodur-Verfahren   201 f.
Monosol-Verfahren   280
Münchener Verbau   97

N

Nachverpressen   268 ff.
Nachverpreßtechnik   268
Naßspritzverfahren   95

O

Oberflächenwasser   55
Offene Wasserhaltung   72 ff.
-       Technische Grundlagen   72
-       Erforderliche Stoffe und Materialien   75
-       Geräte und Verfahren   76
-       Leistung und Kosten   78
Ortbetonausfachung   93, 98

P

Permanentanker   260
Pfahlzieher   130
Pilgerschrittverfahren   139, 158
Prepakt-Verfahren   295, 297 f.
Primärpfähle   139
Primärstützen   23 f.
Pumpverfahren   297

R

Rammbarkeit   6 f.

Rammen   116 f.

Rammhilfen   128 f.

Rampe   16 f.

Regenerierungsanlage   167

Reparaturkosten   46 f.

Rückprall   95

Rütteln   116, 118

S

Schallschutzkamin   85

Schilfmatten   53 f.

Schlitzwände   156 ff.

−   Technische Grundlagen   157

−   Erforderliche Stoffe und Materialien   161

−   Geräte und Verfahren   171

−   Leistung und Kosten   185

−   Sicherheitstechnik   190

Schlitzwandgreifer   173 f.

Schmalwände   76

Schockgefrieren   229

Schwergewichtssohle   291

Schwerkraftentwässerung   77

Sekundärpfähle   139

Setzungen   11, 34

Setzungsunterschiede   .33

Sibo-Verfahren   295, 297

Sicherung gegen Böschungsbruch   59 ff.

−   Technische Grundlagen   59

−   Erforderliche Stoffe und Materialien   62

−   Geräte und Verfahren   64

−   Leistung und Kosten   67

−   Sicherheitstechnik   69

Sicherung gegen Oberflächenabtrag   53 ff.
-     Technische Grundlagen   53
-     Erforderliche Stoffe und Materialien   53
-     Geräte und Verfahren   54
-     Leistung und Kosten   56
-     Sicherheitstechnik   58
Sicherung gegen Wasserzutritt   72 ff.
-     Technische Grundlagen   72
-     Erforderliche Stoffe und Materialien   75
-     Geräte und Verfahren   76
-     Leistung und Kosten   78
Sicherung von Böschungen   53 ff.
Sichtbare Verbaufläche   33
Sohlabdichtungen   276 ff.
Sondierungen   4, 8
Sonstige Kosten   37, 43
Spritzbetonausfachung   94
Spritzbetonschalen   54, 64
-     verankerte   64
-     vernagelte   65
Spüllanzen   98
Spundwände   108 ff.
-     Technische Grundlagen   110
-     Erforderliche Stoffe und Materialien   112
-     Geräte und Verfahren   115
-     Leistung und Kosten   131
-     Sicherheitstechnik   134
Stahlbetonspundbohlen   113
Stahlbetonsteifen   252 f.
Stahlspundbohlen   113
Stahlsteifen   252
Stahlzuganker   260
Standbaggerung   14
Stickstoffvereisung   229
Stützflüssigkeit   161 ff.
Stuttgarter Verbau   98

T

Tangierende Bohrpfahlwand	139
Tariflöhne	40
Teleskopmäkler	125
Tiefbaggerung	15
Trägerbohlwände	81 ff.
– Technische Grundlagen	81
– Erforderliche Stoffe und Materialien	83
– Geräte und Verfahren	84
– Leistung und Kosten	99
– Sicherheitstechnik	103
Trockenspritzverfahren	94

Ü

Überschnittene Bohrpfahlwand	139
Umlaufbeton	178 f.
Unterwasserbeton	141
Unterwasserbetonsohlen	290 ff.
– Technische Grundlagen	290
– Erforderliche Stoffe und Materialien	294
– Geräte und Verfahren	296
– Leistung und Kosten	299
– Sicherheitstechnik	300

V

Vakuumverfahren	77
VDW-Pfähle	148 f.
Ventilkörperverfahren	283 f.
Verankerungen	249, 259 ff.
– Technische Grundlagen	259
– Erforderliche Stoffe und Materialien	263
– Geräte und Verfahren	266
– Leistung und Kosten	271
– Sicherheitstechnik	272

Verbau   10, 11, 96
-      Berliner   96
-      Essener   64
-      Hamburger   97
-      Münchener   97
-      nachgiebiger   10, 31
-      Stuttgarter   98
-      verformungsarmer   11, 31
Verbauarten   12
Verbaufläche, sichtbare   38
Verbundanker   260 ff.
Verdrängungsbohrverfahren   267
Verpreßanker   259
Verpressen von Injektionsankern   268
Vibrationsbär   119
Vibrationsrammen   86
Vollflächige Elementwände   239 f.
Voreilen von Spundbohlen   115, 126 f.

W

Wasserhaltung   72

Z

Zellenfangedamm   112
Zementinjektion   196, 279
Zementsuspension   199
Zweiphasen-Verfahren   184
Zylinderbäre   117

Reihe *„Leitfaden der Bauwirtschaft und des Baubetriebs"*

Simons/Kolbe

Verfahrenstechnik im Ortbetonbau

Schalen – Bewehren – Betonieren

Von Prof. Dipl.-Ing. Klaus Simons, Technische Universität Braunschweig und Dipl.-Ing. Peter Kolbe, Stuttgart
XII, 544 Seiten mit 316 Bildern und 320 Tafeln. 16,2 x 22,9 cm. Geb. DM 78,–

80% unserer Bauwerke verwenden Beton als tragende Konstruktion. Der Ortbetonbau hat dabei einen Anteil von über 70%.

Das Buch behandelt die zur Zeit angewendeten Bauverfahren unter Einschluß jüngster Entwicklungen und zeigt ihren zweckmäßigen Einsatz entsprechend den jeweils geltenden Einsatzbedingungen und den Forderungen einer wirtschaftlichen Durchführung der Bauaufgabe.

Erstmals werden in diesem Buch die Funktionsbereiche
– **Baustoffe** -- die bestimmten Stoffgesetzen unterworfen sind –, und
– **Geräte** – die bestimmten Verfahren dienen –,
unter Berücksichtigung ihrer jeweiligen Einflußgrößen nach den Regeln der Verfahrenstechnik schlüssig miteinander verbunden.

Deshalb enthält dieses Buch als systemtechnische Darstellung eine einheitlich aufgebaute Verfahrenstechnik und damit eine auf die Erfordernisse der Praxis gerichtete **Bauprozeßlehre**, die auch die Wirtschaftlichkeitsanalyse der verfahrensabhängigen Leistungs- und Kostenverhältnisse einschließt.

Die für die Anwendung der Bauverfahren hilfreiche Systematik des Buches kommt besonders in einer methodisch ermittelten, für alle hier behandelten Verfahren gültigen Darstellungsmatrix zum Ausdruck, der fünf Kriterien zugrunde gelegt sind:

Technische Grundlagen
Erforderliche Stoffe und Materialien
Geräte und Verfahren
Leistung und Kosten
Sicherheitstechnik

Dieses Buch, das zugleich Lehrbuch und Nachschlagewerk ist, wird sowohl dem konstruierenden als auch dem für die Bauausführung verantwortlichen Ingenieur und ebenso dem Studenten des Bauingenieurwesens willkommene Orientierungshilfe und zuverlässiger Wegweiser sein.

Preisänderungen vorbehalten

Reihe *„Leitfaden der Bauwirtschaft und des Baubetriebs"*

Toffel

Kosten- und Leistungsrechnung in Bauunternehmen

Von Prof. Dipl.-Ing. Dr. rer. habil. Rolf E. Toffel
XII, 272 Seiten mit 62 Bildern und 20 Tafeln. 16,2 x 22,9 cm. Kart. DM 48,–

Aus dem Inhalt:
– Begriff und Aufgaben der Kosten- und Leistungsrechnung
– Elemente und Formen der Kosten- und Leistungsrechnung
– Kosten- und Leistungsrechnung für Einzelobjekte
– Kosten- und Leistungsrechnung für den Gesamtbetrieb

Drei wesentliche Merkmale der Bauunternehmung – die Einzelfertigung, die Auftragsfertigung und die Baustellenfertigung – erfordern eine ganz spezielle Ausgestaltung der Leistungs- und Kostenrechnung, mit der Absatz und Erstellung von Bauleistungen geplant und kontrolliert werden. Für den Baubetrieb einer Unternehmung interessieren vorrangig die Leistungen und Kosten der verschiedenen Einzelobjekte sowie des Gesamtbetriebs.

Bei der Darstellung wurde besonderer Wert auf eine einheitliche Begriffsystematik gelegt, die es gestattet, die geplanten Kosten und Leistungen eines Bauauftrags mit seinen tatsächlich entstandenen Kosten und Leistungen einfach, sicher und wirtschaftlich zu vergleichen.

Über die Transparenz des wirtschaftlichen Geschehens der Bauunternehmung hinaus ist die Kosten- und Leistungsrechnung ein wichtiges Instrument des Controlling, um rechtzeitig Maßnahmen zur Sicherung der Wirtschaftlichkeit eines Unternehmens zu erkennen oder einzuleiten.

Preisänderungen vorbehalten